龙里耕地

LONGLI GENGDI

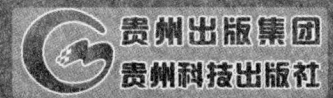

夏忠敏 韩峰 ◎ 主编
陆裕珍 ◎ 执行主编

贵州出版集团
贵州科技出版社

图书在版编目(CIP)数据

龙里耕地 / 夏忠敏，韩峰主编. -- 贵阳：贵州科技出版社，2016.12
 ISBN 978-7-5532-0531-1

Ⅰ. ①龙… Ⅱ. ①夏… ②韩… Ⅲ. ①耕作土壤-土壤肥力-土壤调查-龙里县②耕作土壤-土壤评价-龙里县 Ⅳ. ①S159.273.4②S158

中国版本图书馆 CIP 数据核字(2016)第 257277 号

出版发行	贵州出版集团　贵州科技出版社
地　　址	贵阳市中天会展城会展东路 A 座(邮政编码：550081)
网　　址	http://www.gzstph.com　　http://www.gzkj.com.cn
出 版 人	熊兴平
经　　销	全国各地新华书店
印　　刷	贵阳科海印务有限公司
版　　次	2016 年 12 月第 1 版
印　　次	2016 年 12 月第 1 次
字　　数	330 千字
印　　张	13.25　彩插 24 页
开　　本	887 mm×1194 mm　　1/16
书　　号	ISBN 978-7-5532-0531-1
定　　价	45.00 元

天猫旗舰店：http://gzkjcbs.tmall.com

《龙里耕地》编辑委员会

主　　任　朱　鸿
副 主 任　曾　继　赵泽英　刘　春

主　　编　夏忠敏　韩　峰
执行主编　陆裕珍
副 主 编　唐正平　罗大贤　陈海燕　芶红英　童倩倩
委　　员　（按姓氏汉语拼音排列）
　　　　　韩庆波　李　芸　李晓玲　宋　军　宋聚群
　　　　　王　萍　杨学琼　杨玉海　杨祖芳　钟登友

编写人员　（按姓氏汉语拼音排列）
　　　　　陈朝康　陈海燕　代维华　高武侠　芶红英
　　　　　韩　峰　贺海雄　李莉婕　李瑞斌　陆裕珍
　　　　　罗大贤　罗应君　裴贵平　舒　田　谭克均
　　　　　唐正平　童倩倩　吴　康　夏忠敏　袁剑飚

图件资料　李莉婕　童倩倩　舒　田　陆裕珍　罗仕朝

采样调查　陆裕珍　罗大贤　唐正平　罗应君　裴贵平
　　　　　代维华　杨祖芳　林　洪　刘　刚　龚道平
　　　　　文恩洲　袁剑飚　李锦琴　兰玉贤　韦红玲
　　　　　张光林　祝贤举　国洪英

分析化验　卜通达　凌邦元

序

耕地是土地的精华,是土地资源中最宝贵的自然资源。耕地的数量和质量是粮食综合生产能力的基础,对保障和维护社会经济稳定持续发展具有非常重要的意义。

龙里县国土面积1521 km^2,耕地面积29 906.71 hm^2,占国土面积的19.7%(2009年第二次全国土地调查数据),境内丘陵、低山、中山与河谷槽地南北相间排列,地形地貌组合复杂,地势高低起伏较大,温度地域差异显著,雨水分布不均,中低产田土面积大,耕地利用障碍因素多,加之耕地的不合理利用、超量使用化肥和农药、耕作设施落后等问题日趋凸显,导致农田土壤普遍耕层变浅、土壤板结、养分失调、防旱防涝能力差,耕地土壤基础地力下降。为此,研究耕地、了解耕地、保护耕地、管理和使用好耕地迫在眉睫,责任重大。

自2009年测土配方施肥项目实施以来,龙里县农业部门做出了许多富有成效的工作,对全县耕地质量等状况进行了全面的了解,并收集整理了大量的技术资料,编写了《龙里耕地》一书。此书以科学的态度、翔实的资料、专业的视角,从耕地资源现状、土种分类、耕地地力评价、耕地利用与改良、特色农作物适应性评价以及培肥改良等方面,对龙里县耕地资源状况进行了细致的叙述和分析,耕地资源一目了然。《龙里耕地》是一本不可多得的农业知识读本,尤其对从事农业生产、土地资源管理等人员具有很好的参考价值,在农业生产规划布局中也具有现实的指导意义。

耕地是有限的,保护耕地是关系国民经济和社会可持续发展的全局性战略问题。我们一定要在认清耕地资源情况的基础上,坚决贯彻"十分珍惜、合理利用土地和切实保护耕地"的基本国策,严格落实党中央、国务院和各级党委、政府关于保护和利用耕地的政策措施,集约用地,坚守耕地红线。从实际出发,用好、用活《龙里耕地》一书,科学合理地保护和利用好耕地,实现全县耕地资源的可持续利用。

龙里县人民政府副县长　朱　鸿

2016年6月6日

前　言

"民以食为天，食以土为本"，土地是人类赖以生存和发展的物质基础，是一切物质生产最基本的源泉。耕地是土地的精华，是农业生产最重要的资源，耕地质量的高低直接影响农业的可持续发展和粮食安全。摸清耕地土壤的肥力水平、养分状况及综合生产能力，对合理利用土地、抓好农业产业规划布局、促进农产品安全生产、推进现代农业建设、促进农业可持续发展具有重要意义。

自2009—2015年测土配方施肥项目实施以来，通过耕地土壤采样分析、耕地资源调查评价、测土配方施肥技术推广应用，基本摸清了全县耕地土壤资源状况，建立县级耕地资源属性数据库、空间数据库和耕地资源管理信息系统，完成耕地地力评价、耕地土壤养分状况变化及对策、耕地质量与区划布局、耕地地力与配方施肥分区、耕地地力与改良利用分区、作物适宜性评价；编绘耕地地力等级图、土壤养分图、耕地地力评价图、作物适宜性评价图等成果图件。

为了把项目实施所取得的基础性技术成果转化为现实生产力，更好地为龙里县耕地资源的科学管理、保护及可持续利用提供科学依据，在参阅汲取龙里县第二次土壤普查成果资料的基础上，用现代农业的研究方法，对测土配方施肥项目实施技术成果进行研究和总结，从全县耕地质量和数量、分类和评价、利用和改良等方面进行了系统、全面、深入的研究分析，最终形成了《龙里耕地》一书，谨供相关部门、有关人员参考。

需要说明的是，2014年龙里县行政区划进行了调整，将原来的龙山镇、麻芝乡、三元镇、草原乡、谷脚镇、水场乡、醒狮镇、谷龙乡、哪嗙乡、洗马镇、巴江乡、湾寨乡、摆省乡、羊场镇等14个乡（镇）159个行政村，调整为冠山街道办事处、龙山镇、谷脚镇、醒狮镇、洗马镇、湾滩河镇等5个镇、1个街道办事处（包括154个行政村、13个社区居委会）。2016年龙里县行政村（居委会）区域调整优化，调整后的行政区划为：冠山街道办事处、龙山镇、谷脚镇、醒狮镇、洗马镇、湾滩河镇等5个镇1个街道办事处（包括63个行政村、18个社区居委会）。

由于测土配方施肥项目实施年限长，跨度大，其间行政区划进行了调整，故对所建立的县级耕地资源属性数据库、空间数据库及耕地资源管理信息系统重新参照 2016 年区域优化调整后的行政区划基础图件进行修编。本书所涉及行政区划均以 2016 年区域优化调整后的 5 个镇、1 个街道办事处的 63 个行政村、18 个社区居委会进行描述，如果给读者带来不便，敬请谅解。

本书在撰写过程中，获得了贵州省农业委员会、贵州省农业科学院等部门专家的倾力指导，在此表示衷心感谢。向为成就《龙里耕地》一书艰辛付出的所有技术人员表示由衷的敬意和感谢！

尽管编者花费了大量的时间和精力，但由于《龙里耕地》一书信息量大、涉及面广，编者水平有限，难免存在不妥或错漏之处，敬请专家、读者予以指正。

编　者
2016 年 6 月

目 录

第一章 龙里耕地自然条件 (1)
第一节 气候条件 (1)
一、温 度 (1)
二、降 水 (2)
三、光 能 (2)
四、气象灾害 (3)
第二节 地质地貌条件 (4)
一、地 质 (4)
二、地 貌 (4)
第三节 水文条件 (6)
一、地表水 (6)
二、地下水 (6)

第二章 耕地资源信息系统建设 (7)
第一节 基础数据来源 (7)
一、采样分析 (7)
二、野外调查 (7)
三、图件收集 (8)
四、历史和社会经济数据收集 (8)
第二节 属性数据库建立 (8)
一、样点调查、分析数据 (8)
二、耕地资源管理单元属性数据 (9)
三、土种归并 (10)
第三节 空间数据库建立 (10)
第四节 管理单元的确定与属性值获取 (11)
一、海拔因子值的获取 (12)
二、概念型因子值的获取 (12)
三、土壤养分属性因子值的获取 (12)

第三章 龙里耕地土壤 (14)
第一节 耕地土壤分类 (14)
一、分类原则 (14)
二、分类依据 (15)

三、分类系统 ……………………………………………………………… (16)
第二节 耕地土壤类型及土种理化性状 …………………………………… (19)
　　一、潮　土 ……………………………………………………………… (19)
　　二、粗骨土 ……………………………………………………………… (19)
　　三、黄　壤 ……………………………………………………………… (22)
　　四、石灰土 ……………………………………………………………… (29)
　　五、水稻土 ……………………………………………………………… (32)

第四章　龙里耕地状况 …………………………………………………… (52)
第一节 耕地数量与分布 …………………………………………………… (52)
　　一、耕地总量与分布 …………………………………………………… (52)
　　二、耕地利用结构与分布 ……………………………………………… (53)
第二节 耕地立地状况 ……………………………………………………… (53)
　　一、不同海拔耕地数量与分布 ………………………………………… (53)
　　二、不同坡度耕地数量与分布 ………………………………………… (54)
　　三、不同地形部位耕地数量与分布 …………………………………… (54)
　　四、不同积温耕地数量与分布 ………………………………………… (55)
　　五、不同成土母质耕地数量与分布 …………………………………… (56)
　　六、不同灌溉能力耕地数量与分布 …………………………………… (57)
　　七、不同排水能力耕地数量与分布 …………………………………… (57)
第三节 耕地土体状况 ……………………………………………………… (58)
　　一、不同耕层质地耕地数量与分布 …………………………………… (58)
　　二、不同耕层厚度耕地数量与分布 …………………………………… (59)
　　三、不同土体厚度耕地数量与分布 …………………………………… (59)
　　四、不同土壤剖面构型耕地数量与分布 ……………………………… (59)
第四节 耕地养分状况 ……………………………………………………… (61)
　　一、不同 pH 值耕地数量与分布 ……………………………………… (61)
　　二、不同有机质含量耕地数量与分布 ………………………………… (61)
　　三、不同全氮含量耕地数量与分布 …………………………………… (62)
　　四、不同碱解氮含量耕地数量与分布 ………………………………… (63)
　　五、不同有效磷含量耕地数量与分布 ………………………………… (64)
　　六、不同速效钾含量耕地数量与分布 ………………………………… (65)
　　七、不同缓效钾含量耕地数量与分布 ………………………………… (66)

第五章　龙里耕地地力评价 ……………………………………………… (68)
第一节 耕地地力评价概述 ………………………………………………… (68)
　　一、耕地地力及其相关概念 …………………………………………… (68)
　　二、耕地地力评价研究现状 …………………………………………… (69)

三、GIS 在耕地地力评价中的应用 …………………………………… (72)
　　四、耕地地力评价的方法 ……………………………………………… (73)
　　五、耕地地力评价的发展趋势 ………………………………………… (78)
　第二节　基于 GIS 的龙里耕地地力评价 ………………………………… (78)
　　一、耕地地力评价技术路线 …………………………………………… (78)
　　二、评价指标选择 ……………………………………………………… (80)
　　三、评价方法 …………………………………………………………… (82)
　　三、耕地地力评价结果与分析 ………………………………………… (90)
　第三节　耕地各地力等级分述 …………………………………………… (95)
　　一、一等地 ……………………………………………………………… (95)
　　二、二等地 ……………………………………………………………… (101)
　　三、三等地 ……………………………………………………………… (107)
　　四、四等地 ……………………………………………………………… (114)
　　五、五等地 ……………………………………………………………… (121)
　　六、六等地 ……………………………………………………………… (128)

第六章　龙里耕地利用与改良 ……………………………………………… (134)
　第一节　耕地利用现状 …………………………………………………… (134)
　　一、耕地利用方式 ……………………………………………………… (134)
　　二、耕地利用存在的问题 ……………………………………………… (135)
　第二节　耕地利用主要障碍因素与分型 ………………………………… (136)
　　一、耕地利用主要障碍因素 …………………………………………… (136)
　　二、中低产耕地类型 …………………………………………………… (138)
　第三节　耕地利用改良分区 ……………………………………………… (140)
　　一、分区依据 …………………………………………………………… (140)
　　二、分区方法 …………………………………………………………… (141)
　　三、分区结果 …………………………………………………………… (141)
　第四节　耕地质量建设与改良对策 ……………………………………… (146)
　　一、西北部中丘山地坡地梯改型改良区 ……………………………… (146)
　　二、中北山原瘠薄培肥型改良区 ……………………………………… (147)
　　三、中南部山原台地干旱灌溉型改良区 ……………………………… (147)
　　四、南部盆地培肥型改良区 …………………………………………… (148)

第七章　龙里特色作物适宜性评价 ………………………………………… (149)
　第一节　耕地作物适宜性评价概述 ……………………………………… (149)
　　一、耕地作物适宜性及其相关概念 …………………………………… (149)
　　二、耕地作物适宜性研究现状与发展趋势 …………………………… (150)
　第二节　基于 GIS 的龙里耕地作物适宜性评价 ………………………… (153)

一、耕地作物适宜性评价技术路线 …………………………………… (153)
　　二、耕地作物适宜性评价方法与步骤 …………………………………… (154)
　第三节　辣椒、豌豆尖适宜性分述 …………………………………… (155)
　　一、辣　椒 …………………………………… (155)
　　二、豌豆尖 …………………………………… (163)

第八章　龙里耕地施肥 …………………………………… (172)
　第一节　耕地施肥现状 …………………………………… (172)
　　一、耕地施肥种类与数量 …………………………………… (172)
　　二、主要作物施肥情况 …………………………………… (173)
　　三、耕地施肥存在的主要问题 …………………………………… (175)
　第二节　田间肥效试验及施肥指标体系 …………………………………… (176)
　　一、肥料效应的函数模型 …………………………………… (176)
　　二、100 kg 产量养分吸收量 …………………………………… (178)
　　三、肥料利用率 …………………………………… (178)
　　四、土壤养分校正系数 …………………………………… (179)
　　五、土壤养分丰缺指标 …………………………………… (179)
　第三节　耕地施肥分区方案 …………………………………… (180)
　　一、分区原则与依据 …………………………………… (180)
　　二、施肥分区方案 …………………………………… (180)
　　三、主要作物分区推荐施肥 …………………………………… (181)
　　四、耕地施肥建议 …………………………………… (182)
　第四节　主要作物施肥技术 …………………………………… (184)
　　一、水　稻 …………………………………… (184)
　　二、玉　米 …………………………………… (186)
　　三、油　菜 …………………………………… (188)
　　四、马铃薯 …………………………………… (189)
　　五、辣　椒 …………………………………… (190)

第九章　测土配方施肥信息服务系统 …………………………………… (192)
　　一、地图推荐施肥 …………………………………… (193)
　　二、样点推荐施肥 …………………………………… (195)
　　三、测土配方施肥知识 …………………………………… (196)
　　四、作物栽培管理知识 …………………………………… (196)
　　五、农业技术影像课件 …………………………………… (196)
　　六、后台管理 …………………………………… (197)

参考文献 …………………………………… (198)
彩色插页

第一章　龙里耕地自然条件

　　龙里县位于黔中腹地,隶属黔南布依族苗族自治州(以下简称"黔南州"),是贵阳市的东大门和黔南州的北大门。据《贵州图经新志》记载,龙里取境内龙架山之龙,乡里之里,而得"龙里"之名。

　　龙里县地处东经106°45′~107°15′、北纬26°10′~26°50′,全县国土总面积1521 km²,东邻贵定县,南接惠水县,西靠贵阳市,北面与开阳县隔南明河相望。县境沿东北—西南纵向呈月牙形,南北长约73 km,东西宽约36 km,境内丘陵、低山、中山与河谷槽地南北相间排列,呈波状起伏,县城距州府所在地都匀市80 km,距省会贵阳市区30 km,距贵阳龙洞堡机场仅20 km。

　　全县辖冠山街道办事处、龙山镇、谷脚镇、醒狮镇、洗马镇、湾滩河镇5个镇1个街道办事处,包括63个行政村、18个社区居委会,共1382个村民组(彩插图1),居住着汉、布依、苗等20余个民族。2014年底,全县总人口22.64万,其中农业人口约19.29万。

第一节　气候条件

　　龙里县属亚热带季风湿润气候,气候温和,雨量充沛,无霜期长。冬无严寒,夏无酷暑,是龙里县气候的主要特征。由于地形地貌组合复杂,地势高差大,在不同的地形、地势影响下,温度的地域差异显著,日照差别较大,雨水分布不均,各地均有所不同,故有"十里不同天"之说,是形成"立体农业"的根本原因。

一、温　度

(一)年平均气温

　　龙里县内大部分地区年平均气温在13~15 ℃之间。海拔1100 m以下的河谷坝子区年平均气温在14.5~15.5 ℃之间,海拔1400 m以上的温凉山区年平均气温在12~13 ℃之间。

(二)月平均气温

　　龙里县月平均气温1月最低,大部分地区在3~4.5 ℃之间,温凉山区在2~2.5 ℃之间。进入春季,气温迅速回升,4月上旬多数地区稳定上升到10 ℃以上,除少数地势较高地区外,大部分地区可达14 ℃以上。7月最热,月平均气温在21~24 ℃之间。秋季气温缓慢下降,到11月上旬才开始降到10 ℃以下。

(三)极端气温

各地累年极端最高气温在30~35 ℃之间,多数地区极端最低气温在-7 ℃左右,地势较高的龙山镇中排、谷脚镇高堡为-9 ℃。

(四)界限温度和积温

日平均气温稳定通过≥0 ℃的初日,大部分地区在2月1~13日,终日在12月23日~1月17日,间隔314~351天,积温4790.5~5499.3 ℃。日平均气温稳定通过≥5 ℃的初日在3月2~11日,终日在12月3~16日,间隔268~290天,积温4475.9~5095 ℃。日平均气温稳定通过≥10 ℃的初日一般在3月下旬至4月上旬,终日一般在11月上、中旬。日平均气温稳定通过≥15 ℃的初日在4月下旬至5月中旬,终日在9月下旬至10月中旬,间隔141~168天,积温2485.7~3581.4 ℃。日平均气温稳定通过≥20 ℃的初日,一般在6月中旬,最早在6月11日(冠山街道办事处三合),最晚在7月15日(龙山镇中排),终日一般在8月下旬,最早是7月30日(龙山镇中排),最迟在9月8日(冠山街道办事处三合),初日、终日间隔时间最长90天,最短16天,大部分地区为44~90天。

(五)霜

多年平均有霜日数为10天左右,一般连续霜日在2~3天,各地平均无霜期在265~287天,初日在11月13~29日,终日在2月14日~3月1日。多年平均无霜期283天,最长349天,最短223天,霜期虽然较长,但霜日较少。

二、降 水

县内年降水量多在1060~1250 mm之间,年平均降水量1105.78 mm。总的分布趋势是自西北向东南递增,由分水岭向深切谷地递减,羊场、岱林最多,年降水量1227 mm,谷脚、观音、比孟等地较少,仅1070 mm左右。由于受季风环流的影响,月、季降水量分布不均。全年降水量80%以上集中在4~10月。常年各季节降水量,夏季占44%、春季占30%、秋季占21%、冬季占5%,年内降水量最多的是5、6、7月,月降水量169~197 mm。冬季各月最少,月降水量14~21 mm。县境雨季开始期多年平均在4月17日,雨季结束期平均在11月7日。雨季期间降水量平均为934 mm,占全年降水量的85.7%。全县日降水量≥0.1 mm的降雨日,平均为165天,最多年份达192天,是全国降雨日数较多的地区之一。以小雨日数量多,占总降雨日数的81%,中、大雨日数较少。≥50 mm的暴雨日数,累年平均不到2.6天。

三、光 能

龙里县地处低纬度,但因云量和阴雨日多,光能资源少,属全国低值区。

(一)日照

龙里县年日照时数一般为1060~1265小时,年日照百分率为23%~30%,多年平均日照百分率为27.95%。由于地形起伏较大,地区之间受地形的影响,日照差异也很大。开阔地区一般比沟谷洼地日照时数多,东南坡多于西北坡。年内日照时数分配为:冬半年(10~3月),各月日照时数在100小时以下,夏半年(4~9月),各月日照时数在110小时以上,7、8月日照时数是一年中最多的时期,月平均日照时数在160小时以上。

(二)太阳辐射

龙里县境内各地太阳年辐射量为3341.07~3629.96 MJ/m^2,处于全国太阳辐射量分布图的低值区。太阳年辐射量在各地的分布,同日照时数的分布趋势基本一致,开阔的台地和河谷坝子多于山区,山原峡谷最少。太阳辐射年内分布以夏季最多,春、秋季次之,冬季最少。夏半年多于冬半年。常年以7、8月最多,7月达447.15 MJ/m^2,8月达424.96 MJ/m^2。12月最少,只有171.66 MJ/m^2。

四、气象灾害

(一)旱　灾

旱灾是龙里县历史上危害最大的自然灾害。以出现的时段来分,有春旱、夏旱,也有秋旱和冬旱。而出现概率最多和对农业生产危害最大的是春旱和夏旱。

春旱:出现在3~5月的旱象称为春旱。各年均有不同程度的春旱发生,给缺水地区水稻播种育秧造成困难,对水稻栽插带来不利影响。

夏旱:6~8月由于西太平洋副热带高压和青藏高压增强,控制县境上空,致使县内出现连晴少雨天气,高温、低湿、日照多,太阳辐射强烈,土壤蒸发和叶面蒸腾旺盛,对农作物危害严重。发生在水稻栽插后的6月称"洗手干",发生在7月中旬至8月称"伏旱"。伏旱对农业生产危害最大,这段时间正是水稻幼穗分化至灌浆阶段,持续时间长的伏旱造成稻田脱水,减产成灾。

(二)水　灾

水灾也属县境内重大自然灾害之一,但与旱灾相比,灾害程度相对较轻。主要原因是县域地形起伏大,除持续时间长的特大暴雨和平坝地区外,一般山区成灾面积较小,且山溪水易涨易退,故有"水灾一条线,旱灾一大片"的说法。水灾主要成因是暴雨,即24小时的降水量≥50 mm。水灾出现时间主要在5~9月,以7月最多,6月次之。

(三)低　温

低温寒冷是县境内比较突出的一种灾害天气,按时段分有"倒春寒"和"秋风"。

倒春寒:3月中旬至4月,气温回升后,北方冷空气向南入侵,出现连续3天以上日平均气温低于10℃,并伴有阴雨,造成烂种烂秧,这种天气称"倒春寒"。一般低温持续3~5天为轻度倒春寒,持续5天以上为重度倒春寒。据多年统计,倒春寒出现的概率达91.3%。

秋风:8月上旬至9月上旬,出现持续3天以上日平均气温低于20 ℃的阴雨天气,称为"秋风"。这段时间正值水稻抽穗扬花和灌浆期,遇到秋风天气,水稻不能正常扬花和灌浆,造成空壳秕粒,导致减产。据多年统计,秋风出现概率为52.17%,出现在9月上旬的概率占

56%。民间有"米(水稻)怕包胎旱,谷怕午时风"之说。

(四)绵雨

9～11月正值秋收、秋耕、秋种("三秋")农忙季节,由于冷空气影响,常常出现持续多天的绵雨,给"三秋"造成困难。

(五)凝冻

地势较高地区,冬季常受冷空气入侵,形成低温并伴随毛毛细雨,持续多日,凝结冰层,厚度与地势高低成正比。

(六)冰雹

冰雹每年都出现,并以春季居多,夏初次之。冰雹对全县整体灾害不大。县境降雹路径主要有3条:一是从乌当进入醒狮、岩后到高堡一带;二是从龙洞堡进入谷脚到高堡;三是由花溪进入摆省,经湾寨至羊场。县内冰雹较多的地区是岩后、谷脚、比孟、渔洞、岱林等地区。

第二节 地质地貌条件

龙里县地处苗岭山脉中段,长江流域乌江水系与珠江流域红河水系的支流分水岭,属黔中隆起南缘。地势西南高,东北低,中部隆起。境内地貌类型复杂多样,山地、丘陵、盆地(俗称坝子)、河谷交错分布,河网密集,海拔高,自然生态优越。

一、地 质

龙里县出露土层有寒武系、奥陶系、志留系、泥盆系、石炭系、二叠系、三叠系、第四系等,其中以泥盆系、石炭系和二叠系沉积较全、较广。在大地构造上,位于贵州东部南北向构造带的西缘及东西向构造的黔中隆起横跨反接与重叠地区。南北向主体构造,控制全县南部、中部及北部4/5以上地区。在主体构造带的各段,均可见到与褶皱轴线斜交成垂直的扭性断裂、横张断裂,属南北向的派生构造。规模较大的有龙里城南断层、城中断层、余下堡断层、湾滩河支流的三岔河断层等。

二、地 貌

龙里县地貌特征为地势较高,起伏较大。龙里县海拔一般为850～1650 m,海拔1000 m以上(含1000 m)的面积29 306.62 hm²,占全县总面积的98%。按中国科学院地理科学与资源研究所关于我国山地高度分类表,龙里县属于中山—中低山区,县内山岳广布。最高点为营盘坡南山峰,海拔1775 m,最低点为罗旺河出界处,海拔770 m,最大高差1005 m。地势西高东低,中间抬升,丘陵、低山、中山与河谷槽地相间排列,呈波状起伏。河流顺应地势,均自西向东,自南向北注入贵定县内。河流切割较深,南明河自贵阳市流出,经龙里县北界,成浅切割峡谷;中部的谷冰沟、猴子沟为深切割峡谷,下切深度均在500 m以上。

地貌发育受地质构造和岩石性质的影响,类型多样。燕山期造山运动所形成的一系列断裂和褶皱构造,是龙里县地貌发育的基础。一般具有背斜成山,宽阔呈箱状,向斜成谷,狭窄成槽形,使地貌呈现出背斜山地与向斜谷地相间排列分布;沿断层河谷发育成狭长的河谷盆地,如湾滩河盆地、谷龙乐柞盆地等。在断裂带,地表水和地下水交换强烈,碳酸盐分布地区常发育成岩溶盆地或洼地,如岱林盆地、冠山盆地、定水坝盆地、哪嗙狗场盆地等。在背斜分水岭,存在大片的、发育良好的山原台地。岩石性质也是影响地貌发育的重要因素之一,因各种岩石的矿物成分、化学成分、颗粒大小、胶结松紧、溶解强弱、含水性能等不同所形成的地表组成物质和承受外营力的作用不同,故不同的岩石分布区常形成不同的地貌景观。

地貌类型分布呈现多层性。由于构造运动的间歇性抬升,河流阶段性趋势下切,县内地貌除组合形态差异外,还有不同高程的剥离面和阶地,呈现地形的多层性。龙里复背斜地区,由背斜分水岭向深切的向斜谷地,存在四级剥离面,其高程分别为:1600～1700 m、1450～1550 m、1250～1350 m、1100～1150 m。第一、二级剥离面为大片平坦的山原台地,保存完好;第三级剥离面多由等高的山顶面和平缓的山包组成;第四级剥离面一般为高出河面50～100 m 的丘陵,分布于河岸两侧,在湾滩河谷、三元河谷较为典型。

根据贵州省农业资源区划委员会办公室关于地貌类型划分标准,龙里县的地貌分为台地(高平原)、丘陵、山地、山原和盆地(坝子)5 类。

台地(高平原):海拔 1360～1700 m,分布在龙山镇的王寨、大谷咬、小谷、月亮山、谷朗、五里坪、摆谷六、鸡场堡,谷脚镇的高堡、长岭岗、谷冰、革苏、把场、新场等地,面积 16 112.30 hm^2,占全县总面积的 10.6%,其中台地类型中耕地面积有 2076.73 hm^2,占全县耕地面积的 6.95%。

丘陵:县内属中丘陵地貌,主要分布在洗马镇至谷脚镇靠贵阳市一带和中部龙山镇、冠山街道办事处等,面积 48 910.60 hm^2,占全县总面积的 32.18%,其中丘陵类型中耕地面积有 11 632.05 hm^2,占全县耕地面积的 10.28%。

山地:主要分布在洗马镇巴江片区和龙山镇水场片区,面积 15 651.50 hm^2,占全县总面积的 10.30%,其中山地类型中耕地面积有 3073.69 hm^2,占全县耕地面积的 10.28%。

山原:地处苗岭山地北坡,为贵州山原主体的一部分,分布于县境自太子山至云雾山广大地区,面积 64 036.70 hm^2,占全县总面积的 42.14%,其中山原类型中耕地面积有 9600.31 hm^2,占全县耕地面积的 32.10%。

盆地(坝子):县内为中盆地,面积 7256.50 hm^2,占全县总面积的 4.78%,其中盆地类型中耕地面积有 3523.93 hm^2,占全县耕地面积的 11.78%。著名的羊场至湾寨开阔平坦的断陷盆地、莲花河谷盆地呈东西向延伸,长 8～10 km,宽 0.5～2 km,为河流冲击沉积盆地。盆地中有河流贯穿,河谷中有河漫滩和 1～2 级阶地,地势平坦,土质肥沃,灌溉条件较好,热量充沛,是重要的粮食产地。同时,境内还有很多岩溶盆地,较大的有摆省、哪嗙和醒狮等,多为封闭性与半封闭性,有溪沟通过,面积数百至千余公顷,土壤为大眼泥田。

第三节 水文条件

一、地表水

县境内地表水系比较发育,均为长江和珠江水系支流的源头,是长江与珠江的支流分水岭地区,分水岭以北为长江流域,以南属珠江流域。县内共有河流、溪涧102条,属长江水系的有92条,流域面积1410.3 km²,属珠江水系的有10条,流域面积110.7 km²,河流总长644 km,平均河网密度每平方千米0.42 km,河长大于10 km或流域面积大于20 km²的河流共有24条,其中南明河为界河,湾滩河为独木河干流上游,三元河为独木河一级支流。湾滩河与三元河均发源于县内。

境内河流大多处于河源地区,属雨源性山区小河,洪枯季节涨落幅度大,主要特点是:源头近、河程短、流量小、落差大。流域内耕地比较集中连片,是蓄水引灌的粮食产区。

二、地下水

县境内地下水以岩溶水为主,多排泄入河流,形成河川基流;基岩裂隙水多为潜水型,流量小,水质好,分布面广,是山区人民的主要饮用水源。松散型孔隙水分布于第四系沉积区,流量小,对农业供水作用不大。

第二章　耕地资源信息系统建设

龙里县耕地资源信息系统是以县内耕地资源为管理对象，应用全球定位系统（GPS）、田间测量等现代技术对土壤—作物生态系统进行动态监测，应用地理信息系统（GIS）构建耕地基础信息，并将此数据平台与土壤养分的转化和迁移、作物生长动态等模型相结合，而建立的一个适合本县实际情况的耕地资源智能化管理系统。

第一节　基础数据来源

一、采样分析

在作物收获后或播种施肥前进行采样，在保证采样点具有典型性和代表性的基础上，同时兼顾空间分布的均匀性原则，以 5~10 hm² 为一个取样单元。取样时避开路边、田埂、沟边、肥堆等特殊部位。土壤样品分析测试项目包括 pH 值、有机质、全氮等 7 个项目，分析方法及质量控制遵照《测土配方施肥技术规范》执行（表 2-1）。

表 2-1　测土配方施肥样品测试项目及分析方法汇总表

项目	测试项目	分析方法
1	pH 值	电位法测定，土、液比为 1:2.5
2	有机质	油浴加热重铬酸钾氧化滴定法测定
3	全 氮	凯氏蒸馏法测定
4	碱解氮	碱解扩散法测定
5	有效磷	碳酸氢钠浸提—钼锑抗比色法测定
6	速效钾	乙酸铵浸提—火焰光度计法测定
7	缓效钾	1mol 热硝酸浸提—火焰光度计法测定

二、野外调查

在土壤取样的同时，调查田间基本情况，填写测土配方施肥采样地块基本情况调查表。

调查内容包括：样点的地块位置、地形地貌、土壤类型和质地、耕层厚度、肥力等级、障碍因素、排灌条件、作物生长季节、施肥次序、施肥时间、肥料种类、肥料名称及养分含量情况、施肥实物量等。

同时开展农户施肥情况调查，填写农户施肥情况调查表。调查内容包括：作物生长季节、作物名称、品种名称、播种季节、收获日期、产量水平，作物生长期内的降水、灌溉情况、灾害情况，是否有推荐施肥、推荐施肥情况及实际施肥情况等。

三、图件收集

收集整理各类图件资料，指印刷的各类地图、专题图、卫星图片以及土壤图、土地利用现状图、行政区划图、采样点点位图、耕地土壤养分图等的矢量图和栅格图。

土地利用现状图及基本农田保护现状图：近几年来，国土部门开展了第二次土地资源大调查和基本农田调查工作，这些图件资料，可为耕地地力评价提供基础资料。

行政区划图：收集最新行政区划图（含行政村边界），并注意名称、编码等的一致性。

第二次土壤普查成果图：包括土壤图、土壤改良利用图、土壤养分图等。

耕地地力调查点位图：在行政区划图、地形图或土壤图上准确标明耕地地力调查点位位置及编号。

四、历史和社会经济数据收集

主要是第二次土壤普查相关数据和当前行政区划以及人口、耕地面积等数据。包括土壤志、土种志、土壤普查专题报告；各土种性状描述，包括其发生、发育、分布，生产性能、障碍因素等；第二次土地资源大调查资料，基本农田保护区划定资料；近三年农业生产统计资料，土壤监测，田间试验，各镇（街道）历年化肥、农药、除草剂等农用化学品销售及使用情况，农作物布局等，全县及各镇（街道）基本情况、自然资源状况描述。

第二节 属性数据库建立

自第二次土壤普查，特别是2009年实施测土配方施肥项目以来，通过野外调查、土壤分析、图件绘制等获得了大量宝贵的信息和数据资料。利用农业部"测土配方施肥数据管理系统"将野外调查资料和室内化验分析数据进行整理、筛选、录入，再将野外调查资料、室内化验分析数据、土壤代码、行政区划代码等相关数据导出为EXCEL表格后，采用ACCESS建立数据库。

一、样点调查、分析数据

耕地地力调查对象是全县耕地，主要是对单元样点基本情况进行调查（彩插图2）。根据样点布点原则和采样要求，龙里县耕地地力调查采样共计 1558 个，采样地块基本情况调查包含：统一编号、调查组号、采样序号、采样目的、省名称、地名称、县名称、乡名称、农户名称、地块名称、距村距离、北纬、东经、海拔、地貌类型、地形部位、地面坡度、田面坡度、坡向、通常地下水位、最高地下水位、最低地下水位、常年降水量、常年有效积温、常年无霜期、农田基础设施、排水能力、灌溉能力、水源条件、输水方式、灌溉方式、熟制、典型种植制度、常年产量水平、土类、亚类、土属、土种、俗名、成土母质、剖面构型、质地、土壤结构、障碍因素、侵蚀程度、采样深度、肥力等级、地块面积、代表面积、意向作物名称、意向作物品种、意向目标产量、单位名称、联系人、地址、单位电话、采样调查人。

土壤测试结果表包含：统一编号、pH 值、有机质、全氮、碱解氮、有效磷、速效钾、缓效钾，共分析化验了 1558 个土样的上述养分状况。

二、耕地资源管理单元属性数据

耕地资源管理单元属性数据表包含每一个评价单元的相关历史数据和测土配方施肥项目产生的大量属性数据，并以具有唯一值的内部标识码进行区分。不仅存储方便，更便于对属性数据的查看、统计和分析（图 2－1）。

耕地资源管理单元属性数据表

地类	[illegible]	地类名	行政村代码	村名	国家亚类	国家土属	国家土种	贵州土类	贵州亚类	贵州土属	龙里县土类
013	3	旱地	52273010500	长寨村	典型黄壤	硅质黄壤	遵义黄砂土	黄壤	黄壤	黄砂土	黄壤
013	3	旱地	52273010500	金批村	黄色石灰土	黄色石灰土	油大泥土	石灰土	黄色石灰土	大泥土	石灰土
013	3	旱地	52273020400	摆省村	典型黄壤	砂泥质黄壤	乌当黄砂泥土	黄壤	黄壤	黄砂泥土	黄壤
013	3	旱地	52273010500	翠微村	典型黄壤	硅质黄壤	遵义黄砂土	黄壤	黄壤	黄砂土	黄壤
013	3	旱地	52273020400	摆省村	典型黄壤	砂泥质黄壤	乌当黄砂泥土	黄壤	黄壤	黄砂泥土	黄壤
013	3	旱地	52273020400	摆琴村	黄色石灰土	黄色石灰土	大砂泥土	石灰土	黄色石灰土	大泥土	石灰土
013	3	旱地	52273020400	打夯村	黑色石灰土	黑色石灰土	岩泥土	石灰土	黑色石灰土	黑岩泥土	石灰土
013	3	旱地	52273010500	金批村	典型黄壤	硅质黄壤	遵义黄砂土	黄壤	黄壤	黄砂土	黄壤
013	3	旱地	52273010500	翠微村	典型黄壤	硅质黄壤	遵义黄砂土	黄壤	黄壤	黄砂土	黄壤
013	3	旱地	52273010500	金批村	典型黄壤	硅质黄壤	遵义黄砂土	黄壤	黄壤	黄砂土	黄壤
013	3	旱地	52273010501	营屯村	典型黄壤	硅质黄壤	遵义黄砂土	黄壤	黄壤	黄砂土	黄壤
013	3	旱地	52273010501	营屯村	典型黄壤	硅质黄壤	遵义黄砂土	黄壤	黄壤	黄砂土	黄壤
013	3	旱地	52273020400	摆琴村	典型黄壤	泥质黄壤	黄泥土	黄壤	黄壤	黄泥土	黄壤
013	3	旱地	52273010500	木马村	典型黄壤	砂泥质黄壤	油黄砂泥土	黄壤	黄壤	黄砂泥土	黄壤
013	3	旱地	52273010501	营屯村	典型黄壤	硅质黄壤	遵义黄砂土	黄壤	黄壤	黄砂土	黄壤
013	3	旱地	52273010500	木马村	黄色石灰土	黄色石灰土	大砂泥土	石灰土	黄色石灰土	大泥土	石灰土
013	3	旱地	52273010501	营屯村	典型黄壤	硅质黄壤	遵义黄砂土	黄壤	黄壤	黄砂土	黄壤
013	3	旱地	52273010500	金批村	黄色石灰土	黄色石灰土	油大泥土	石灰土	黄色石灰土	大泥土	石灰土
013	3	旱地	52273010500	金批村	黄色石灰土	黄色石灰土	大砂泥土	石灰土	黄色石灰土	大泥土	石灰土
013	3	旱地	52273020400	打夯村	典型黄壤	砂泥质黄壤	油黄砂泥土	黄壤	黄壤	黄砂泥土	黄壤
013	3	旱地	52273020301	甲摆村	典型黄壤	硅质黄壤	遵义黄砂土	黄壤	黄壤	黄砂土	黄壤
013	3	旱地	52273020301	甲摆村	典型黄壤	硅质黄壤	遵义黄砂土	黄壤	黄壤	黄砂土	黄壤

记录：第 1 项(共 8739　未筛选　搜索

图 2－1　龙里县耕地资源管理单元属性数据图示

该属性数据包含：内部标识码、权属单位名称、权属单位代码、镇（街道）名、村名、行政村代码、地类编码、地类名称、国家土类、国家亚类、国家土属、国家土种、贵州土类、贵州亚类、贵州土属、贵州土种、龙里县土类、龙里县亚类、龙里县土属、龙里县土种、土种代号、耕地坡度级、年降水量、海拔、有效积温、地形部位、剖面构型、排水能力、灌溉能力、耕层质地、耕层厚度、土体厚度、抗旱能力、成土母质、pH 值、有机质、全氮、有效磷、速效钾、缓效钾，共计 40

个属性字段,349 600 条信息。

三、土种归并

对于第二次土壤普查资料的整理,邀请州、县参与过土壤普查工作,对省内土壤分类历史和资料比较熟悉,并有丰富的生产实践经验的土壤肥料专家,根据国家标准《中国土壤分类与代码》及《贵州省土种志》《贵州省土壤》《黔南土壤》《龙里县土壤志》对土壤分类系统进行整理、归并,制定了县土种与州土种、贵州省土种与国家土种对照表,使龙里县的土种都能归入省级土壤分类和国家土壤分类系统。建立一套完整的土壤类型代码表,并与土壤分类系统表、土壤图图例、典型剖面理化性状统计表、农化样数据表等资料一致。

第三节 空间数据库建立

建立空间数据库应首先进行图件数字化。图件数字化采用 R2V 软件,数字化后采用 shape 格式导出,在 ArcGIS 中进行图形编辑、改错,建立拓扑关系。然后进行坐标及投影转换。投影方式采用高斯－克吕格投影,三度分带,坐标系及椭球参数采用西安 80/克拉索夫斯基;高程系统采用 1980 年国家高程基准;野外调查 GPS 定位数据的初始数据采用经纬度,统一采用 GW84 坐标系,并在调查表格中记载,装入 GIS 系统与图件匹配时,再投影转换为上述直角坐标系坐标。

以建立的数据字典为基础,在数字化图件时对点、线、面(多边形)均赋予相应的属性编码,如在数字化土地利用现状图时,对每一多边形同时输入土地利用编码,从而建立空间数据库与属性数据库具有连接的共同字段和唯一索引。图件数字化完成后,在 ArcGIS 下调入相应的属性库,完成数据库和空间的连接,并对属性字段进行相应的整理,最终建立完整的具有相应属性要素的数字化地图。

利用比例尺均为 1∶1 万的龙里县土地利用现状图、土壤图、行政区划图(村级)、地形图等基础图件数据建立耕地地力评价空间数据库。数据库以 shp. 文件格式保存在空间文件的 Vector File 文件夹中,每一个独立的空间信息以独立的图层文件存储。包括村界、镇(街道)界、公路、农村道路、等高线、采样点、镇(街道)驻地、城镇、村庄、土地利用现状、土壤图、河流湖泊水库、年降水量、有效积温、耕地资源管理单元图等 15 个空间图层数据(图 2－2)。

利用 ArcGIS 9.3 软件编制数字化图件 22 份,即:①龙里县行政区划示意图;②龙里县耕地地力评价采样点位示意图;③龙里县耕地土壤类型示意图;④龙里县土地利用现状示意图;⑤龙里县耕地海拔高程示意图;⑥龙里县耕地坡度等级示意图;⑦龙里县耕地地貌类型示意图;⑧龙里县耕地耕层厚度示意图;⑨龙里县耕地土壤 pH 值分布示意图;⑩龙里县耕地土壤有机质含量分布示意图;⑪龙里县耕地土壤全氮含量分布示意图;⑫龙里县耕地土壤碱解氮含量分布示意图；⑬龙里县耕地土壤有效磷含量分布示意图；⑭龙里县耕地土壤速效钾含量分布示意图；⑮龙里县耕地土壤缓效钾含量分布示意图；⑯龙里县耕地地力评价等级示意图（县地力等级）；⑰龙里县耕地地力评价等级示意图（部地力等级）；⑱龙里县耕地利用改良分区示意图；⑲龙里县耕地种植业分区示意图；⑳龙里县耕地辣椒适宜性等级示意图；㉑龙里县耕地豌豆尖适宜性等级示意图；㉒龙里县耕地施肥分区示意图。

图 2-2 耕地资源空间数据图示

第四节 管理单元的确定与属性值获取

管理单元是由对耕地质量具有关键影响的各耕地要素组成的最基本空间单位，同一管理单元的内部质量均一，不同单元之间既有差异性，又有可比性。管理单元的确定主要由土种类型相对独立成块来确定的,在所有耕地中,每一个具有一定面积且相对独立成块的土种类型就是一个管理单元。管理单元(即图斑)的生成是利用计算机技术把土壤图、土地利用现状图和行政区划图叠加相交生成管理单元图。由于原图件来源时间不统一,出现行政区划图、现状图和土壤图中的行政边界、镇(街道)边界有出入;土壤图、土地利用现状图、行政区划图不同年代、不同精度,重叠后形成许多"真空"图斑、碎图斑,导致耕地管理单元图斑不正确。于是,通过分析不同图件的信息,结合土壤专业的基础理论,制定了按自动生成图斑与手动生成图斑相结合的方式进行耕地管理单元图斑制作,减少纠错工作量,并使图斑更适合实际情况,如筛选、确定一个有精确坐标的边界图为基准去修改(合并、切割等)其他相应的图。龙里县耕地资源管理信息系统共计管理单元8739个。

影响耕地地力的因子非常多,而且这些因子在计算机中的储存方式也不尽相同,如何准确地在评价单元中获取评价信息是关键的一环。由土壤图、土地利用现状图和行政区划图叠加生成施肥指导的单元图斑,在单元图斑内统计采样点,如果一个单元内有一个采样点,则该单元的数值就用该点的数值,如果一个单元内有多个采样点,则该单元的数值采用多个采样点的平均值(数值型取平均值,文本型取大样本值,下同);如果某一单元内没有采样点,则该单元的值用与该单元相邻同土种的单元的值代替;如果没有同土种单元相邻,或相邻同土种单元也没有数据,则可用与之较近的多个单元(数据)的平均值代替。

一、海拔因子值的获取

海拔因子值的获取首先是利用ArcGIS 9.3软件将数字化的龙里县地形图生成数字高程模型(DEM)。在生成的DEM的基础上,利用ArcGIS 9.3软件中的空间分析(Spatial Analyst)模块下的表面分析(Surface Analyst)功能来提取每个评价单元范围内海拔的平均值,并将其赋予对应的评价单元,从而实现海拔因子值的提取。

二、概念型因子值的获取

概念型的属性包括:灌溉能力、排水能力、剖面构型、耕层厚度、成土母质、土体厚度、地形部位等。由于没有相应的专题图,因此其值不能通过GIS中的空间分析功能直接进行提取,只能通过土壤采样点的调查数据得到。本次评价的土壤调查样点分布较为均匀,且密度较大,在采集土壤时,对各样点的概念型属性进行了详细的调查,而这些属性在空间上一定范围内存在相对的一致性,也就是说在一定的采样密度下,每个采样点附近的评价单元的这些属性的值可以用该样点的值代替,即以点代面来实现评价单元中对灌溉能力、排水能力、剖面构型等概念型因子值的获取。

三、土壤养分属性因子值的获取

对于土壤有机质、有效磷、速效钾等因子值的获取,可以通过野外采集的土壤样品化验分析数据用地统计的方法进行 Kriging 空间插值来获得。首先,将采样点调查及分析数据按照经纬度在 ArcGIS 9.3 软件中进行布点。然后,利用其中的地理统计分析(Geostatistical Analyst)模块选择最优的插值模型进行 Kriging 空间插值,得到各因子的空间分布图。最后,同样使用确定的评价单元图通过空间分析(Spatial Analyst)模块下的区域统计(Zonal Statistics)功能来提取每个评价单元范围内的土壤有机质、有效磷、速效钾等因子的平均值,并将该值赋予相应的评价单元,最终实现这些因子值的提取。

第三章　龙里耕地土壤

第一节　耕地土壤分类

一、分类原则

土壤分类就是根据各种土壤发生、形成、发展的理论正确地把客观存在的不同类型的土壤,按照各类型之间的内在联系和它们之间的差别加以区分。只有弄清楚这些问题,才能更好地认识和改造土壤,合理利用耕地资源。

(一)以土壤发生学分类为基础

龙里县地形地貌、气候、成土母质、人为活动等成土条件差异较大,成土过程不一,不同的成土因素组合形成的土壤性状、理化性质、肥力水平有很大差异。因此,应用发生学分类,是土壤分类的基本原则。

土壤作为历史自然体,其发生、发育受各种因素制约,由于各种成土因素影响的强烈程度和成土过程在空间和时间上的进程不同,因而土壤的发育方向和程度不一致,必然要在土壤分类中给予应有的体现,以避免机械地把已经发生的成土过程同即将发生的成土过程混为一谈,把熟化土壤(具 A、B、C 剖面构型*)与幼年土壤(具 A - C 或 A - BC - C、A - R 剖面构型)合成一体。在土壤分类中还应重视土壤地带性的客观存在,因而在高级分类单元中对自然成土因素给予反映。在划分地带性土壤时,既注重"中心"概念,又尽量结合考虑"边缘"概念,并以土壤本身具备的特征特性为依据而不生搬硬套。在基层单元划分时尽可能应用数值和指标,以弥补在地带性土壤按中心概念划分时的不足,以逐渐向土壤诊断分类靠近。

---

* A—耕作层(淋溶层,处于土体最上部,生物活动最为强烈,进行着有机质的积累或分解的转化过程);Aa—耕层;Ap—犁底层;B—心土层(底土层、淀积层,处于 A 层的下面,是物质淀积作用而形成的);C—母质层(处于土体的最下部,没有生产明显的成土作用的土层,其组成物就是母质,主要是由一些砂页岩风化坡残积物、石灰岩坡残积物等发育而来);R—母岩层;W—潴育层;P—渗育层;G—潜育层;E—漂洗层;T—泥炭层;H—汞污染层;M—煤层;O—障碍层。

(二)以自然土为基础,把自然土和耕作土纳入分类系统中

耕作土壤是在自然土壤的基础上,经过长期的耕作影响形成的,同时还继续受自然成土因素的影响,它们之间存在发生学上的联系。

在耕种以前的很长时间,受相同的自然成土因素影响,经历着复杂的、一致的成土过程,产生相似的属性。耕种以后,经人工培肥作用,土壤形态和性状虽然发生变化,但其非耕作土壤与耕作土壤具有发生学上的联系,土壤属性上具有某些继承性。因此,将两种土壤归入统一的分类系统中,并给予恰当的位置。水稻土具有独特的成土过程,在土类一级给予独立;旱作土则一般在土种一级与非耕作土给予区分,这既不割断耕作土壤与非耕作土壤的发生联系,又顾及其性态上实质性的差别。

(三)土壤分类要体现"科学性、生产性、群众性"三统一的原则

以群众生产通俗土壤命名为导向,按照科学性进行整理,取其精华,统筹安排,充实土壤分类内容。

龙里县第二次土壤普查于1985年结束,其土壤分类系统是按照《全国第二次土壤普查暂行技术规程》的规定,结合龙里县实际划分的。而贵州省土壤分类系统是在20世纪80年代后期至90年代初期,根据全省各县(市、区)的土壤普查结果,进行归纳整理而来,在系统分类与土种命名上与县级土壤分类系统有所不同,存在同一土性分处不同土壤类型的状况,如龙里县的黄壤土类及石灰土土类,在贵州省土壤分类系统中将两者的一部分归并到粗骨土土类。黄壤土类中有"粗骨黄壤亚类",而贵州省土壤分类系统将其归并到"酸性粗骨土亚类"或"黄壤性土亚类"。因此,为了与国家、省土种对接,有必要对龙里县第二次土壤普查的各土种进行省级归并,使之溯源到省级土壤分类系统。如龙里县"潮砂泥土"土种,在贵州省土壤分类系统中不存在,但其发育的母质、程度和土体构型与省土种"油潮砂泥土"土种相似,故遵循相同土壤属性的原则归并到省土种"油潮砂泥土"。

二、分类依据

龙里县耕地土壤分类采用土类、亚类、土属、土种4级分类制。根据第二次土壤普查结果,龙里县耕地土壤分为4个土类,14个亚类,56个土属,235个土种,其依据分别是:

(一)土 类

反映成土条件、成土过程、土壤主要属性特点的相对一致性和稳定性,各自具有独特的主导成土因子和生物气候,土类之间属性彼此有质的差异,同一土类具有相同诊断特征和相类似的利用改良方向,如黄壤、潮土、石灰土、粗骨土和水稻土。

(二)亚 类

亚类是土类与土类之间的过渡类型,是土类范围内主导成土过程中所形成的土壤,是同一土类不同发育阶段所形成的土壤。如黄壤与石灰土土类之间的过渡类型为黄壤、黄壤性土、漂洗黄壤3个亚类,石灰土在相同相似地带性生物气候条件影响下,由于发育阶段不同

而形成黄色石灰土、黑色石灰土等亚类。

(三) 土　属

土属是土壤分类系统中的中级分类单位,可以是亚类的续分,又可以是土种共性的归纳,一般受地区性限制程度较大,是个承上启下的分类单位。划分的主要依据是母岩质地类型、母质类型、水文地质条件等,如母岩为泥质页岩形成的硅铁质黄壤土属;母质为白云岩风化物形成的白云岩黑色石灰土、黄色石灰土等土属;季节性浸渍形成的大眼泥土属等。耕作土还可以自然土直接划定土属,如硅铁质黄壤开垦为旱作土为黄泥土,水耕熟化为黄泥田。相同土属土壤属性和生产性能基本上趋于一致。

(四) 土　种

土种是土壤分类的基础单元。根据土壤发育程度或熟化程度在量上的差异来划分,主要依据是土体构型、土层厚度、质地、侵蚀状况、地形部位、有机质含量、障碍因素等。以熟化与水耕熟化程度所体现的肥力状况分为高、中、低,以有机质含量≥40 g/kg 为高,20～40 g/kg 为中,<20 g/kg 为低。在命名上,以"小"与"油"代表高肥力,"寡"与"死"代表低肥力。根据土壤质地划分土种,以"胶""泥"命名的土种为粘性土壤,以"砂"命名的为砂性土壤,以"砂泥"命名的为壤性土壤。根据 60 cm 以内的土层出现部位与厚度、熟化度,对白胶泥、白鳝泥分为轻(E 层在 40 cm 以下出现)和熟(肥力高)。土种是具有相对稳定性和明显差异性的基层单元,同一土种其肥力水平及利用改良措施基本一致。

三、分类系统

根据土壤分类原则与第二次土壤普查结果,以及综合成土条件、成土过程,龙里县土壤可分为自然土、旱作土和水稻土。将龙里耕地土种整理、归并到贵州土壤分类系统后,共有 5 个土类,14 个亚类,32 个土属,57 个土种(表 3-1、彩插图 3)。

表 3-1　龙里县耕地土壤分类表

土 类	亚 类	土 属	土 种	面积(hm²)	占全县耕地面积的比例(%)
潮土	潮土	潮砂泥土	潮砂土	17.04	0.06
粗骨土	钙质粗骨土	白云砂土	白云砂土	148.10	0.50
	酸性粗骨土	砾石黄泥土	砾石黄泥土	78.07	0.26
			砾石黄砂泥土	1783.58	5.96
			砾石黄砂土	133.69	0.45

续表 3-1

土类	亚类	土属	土种	面积(hm²)	占全县耕地面积的比例(%)
黄壤	黄壤	大黄泥土	大黄泥土	844.54	2.82
			火石大黄泥土	121.61	0.41
		黄泥土	复钙黄泥土	517.17	1.73
			黄胶泥土	0.81	0
			黄泥土	923.27	3.09
			油黄泥土	121.66	0.41
		黄砂泥土	复钙黄砂泥土	554.08	1.85
			黄砂泥土	3427.55	11.46
			油黄砂泥土	50.95	0.17
		黄砂土	黄砂土	715.74	2.39
		黄粘泥土	复盐基黄粘泥土	41.64	0.14
	黄壤性土	幼大黄泥土	幼大黄泥土	7.68	0.03
		幼黄泥土	幼黄泥土	187.67	0.63
	漂洗黄壤	白鳝泥土	白鳝泥土	119.07	0.40
石灰土	黑色石灰土	黑岩泥土	岩泥土	625.61	2.09
	黄色石灰土	大泥土	大泥土	4606.82	15.40
			大砂泥土	2006.16	6.71
			砾大泥土	514.51	1.72
			油大泥土	54.62	0.18
水稻土	漂洗型水稻土	白胶泥田	中白胶泥田	318.10	1.06
		白砂田	白砂田	58.83	0.20
		白鳝泥田	熟白鳝泥田	156.44	0.52
			中白鳝泥田	684.02	2.29
			重白鳝泥田	236.42	0.79

续表 3-1

土 类	亚 类	土 属	土 种	面积(hm²)	占全县耕地面积的比例(%)
水稻土	潜育型水稻土	烂锈田	浅脚烂泥田	45.83	0.15
			深脚烂泥田	45.85	0.15
		冷浸田	冷浸田	37.12	0.12
		马粪田	高位马粪田	16.61	0.06
		青黄泥田	青黄泥田	97.14	0.32
			青黄砂泥田	13.22	0.04
		鸭屎泥田	鸭屎泥田	54.82	0.18
	渗育型水稻土	潮砂泥田	潮砂田	2.28	0.01
		大泥田	大泥田	487.20	1.63
			砂大泥田	394.23	1.32
		黄泥田	黄泥田	234.67	0.78
			黄砂泥田	679.14	2.27
	脱潜型水稻土	干鸭屎泥田	干鸭屎泥田	8.44	0.03
	淹育型水稻土	大土泥田	大土泥田	141.29	0.47
		大土泥田	砂大土泥田	207.31	0.69
		幼黄泥田	幼黄砂田	328.24	1.10
	潴育型水稻土	斑潮泥田	斑潮泥田	109.95	0.37
			斑潮砂泥田	986.84	3.30
			油潮砂泥田	390.68	1.31
		斑黄泥田	斑黄胶泥田	86.57	0.29
			斑黄泥田	1071.80	3.58
			斑黄砂泥田	903.91	3.02
			小黄泥田	95.19	0.32
			油黄砂泥田	141.35	0.47
		大眼泥田	大眼泥田	2004.53	6.70
			胶大眼泥田	556.19	1.86
			砂大眼泥田	1675.95	5.60
		冷水田	冷水田	34.89	0.12
合　计				29906.71	100

第二节 耕地土壤类型及土种理化性状

龙里县耕作土共分为五大类：潮土、粗骨土、黄壤、石灰土和水稻土，前 4 类为旱作土。潮土面积 17.04 hm²，占耕作土面积的 0.06%；粗骨土面积 2382.53 hm²，占耕作土面积的 7.97%；黄壤面积 7394.34 hm²，占耕作土面积的 24.72%；石灰土面积 7807.73 hm²，占耕作土面积的 26.11%；水稻土面积 12 305.07 hm²，占耕作土面积的 41.14%。

一、潮土

潮土是由溪、河流冲积物母质发育而成，因受河流搬运及地下水的影响，全土层基本呈砂性。潮土是龙里县耕作土壤面积极小的 1 个土类，故只划分潮土 1 个亚类、潮砂泥土 1 个土属、潮砂土 1 个土种。零星分布在醒狮镇的谷新及洗马镇的羊昌、洗马河等村的河谷阶地。养分含量中有机质和全氮较低、有效磷和速效钾高，面积仅为 17.04 hm²（其中洗马镇 14.02 hm²、醒狮镇 3.02 hm²），占全县耕地面积的 0.06%。

潮砂土土层深厚，质地疏松，结构良好，剖面层次不明显，含有数量不等的卵石和少量的锈纹锈斑，土壤剖面构型 A－P－B－C。有机质及大量元素含量较丰富或以上，肥力较高，供肥保肥能力好（表 3－2）。

表 3－2　潮砂土的主要理化性状比较表

项　目	pH 值	有机质 （g/kg）	全氮 （g/kg）	碱解氮 （mg/kg）	有效磷 （mg/kg）	速效钾 （mg/kg）	缓效钾 （mg/kg）
最大值	6.52	43.74	2.61	194	33.44	278	599
最小值	6.33	33.11	1.33	132	28.39	252	543
平均值	6.41	38.58	2.17	157	31.77	268	585

二、粗骨土

粗骨土是旱作土中多于潮土面积的一类土，面积 2143.44 hm²，占耕作土面积的 7.17%，在各镇（街道）均有分布，主要分布在北部、中部及西南部地区。成土母质有石灰岩、白云岩、泥页岩、砂页岩、砂岩风化物，老风化壳。由于该类土多处于山高坡陡的地段，植被覆盖差，土壤侵蚀严重，因而土壤发育差，矿物风化变蚀作用弱，常处于成土的初育阶段。土体浅薄，剖面构型 A－C。质地粗糙，砾石含量高，多为砾石土或砾质土。

粗骨土下有钙质粗骨土和酸性粗骨土 2 个亚类，钙质粗骨土亚类下只有白云砂土 1 个土属，酸性粗骨土亚类下也仅有砾石黄泥土 1 个土属。

（一）白云砂土

白云砂土土属下仅有白云砂土 1 个土种，面积不大，但全县均有分布，主要分布在谷脚镇的高新村的高枧、谷冰村的谷冰、庆阳社区茶香村的鸡场,冠山街道办事处五新村的新民,龙山镇草原村的草原,湾滩河镇摆主村的摆绒摆主,洗马镇田箐村、哪嗙村的长芽、猫寨村的长沟、平坡村的水尾、台上村的大坪,醒狮镇平寨村的关庄、元宝村的元宝等地的白云岩坡陡、侵蚀严重地带。总面积148.1 hm²(其中:谷脚镇35.00 hm²、冠山街道办事处11.78 hm²、龙山镇25.87 hm²、湾滩河镇15.31 hm²、洗马镇35.78 hm²、醒狮镇24.36 hm²),占全县耕地面积的0.50%、旱作土面积的0.84%。

白云砂土母质为白云岩风化物,土壤遭受侵蚀,发育差,土体薄,层次清楚,剖面构型为A－C,砾石含量高,质地较轻,土壤较疏松,透气性好,保水保肥差,石灰反应强,养分含量不高,宜种性不广,耕作困难(表3－3)。

表3－3 白云砂土的主要理化性状比较表

项 目	pH值	有机质 (g/kg)	全氮 (g/kg)	碱解氮 (mg/kg)	有效磷 (mg/kg)	速效钾 (mg/kg)	缓效钾 (mg/kg)
最小值	7.92	57.21	3.28	249	25.90	285	387
最大值	7.53	25.17	1.47	103	5.50	55	50
平均值	7.75	38.49	2.28	180	15.19	151	177

(二)砾石黄泥土

砾石黄泥土土属下有砾石黄泥土、砾石黄砂泥土和砾石黄砂土3个土种。

1. 砾石黄泥土

砾石黄泥土零星分布在谷脚镇观音村、谷脚社区的大坡,冠山街道办事处凤凰村的合安、五新村的五里,洗马镇乐湾村、台上村的大坪、巴江村的大路坪等地的黄壤带粗骨土区坡度稍缓地带。总面积78.07 hm²(其中:谷脚镇2.97 hm²、冠山街道办事处3.06 hm²、洗马镇72.04 hm²),占全县耕地面积的0.26%、旱作土面积的0.44%。

砾石黄泥土母质为页岩风化物,土层薄,发育差,剖面构型为A－C,砾石含量多,通体质地较轻,漏水漏肥不抗旱,结构差,养分含量不高(表3－4)。

表3－4 砾石黄泥土的主要理化性状比较表

项 目	pH值	有机质 (g/kg)	全氮 (g/kg)	碱解氮 (mg/kg)	有效磷 (mg/kg)	速效钾 (mg/kg)	缓效钾 (mg/kg)
最大值	5.82	71.35	2.82	209	53.60	375	418
最小值	5.07	27.82	1.59	114	12.00	121	90
平均值	5.48	41.45	2.03	151	24.26	209	170

2. 砾石黄砂泥土

全县各镇(街道)均有砾石黄砂泥土分布,尤以洗马镇、醒狮镇分布较广,是砾石黄泥土土属中面积最大的土种,主要分布在谷脚镇茶香村的鸡场、高堡村的高堡谷定、高新村的高枧、谷冰村的谷冰,冠山街道办事处的高坪村、平西村、播箕社区、三合村的三合永安、西城社区的大竹,龙山镇水场社区、中坝村、比孟村的场坝以及中排村的高峰,湾滩河镇金星村、果里村、湾寨村的场坝、云雾村的甲晃,洗马镇巴江村、平坡村、乐湾村、花京村、乐宝村、田箐村、金溪村以及台上村的台上、羊昌村的新庄、岩底、落掌村的白泥田、猫寨村的猫寨、哪嗙村的狗场、长芽,醒狮镇谷龙村、凉水村、平寨村、元宝村以及醒狮村的醒狮、进化、谷新村的谷汪等地的黄壤带粗骨土区坡度稍缓地带。总面积1783.58 hm²(其中:谷脚镇89.40 hm²、冠山街道办事处116.86 hm²、龙山镇212.23 hm²、湾滩河镇115.90 hm²、洗马镇925.92 hm²、醒狮镇323.27 hm²),占全县耕地面积的5.96%、旱作土面积的10.13%。该类土是酸性粗骨土亚类中占据绝大部分的土种,占砾石黄泥土土属的83.21%。

母质为砂页岩互层风化的残坡积物。土壤发育差,剖面构型为A-C。土体厚度40~50 cm,土体薄,砾石含量较多,在15%以上,C层比A层多,质地较轻,保水保肥性能差,通透性好,作物产量低而不稳(表3-5)。

表3-5 砾石黄砂泥土的主要理化性状比较表

项 目	pH值	有机质 (g/kg)	全氮 (g/kg)	碱解氮 (mg/kg)	有效磷 (mg/kg)	速效钾 (mg/kg)	缓效钾 (mg/kg)
最大值	6.49	75.30	5.55	344	57.30	430	450
最小值	4.41	16.39	0.87	72	2.40	60	30
平均值	5.44	40.35	2.25	181	15.88	140	151

3. 砾石黄砂土

砾石黄砂土分布面积较小,零星分布在冠山街道办事处高坪村的高坪,龙山镇莲花村的莲花、平山村的摆谷六、水场社区的水场、高沟、水苔村的大谷,洗马镇平坡村的水尾,醒狮镇平寨村以及谷龙村的林安、谷新村的谷新等地的黄壤带粗骨土区坡度稍缓地带。总面积仅133.69 hm²(其中:冠山街道办事处1.44 hm²、龙山镇87.45 hm²、洗马镇2.80 hm²、醒狮镇42.01 hm²),占全县耕地面积的0.45%、旱作土面积的0.76%。

母质为砂页岩风化物,土壤发育差,土体薄,剖面构型为A-C。砾石含量高,质地轻,结构差,通透性好,保水保肥性能差,养分含量不高(表3-6)。

表3-6 砾石黄砂土的主要理化性状比较表

项 目	pH值	有机质 (g/kg)	全氮 (g/kg)	碱解氮 (mg/kg)	有效磷 (mg/kg)	速效钾 (mg/kg)	缓效钾 (mg/kg)
最大值	6.47	62.06	3.80	262	23.80	194	355
最小值	4.84	16.39	0.87	80	2.90	80	40
平均值	5.40	31.61	1.81	144	5.59	114	133

三、黄　壤

黄壤属地带性土壤,在全县均有分布,是龙里县耕作土面积较大的一个土类,面积7633.43 hm²,占全县耕地面积的25.52%、旱作土面积的43.37%,是面积第二大的旱作土,仅次于石灰土。全县各镇(街道)均有分布,其中谷脚镇面积最大,再依次是洗马镇、醒狮镇、冠山街道办事处,湾滩河镇最少。成土母质为石灰岩、白云岩、泥页岩、砂页岩、砂岩风化物、老风化壳,剖面构型以 A - B - C 为主,还有 A - P - B - C 和 A - BC - C。黄化过程是黄壤形成的主要特征,发生层次明显,表层暗灰色,土体厚度随母质和地形不同而有所差异,心土层黄化明显,呈淡黄色或蜡黄色。除了在砂岩母质上发育的黄砂土土属质地轻、粘土作用不明显外,其他岩石母质发育的黄壤,质地较粘重,且有明显的粘化作用。有效磷含量较低。

根据成土条件、土壤属性及附加过程的不同,龙里县黄壤分为黄壤、黄壤性土、漂洗黄壤3个亚类。黄壤亚类下有大黄泥土、黄泥土、黄砂泥土、黄砂土及黄粘泥土5个土属;黄壤性土亚类下有幼大黄泥土、幼黄泥土2个土属;漂洗黄壤亚类下仅有白鳝泥土1个土属。大黄泥土土属下有大黄泥土、火石大黄泥土2个土种,黄泥土土属下有复钙黄泥土、黄胶泥土、黄泥土和油黄泥土4个土种,黄砂泥土土属下有复钙黄砂泥土、黄砂泥土、油黄砂泥土3个土种,黄砂土土属下仅有黄砂土1个土种,黄粘泥土土属下有复盐基黄粘泥土1个土种,幼大黄泥土土属下仅有幼大黄泥土1个土种,幼黄泥土土属下仅有幼黄泥土1个土种,白鳝泥土土属下有白鳝泥土1个土种。

(一)大黄泥土

大黄泥土全县6个镇(街道)均有分布,主要分布在谷脚镇庆阳社区、谷脚社区、岩后社区、观音村、茶香村、高堡村、高新村,冠山街道办事处播箕社区、西城社区的大竹、平西村的平地,龙山镇草原村、金星村、水苔村的前进、团结村的城兴、中排村的幸福、水场社区的高沟,湾滩河镇六广村的新华,洗马镇哪嗙村的石板滩,醒狮镇平寨村的龙滩、元宝村的元宝、醒狮村的大坝等地的缓丘下部、坡脚及小盆地边缘地带。总面积844.54 hm²(其中:谷脚镇521.37 hm²、冠山街道办事处68.75 hm²、龙山镇238.89 hm²、湾滩河镇3.36 hm²、洗马镇1.73 hm²、醒狮镇10.45 hm²),占全县耕地面积的2.82%、旱作土面积的4.80%,占黄壤土类的11.06%。

大黄泥土母质为页岩和板岩风化物,土体平均厚度60~100 cm,剖面构型为 A - B - C。层次较明显,质地较粘重,保水保肥,供肥力弱,坡度缓,适宜农业生产(表3-7)。

表3-7　大黄泥土的主要理化性状比较表

项　目	pH值	有机质(g/kg)	全氮(g/kg)	碱解氮(mg/kg)	有效磷(mg/kg)	速效钾(mg/kg)	缓效钾(mg/kg)
最大值	7.56	64.72	5.02	388	50.80	300	625
最小值	4.45	15.58	1.02	87	1.80	40	50
平均值	6.01	41.51	2.44	191	12.47	136	201

(二)火石大黄泥土

火石大黄泥土零星分布在谷脚镇高堡村的谷定、毛堡、茶香村的茶香,冠山街道办事处高坪村的高坪、三合村的三合,龙山镇水场社区的水场、红岩,洗马镇台上村的大坪,醒狮镇凉水村的旧寨、醒狮村的进化等地的岩溶山地丘陵地带。总面积121.61 hm²(其中:谷脚镇21.97 hm²、冠山街道办事处30.14 hm²、龙山镇10.25 hm²、洗马镇13.93 hm²、醒狮镇45.32 hm²),占全县耕地面积的0.41%、旱作土面积的0.69%,占黄壤土类的1.59%。

火石大黄泥土母质为燧石灰岩、含硅白云岩风化物,经耕种形成旱耕地。土体厚1 m左右,剖面构型为A-B-C。该土种土体厚,有机质和养分较丰富,土壤结构较好,微酸性,质地壤质粘土中含有砾石,有一定的保水保肥能力。但该土种含燧石多,耕性差,农具磨损大,同时,石头口子锋利易伤脚(表3-8)。

表3-8 火石大黄泥土的主要理化性状比较表

项 目	pH值	有机质 (g/kg)	全氮 (g/kg)	碱解氮 (mg/kg)	有效磷 (mg/kg)	速效钾 (mg/kg)	缓效钾 (mg/kg)
最大值	5.77	67.27	3.06	236	56.00	255	195
最小值	5.08	27.82	1.81	155	7.87	77	57
平均值	5.35	48.83	2.38	205	21.72	129	117

(三)复钙黄泥土

复钙黄泥土主要分布在谷脚镇观音村、茶香村的鸡场、高堡村的毛堡,冠山街道办事处高坪村的高坪、凤凰村的硝兴、合安、平西村的西联、三合村的永安,龙山镇平山村的新水、水场社区的红岩,洗马镇羊昌村、乐宝村、落掌村的上石坎、花京村的花京、巴江村的巴江,醒狮镇醒狮村的大坝、醒狮、大岩村、高吏目村的乐榨、谷龙村的大谷龙等地的岩溶低山山麓和岩溶盆地边缘地带。总面积517.17 hm²(其中:谷脚镇26.64 hm²、冠山街道办事处35.71 hm²、龙山镇4.81 hm²、洗马镇290.27 hm²、醒狮镇159.74 hm²),占全县耕地面积的1.73%、旱作土面积的2.94%,占黄壤土类的6.78%。

复钙黄泥土母质为老风化壳及页岩、板岩风化物,土层较厚,土体岩石碎块较多,层次分化明显,剖面构型为A-B-C。质地粘重,耕作费工,土性冷凉,喜旱怕涝,通透性差(表3-9)。

表3-9 复钙黄泥土的主要理化性状比较表

项 目	pH值	有机质 (g/kg)	全氮 (g/kg)	碱解氮 (mg/kg)	有效磷 (mg/kg)	速效钾 (mg/kg)	缓效钾 (mg/kg)
最大值	7.56	75.30	5.55	363	52.10	428	592
最小值	4.43	21.06	1.20	105	3.80	92	63
平均值	6.31	40.37	2.34	175	17.50	211	317

(四)黄胶泥土

黄胶泥土零星分布在湾滩河镇桂花村凯卡的槽地、坝地和洼地。是面积较小的土种之一,仅为0.81 hm²,仅占全县耕地面积的0.003%、旱作土面积的0.005%。

黄胶泥土母质为老风化壳及页岩、板岩风化物,土体较厚,但耕层浅薄,剖面层次分化不清楚,剖面构型为A-B-C。质地粘重,结构差,紧实,通透性极差,养分释放慢,特别是前期供肥差,有机质、有效磷、缓效钾含量中等,具有粘、酸、瘦的障碍因子。宜肥、宜种性不好,宜耕期短,耕种困难(表3-10)。

表3-10 黄胶泥土的主要理化性状比较表

项 目	pH值	有机质 (g/kg)	全氮 (g/kg)	碱解氮 (mg/kg)	有效磷 (mg/kg)	速效钾 (mg/kg)	缓效钾 (mg/kg)
最大值	7.56	70.97	5.02	388	55.00	400	670
最小值	4.54	20.02	1.25	111	3.90	58	59
平均值	5.62	44.53	2.52	195	14.85	172	238

(五)黄泥土

黄泥土全县均有分布,尤以洗马镇、谷脚镇分布较多,主要分布在谷脚镇谷脚社区、观音村以及谷冰村的大谷冰、花桥村的鸡场、岩后社区的三堡、冠山街道办事处播箕社区、水桥社区、大新村的光坡、大新、凤凰村、高坪村、平西村的西联、三合村的永安,龙山镇比孟村的场坝、三村、中坝村、团结村的城兴、金星村的红星、中排村的幸福、平山村的新水、桥尾、龙山社区的新场,湾滩河镇摆主村的摆岑、摆主、岱林村的岱林、营盘村的木马、渔洞村的团结、云雾村的甲晃、洗马镇巴江村、龙场村、落掌村、乐宝村以及花京村的花京、猫寨村的长沟、乐湾村的烂田湾、羊昌村的岩底、哪嗙村的长芽、狗场,醒狮镇大岩村、谷新村、醒狮村以及凉水村的凉水、旧寨、平寨村的平寨、葫芦田、元宝村的元宝等地的缓丘下部、山脚及小盆地边缘地带。总面积923.27 hm²(其中:谷脚镇48.09 hm²、冠山街道办事处251.63 hm²、龙山镇86.62 hm²、湾滩河镇45.33 hm²、洗马镇260.29 hm²、醒狮镇231.30 hm²),占全县耕地面积的3.09%、旱作土面积的5.25%。

黄泥土母质为页岩和板岩风化物,土体较厚,层次明显,剖面构型为A-B-C。耕层下较紧实,质地较粘重,保水保肥,宜耕性好(表3-11)。

表3-11 黄泥土的主要理化性状比较表

项 目	pH值	有机质 (g/kg)	全氮 (g/kg)	碱解氮 (mg/kg)	有效磷 (mg/kg)	速效钾 (mg/kg)	缓效钾 (mg/kg)
最大值	7.56	70.97	5.02	388	55.00	400	670
最小值	4.54	20.02	1.25	111	3.90	58	59
平均值	5.62	44.53	2.52	195	14.85	172	238

(六)油黄泥土

油黄泥土全县均有零星分布,主要分布在谷脚镇茶香村的茶香、高新村的新坪、谷脚社区的哨堡、岩后社区的三堡、庆阳社区的小箐、冠山街道办事处冠山社区、大冲社区、龙山镇团结村、草原村的草原、余下村的余下、水场社区的水场、比孟村的场坝、鸡场、平山村的摆谷六、莲花村的纸厂,湾滩河镇翠微村、金批村、湾寨村,洗马镇乐湾村的落锅,醒狮镇大岩村、醒狮村的醒狮、大坝、元宝村等地的缓丘下部、山脚及小盆地边缘地带。总面积121.66 hm²(其中:谷脚镇12.82 hm²、冠山街道办事处2.08 hm²、龙山镇18.24 hm²、湾滩河镇14.25 hm²、洗马镇2.52 hm²、醒狮镇71.76 hm²),占全县耕地面积的0.41%、旱作土面积的0.69%。

该土种由黄泥土进一步耕种熟化而成,土体深厚,层次清楚,剖面构型为A-B-C。地势平坦,临近村寨,熟化度高,土壤肥力较高,结构良好,酸碱度适中。水气热协调,宜种、宜耕、宜肥性均好。供保肥力强,肥劲速而稳(表3-12)。

表3-12 油黄泥土的主要理化性状比较表

项　目	pH值	有机质 (g/kg)	全氮 (g/kg)	碱解氮 (mg/kg)	有效磷 (mg/kg)	速效钾 (mg/kg)	缓效钾 (mg/kg)
最大值	7.56	74.84	3.94	304	58.60	365	520
最小值	4.88	23.93	1.43	119	4.05	49	61
平均值	5.90	44.14	2.46	191	14.84	198	225

(七)复钙黄砂泥土

复钙黄砂泥土全县均有分布,尤以洗马镇分布面积最广。主要分布在谷脚镇谷冰村、庆阳社区、高新村的新坪、茶香村的茶香,冠山街道办事处三合村的三合、平西村的西联、光明社区,龙山镇莲花村、水苔村以及比孟村的三村、草原村的朝阳、龙山社区的坝上、中排村的高峰,湾滩河镇果里村以及新龙村的新龙、石头村的石头、岱林村的岱林、云雾村的甲晃,洗马镇花京村、落掌村以及台上村的台上、乐湾村的烂田湾、巴江村的大路坪、龙场村的黄星、牛场、田箐村的二箐、洗马河村的拐哈,醒狮镇谷龙村的林安、大谷龙、凉水村的小坝、平寨村的龙滩、葫芦田、谷新村的谷新等地的岩溶低山山麓和岩溶盆地边缘地带。总面积554.08 hm²(其中:谷脚镇35.03 hm²、冠山街道办事处4.09 hm²、龙山镇44.03 hm²、湾滩河镇73.89 hm²、洗马镇356.20 hm²、醒狮镇40.84 hm²),占全县耕地面积的1.85%、旱作土面积的3.15%。

复钙黄砂泥土母质为砂页岩风化物,土体厚度70 cm以上,剖面构型为A-B-C。主要特征是表层中性至微碱性,有石灰反应,下层微酸性,土体深厚,质地适中,结构较好,保水保肥,宜耕性好(表3-13)。

表3-13 复钙黄砂泥土的主要理化性状比较表

项　目	pH值	有机质 (g/kg)	全氮 (g/kg)	碱解氮 (mg/kg)	有效磷 (mg/kg)	速效钾 (mg/kg)	缓效钾 (mg/kg)
最大值	7.47	72.11	4.55	353	43.70	460	630
最小值	4.61	23.64	1.28	114	4.95	50	72
平均值	5.96	43.87	2.35	184	16.95	171	204

(八)黄砂泥土

黄砂泥土分布较广,覆盖全县所有镇(街道),尤以谷脚镇分布面积最多。主要分布在谷脚镇茶香村、谷冰村、高堡村、高新村、观音村、谷脚社区、庆阳社区小庆、王关社区、贵龙社区、岩后社区的岩后、三堡,冠山街道办事处西城社区、播箕社区、大冲社区、光明社区、水桥社区、冠山社区、凤凰村、五新村、鸿运村、大新村、高坪村、平西村、三合村,龙山镇龙山社区、比孟村、莲花村、余下村、中坝村、中排村以及平山村的新水、摆谷六、金星村的红星、水场社区的红岩、高沟、水苔村的前进、团结村的城兴,湾滩河镇摆主村、摆省村、果里村、湾寨村以及金星村的新合、六广村的长萌、石头村的石头、岱林村的岱林、桂花村的凯卡、新龙村的打夯、渔洞村的团结、云雾村的甲晃,洗马镇花京村、台上村、龙场村、落掌村、羊昌村、猫寨村、乐宝村、哪唠村、田箐村以及洗马河村的拐哈、平坡村的新寨、金溪村的坞泥、巴江村的大路坪,醒狮镇高吏目村、谷龙村、谷新村的谷汪、凉水村、平寨村、醒狮村、元宝村等地的山地、丘陵中部和下部、槽谷平缓地带。总面积3427.55 hm²(其中:谷脚镇1179.17 hm²、冠山街道办事处489.23 hm²、龙山镇392.19 hm²、湾滩河镇297.11 hm²、洗马镇534.48 hm²、醒狮镇535.36 hm²),占全县耕地面积的11.46%、旱作土面积的19.47%。该土种为黄壤土类中面积最大的,占44.90%。

黄砂泥土母质为砂页岩互层风化物,土体较厚,剖面构型为A-B-C。层次分化不清楚,质地、结构都较好,疏松通气,渗水保肥,宜耕期长,有机质分解快,供肥前劲足、后劲差,具有砂、瘦、薄、漏等障碍因子(表3-14)。

表3-14 黄砂泥土的主要理化性状比较表

项 目	pH值	有机质 (g/kg)	全氮 (g/kg)	碱解氮 (mg/kg)	有效磷 (mg/kg)	速效钾 (mg/kg)	缓效钾 (mg/kg)
最大值	7.47	76.82	4.65	369	58.60	430	570
最小值	4.32	16.22	0.98	75	2.90	52	35
平均值	5.75	41.62	2.28	185	15.03	149	170

(九)油黄砂泥土

油黄砂泥土分布面积较小,各镇(街道)均有零星分布。主要分布在谷脚镇观音村、高新村的高枧、高堡村的高堡,冠山街道办事处水桥社区,龙山镇水场社区的水场、余下村的余下,湾滩河镇新龙村的打夯、石头村的上坝、营盘村的木马,洗马镇巴江村的大路坪、平坡村的新寨,醒狮镇平寨村的关庄、醒狮村的醒狮、进化、高吏目村乐榨等地的山地、丘陵中部和下部、槽谷平缓地带及盆地边缘地带。总面积50.95 hm²(其中:谷脚镇4.37 hm²、冠山街道办事处7.70 hm²、龙山镇5.22 hm²、湾滩河镇6.98 hm²、洗马镇2.98 hm²、醒狮镇23.70 hm²),占全县耕地面积的0.17%、旱作土面积的0.29%。

油黄砂泥土母质为砂页岩互层风化物,由黄泥土进一步耕种熟化而成,土体深厚,剖面构型为A-B-C。土壤结构良好,临近村寨,熟化度高,质地构型好,保水保肥,水气热协调,通透性好,自然肥力高(表3-15)。

表3-15 油黄砂泥土的主要理化性状比较表

项 目	pH值	有机质 (g/kg)	全氮 (g/kg)	碱解氮 (mg/kg)	有效磷 (mg/kg)	速效钾 (mg/kg)	缓效钾 (mg/kg)
最大值	7.18	60.86	3.74	254	44.70	299	506
最小值	4.49	16.39	0.87	80	3.10	53	40
平均值	5.84	45.54	2.49	199	12.34	139	178

(十)黄砂土

黄砂土广泛分布在谷脚镇观音村以及岩后社区的岩后、高堡村的毛堡、谷冰村的谷冰、谷脚社区的哨堡大坡、茶香村的茶香、冠山街道办事处的大冲社区、龙坪社区、水桥社区、平西村、大新村、鸿运村、五新村以及西城社区的大竹、三合村的三合、凤凰村的合安、龙山镇草原村、水苔村、中排村、中坝村以及水场社区的水场、平山村的新水,湾滩河镇摆主村的摆绒、翠微村、岱林村、金批村、石头村以及湾寨村的摆勺、营盘村的营屯、园区村的甲摆、云雾村的联合,洗马镇落掌村的上石坎、白泥田、田箐村、龙场村的黄星、牛场、哪嗙村的关口、石板滩、平坡村的水尾等地的山地和丘陵中下部和槽谷地带。总面积715.74 hm²(其中:谷脚镇86.78 hm²、冠山街道办事处257.38 hm²、龙山镇107.35 hm²、湾滩河镇113.31 hm²、洗马镇150.92 hm²),占全县耕地面积的2.39%、旱作土面积的4.07%。

黄砂土母质为砂岩、石英砂岩,土体较厚,剖面构型为A-B-C。质地轻,结构较差,漏水漏肥,抗旱力差,通透性好,有机质易分解,宜耕性好(表3-16)。

表3-16 黄砂土的主要理化性状比较表

项 目	pH值	有机质 (g/kg)	全氮 (g/kg)	碱解氮 (mg/kg)	有效磷 (mg/kg)	速效钾 (mg/kg)	缓效钾 (mg/kg)
最大值	7.47	80.91	3.70	305	31.40	315	610
最小值	4.50	15.92	0.99	78	3.10	51	42
平均值	5.76	42.03	2.24	182	13.93	111	149

(十一)复盐基黄粘泥土

复盐基黄粘泥土分布面积较小,仅谷脚镇岩后社区的岩后、洗马镇花京村的花京、醒狮镇谷龙村的小谷龙、平寨村的龙滩、平寨等地的山地、丘陵中下部及河谷台地等地带有少量分布。总面积41.64 hm²(其中:谷脚镇2.77 hm²、洗马镇20.10 hm²、醒狮镇18.76 hm²),占全县耕地面积的0.14%、旱作土面积的0.24%。

复盐基黄粘泥土母质为老风化壳,土体及耕层深厚,层次清楚,剖面构型为A-B-C。质地粘重,有机质偏少,核粒状至小块状结构,土粒粘重紧实,通透性差,干后很硬,雨后泥泞,难以耕种,有:"天干犁不动,下雨粘犁梢"之说。该土种不经干,不经涝,宜耕期短,宜肥、宜种性不好,具有粘、瘦等障碍因子,土壤保肥能力强,供肥能力差(表3-17)。

表3-17 复盐基黄粘泥土的主要理化性状比较表

项 目	pH值	有机质(g/kg)	全氮(g/kg)	碱解氮(mg/kg)	有效磷(mg/kg)	速效钾(mg/kg)	缓效钾(mg/kg)
最大值	6.15	62.45	3.32	254	33.05	443	485
最小值	5.02	21.82	1.66	139	13.30	130	178
平均值	5.54	41.27	2.44	194	19.50	221	340

(十二)幼大黄泥土

幼大黄泥土属于黄壤性土亚类幼大黄泥土土属,是本县旱作土中分布面积最小的土种,仅谷脚镇茶香村茶香的山地中下部地带有少量分布。总面积7.86 hm^2,占全县耕地面积的0.26%、旱作土面积的0.44%。

幼大黄泥土母质为页岩、板岩风化物,土层较薄,土体厚30~50 cm,剖面构型为A-(B)-C。质地轻,土体多含砾石,而且越往下越多,质地壤土至粘壤土,通透性好,土壤保水保肥力差,抗旱能力弱,主要障碍因子为薄、粘(表3-18)。

表3-18 幼大黄泥土的主要理化性状比较表

项 目	pH值	有机质(g/kg)	全氮(g/kg)	碱解氮(mg/kg)	有效磷(mg/kg)	速效钾(mg/kg)	缓效钾(mg/kg)
最大值	6.53	67.54	2.42	204	30.08	183	178
最小值	5.29	42.88	1.96	159	23.33	132	108
平均值	5.71	54.35	2.19	170	25.54	155	148

(十三)幼黄泥土

幼黄泥土主要分布在谷脚镇谷脚社区的哨堡、冠山街道办事处高坪村的高坪、湾滩河摆主村的摆绒、洗马镇平坡村的平坡新寨、猫寨村的猫寨、台上村的台上,以及醒狮镇醒狮村的进化、凉水村的凉水小坝等地的低山和丘陵中部以下地带。总面积187.67 hm^2(其中:谷脚镇2.87 hm^2、冠山街道办事处7.79 hm^2、湾滩河镇6.59 hm^2、洗马镇97.80 hm^2、醒狮镇72.63 hm^2),占全县耕地面积的0.63%、旱作土面积的1.07%。

幼黄泥土母质为砂岩、板岩风化物,土体浅薄,多在40~60 cm,剖面构型为A-(B)-C。质地轻,土体内含半风化母岩碎片,而且越往下越多,土壤保水保肥力差,通透性过强,宜耕性不好,抗旱能力弱。主要障碍因子是薄、粘,雨天易粘犁,宜耕性差,宜耕期短,供肥能力差(表3-19)。

表3-19　幼黄泥土的主要理化性状比较表

项　目	pH值	有机质 (g/kg)	全氮 (g/kg)	碱解氮 (mg/kg)	有效磷 (mg/kg)	速效钾 (mg/kg)	缓效钾 (mg/kg)
最大值	6.35	77.45	4.56	333	38.70	285	360
最小值	4.99	23.98	1.29	111	5.50	119	110
平均值	5.54	47.26	3.00	221	19.35	212	186

(十四)白鳝泥土

白鳝泥土是漂洗黄壤亚类白鳝泥土土属中唯一的土种,仅龙山镇比孟村的鸡场、水场社区的红岩,湾滩河镇果里村以及洗马镇花京村的花京、羊昌村的岩底等地有少量分布。总面积119.07 hm²(其中:龙山镇34.98 hm²、湾滩河镇47.06 hm²、洗马镇37.02 hm²),占全县耕地面积的0.4%、旱作土面积的0.68%。

白鳝泥土母质为砂页岩风化物,剖面构型为A-E-C,E层厚20 cm以上,铁被漂洗,呈灰白色,土体较厚,耕层厚薄不一,质地适中,E层比A层稍重,通透性好,容易耕作,保水保肥较好(表3-20)。

表3-20　白鳝泥土的主要理化性状比较表

项　目	pH值	有机质 (g/kg)	全氮 (g/kg)	碱解氮 (mg/kg)	有效磷 (mg/kg)	速效钾 (mg/kg)	缓效钾 (mg/kg)
最大值	7.35	40.69	2.59	198	17.40	275	435
最小值	5.18	22.65	1.17	114	13.65	79	46
平均值	5.98	32.66	1.97	160	15.49	113	100

四、石灰土

石灰土是岩成土,由白云岩或石灰岩风化物发育而成,是龙里县除水稻土之外分布面积最大的一个土类,是旱地面积最大的一个土类,在全县都有分布,以龙山镇和湾滩河镇分布较广,面积相当,有上千公顷,再依次是洗马镇、谷脚镇、醒狮镇,冠山街道办事处面积最少。石灰土土体含有丰富的钙素,全剖面均有不同程度的石灰反应,呈中性至碱性反应,pH值多在7.5~8之间。基岩露头多,土体厚薄不一,剖面层次分化不明显。土体厚度60 cm左右,剖面构型A-B-C、A-AH-R、A-AP-AC-R和A-BC-C。石灰土是龙里县旱作土面积最大、分布最广的土类。总面积7807.73 hm²,占全县耕地面积的26.11%、旱作土面积的44.35%。

根据成土条件、土壤属性及其附加过程的不同,分为黑色石灰土和黄色石灰土2个亚类。黑色石灰土亚类只有黑岩泥土土属下的岩泥土1个土种,黄色石灰土亚类下有大泥土土属,有大泥土、大砂泥土、砾大泥土和油大泥土4个土种。

(一)岩泥土

岩泥土分布在岩溶山地上部,湾滩河镇分布面积相对较大,为 405.26 hm²,分布在翠微村、果里村、六广村、石头村、新龙村、渔洞村以及湾寨村的场坝、桂花村的盘脚、摆省村的摆省等地;其次是龙山镇,分布面积为 146.93 hm²,主要分布在比孟村、中坝村以及草原村的朝阳、金星村的红星、莲花村的莲花、水场社区的高沟、余下村的余下等地,冠山街道办事处的高坪村的新安、三合村的三合、五新村的五里,洗马镇猫寨村的长沟、醒狮镇的平寨村也有零星分布。该土种总面积 625.61 hm²(其中:冠山街道办事处 29.20 hm²、龙山镇 146.93 hm²、湾滩河镇 405.26 hm²、洗马镇 29.56 hm²、醒狮镇 14.67 hm²),占全县耕地面积的 2.09%、旱作土面积的 3.55%。

岩泥土是黑色石灰土亚类、黑岩泥土土属下唯一的土种,占石灰土土类面积的 8.01%。母质为石灰岩风化物,土体厚 50~80 cm,厚薄不一,剖面构型为 A - Ah - R,土石界线鲜明。自然肥力高,保肥性能好。由于所在地势高,坡度大,水土流失严重,抗旱能力弱,作物易受旱枯死。基岩露头多,一般均达 30% 以上,土被破碎,难以耕种(表 3 - 21)。

表 3 - 21　岩泥土的主要理化性状比较表

项　目	pH 值	有机质 (g/kg)	全氮 (g/kg)	碱解氮 (mg/kg)	有效磷 (mg/kg)	速效钾 (mg/kg)	缓效钾 (mg/kg)
最大值	7.99	61.71	3.60	262	28.90	285	323
最小值	7.55	23.84	1.51	119	3.70	56	60
平均值	7.76	39.30	2.27	186	9.57	166	198

(二)大泥土

大泥土分布于碳酸盐岩溶山原地带,是全县耕地中面积最大、分布最广的土种,尤以洗马镇最多,占该土种总面积的 46.45%,除哪嗙村的石板滩、狗场、关口、金溪村的坞坭、羊昌村的岩底、落掌村的白泥田、巴江村的巴江等地外,其余各地均有分布;谷脚镇主要分布在高新村、观音村、庆阳社区、岩后社区、五关社区、贵龙社区以及茶香村的鸡场、高堡村的谷定、毛堡、谷脚社区的谷脚、大坡等地;冠山街道办事处分布在大冲社区、冠山社区、光明社区、播箕社区、五新村、大新村、凤凰的兴安、合安、鸿运村的富洪、平西的平地、三合村的三合等地;龙山镇除水场社区的红岩、团结村的城兴外,其他各地都有分布;湾滩河镇除摆主村的摆绒、新龙村的打夯、园区村的甲摆、羊场村的和平、岱林村的长寨、金星村的联合、营盘村的木马及金批等地外,其他各地都有分布;醒狮镇分布在大岩村、谷龙村、谷新村、高吏目村的乐榨、平寨村的关庄、平寨、醒狮村的大坝、元宝村的元宝等地。大泥土总面积 4606.82 hm²(其中:谷脚镇 490.88 hm²、冠山街道办事处 201.23 hm²、龙山镇 689.65 hm²、湾滩河镇 423.54 hm²、洗马镇 2125.94 hm²、醒狮镇 675.59 hm²),占全县耕地面积的 15.40%、旱作土面积的 26.17%,占大泥土土属面积的 59.00%。

大泥土母质为石灰岩风化物。土体较厚,层次清楚,剖面构型为 A - AC - R,结构较好,透气性好,质地下层比上层重,保水保肥,有机质和矿质养分含量偏低(表3-22)。

表3-22 大泥土的主要理化性状比较表

项 目	pH值	有机质 (g/kg)	全氮 (g/kg)	碱解氮 (mg/kg)	有效磷 (mg/kg)	速效钾 (mg/kg)	缓效钾 (mg/kg)
最大值	8.00	80.79	4.97	352	57.70	460	630
最小值	7.50	7.12	0.79	30	2.80	50	50
平均值	7.74	42.33	2.39	186	15.76	158	219

(三)大砂泥土

大砂泥土分布在碳酸岩岩溶山地和丘陵中下部。全县均有分布,其中洗马镇相对较多,醒狮镇最少。主要分布在谷脚镇高新村、贵龙社区以及茶香村的茶香、高堡村的谷定、毛堡、谷冰村的谷冰、岩后社区的岩后等地;冠山街道办事处除大新村的乐阳、高坪村的新安、平西村的西列、冠山社区外,其他地区都有分布;湾滩河镇、洗马镇、醒狮镇等辖区内都有分布。大砂泥土总面积2006.16 hm²(其中:谷脚镇246.57 hm²、冠山街道办事处246.29 hm²、龙山镇314.40 hm²、湾滩河镇270.79 hm²、洗马镇866.19 hm²、醒狮镇61.92 hm²),占全县耕地面积的6.71%、旱作土面积的11.4%、石灰土土类面积的25.7%。

大砂泥土母质为白云岩和白云岩夹灰岩的风化物,土体较厚,70~80 cm,层次分化明显,剖面构型为A-AC-C,质地适中,质地构型上轻下重,利于保水保肥,通透性、宜耕性、宜肥性较好,有机质和矿质养分含量偏低(表3-23)。

表3-23 大砂泥土的主要理化性状比较表

项 目	pH值	有机质 (g/kg)	全氮 (g/kg)	碱解氮 (mg/kg)	有效磷 (mg/kg)	速效钾 (mg/kg)	缓效钾 (mg/kg)
最大值	7.99	78.98	4.65	345	57.50	310	695
最小值	7.50	11.90	0.70	71	2.00	38	47
平均值	7.76	41.44	2.37	184	11.89	136	179

(四)砾大泥土

砾大泥土分布在碳酸岩岩溶山地和丘陵中下部,全县以谷脚镇分布面积最大,湾滩河镇分布面积最小。主要分布在谷脚镇庆阳社区以及岩后社区的三堡、茶香村的鸡场、高堡村的毛堡、高新村的高枧、谷脚社区的谷脚、大坡,冠山街道办事处凤凰村的合安,龙山镇草原村的朝阳、比孟村的场坝、平山村的新水,湾滩河镇渔洞村的团结、石头村的石头,洗马镇巴江村大路坪、花京村的白果坪、乐湾村的落锅、落掌村的上石坎、猫寨村的长沟、哪嘣村、平坡村、台上村的台上、洗马河村的洗马、龙场村的牛场、大厂,醒狮镇的谷新村、平寨村等地。砾大泥土总面积514.54 hm²(其中:谷脚镇240.87 hm²、冠山街道办事处30.87 hm²、龙山

13.57 hm²、湾滩河镇 12.36 hm²、洗马镇 169.25 hm²、醒狮镇 47.60 hm²），占全县耕地面积的 1.72%、旱作土面积的 6.6%，占石灰土土类面积的 25.7%。

砾大泥土母质为白云岩夹灰岩的风化物，土体较薄，剖面层次清楚，剖面构型为 A - Ap - C - R，碱性反应，石灰反应强。砾石含量多，漏水漏肥，抗旱能力弱，易受旱灾，作物生长不好。宜耕期短，耕作困难，易损坏农具（表 3 - 24）。

表 3 - 24　砾大泥土的主要理化性状比较表

项　目	pH 值	有机质 （g/kg）	全氮 （g/kg）	碱解氮 （mg/kg）	有效磷 （mg/kg）	速效钾 （mg/kg）	缓效钾 （mg/kg）
最大值	8.09	80.79	5.02	388	36.80	340	535
最小值	7.51	13.14	1.06	75	2.90	72	68
平均值	7.79	40.50	2.50	198	15.17	160	299

（五）油大泥土

油大泥土多由大泥土进一步耕种熟化而成。典型油大泥土分布在湾滩河镇的金批村、翠微村、六广村、石头村，洗马镇平坡村的平坡、水尾、花京村的白果坪、猫寨村的长沟，龙山镇中坝村、团结村的城兴等地的碳酸岩岩溶山地或丘陵下部，离村寨近。油大泥土总面积 54.62 hm²（其中：龙山镇 7.46 hm²、湾滩河镇 16.94 hm²、洗马镇 30.22 hm²），占全县耕地面积的 0.18%、旱作土面积的 0.31%，占石灰土土类面积的 0.7%。

油大泥土母质为白云岩风化物，土体深厚，层次清楚，剖面构型为 A - Ap - C - R，结构良好，宜肥、宜种、宜耕性均好。临近村寨，地势平坦，耕作精细，熟化度高，土壤肥沃。土壤疏松通气，养分转化快，水气热协调，供肥性好，肥劲足而稳、稳而长（表 3 - 25）。

表 3 - 25　油大泥土的主要理化性状比较表

项　目	pH 值	有机质 （g/kg）	全氮 （g/kg）	碱解氮 （mg/kg）	有效磷 （mg/kg）	速效钾 （mg/kg）	缓效钾 （mg/kg）
最大值	7.99	61.84	3.50	250	24.25	330	420
最小值	7.56	23.89	1.44	111	5.80	55	61
平均值	7.73	43.59	2.41	194	13.23	133	155

五、水稻土

水稻土是龙里县耕地土壤面积最大、分布最广的土类，在全县各镇（街道）均有分布。总面积 12 305.07 hm²，占全县耕地面积的 41.14%。全县水稻土分为 5 个亚类，18 个土属，33 个土种。

（一）漂洗型水稻土亚类

漂洗型水稻土亚类面积 1453.31 hm²，占全县耕地面积的 4.86%、水稻土面积的

11.81%,主要分布于将来可发展灌溉的丘陵地带。土壤长期受侧渗水的影响,土中的铁离子大量淋失,形成不同程度的白色漂洗层(E)。土体深厚,熟化度较低,发生层次明显,剖面构型为 Aa – Ap – E、Ae – APe – E 和 Aa – Ap – PE,韧滑性强。成土母质为老风化壳、砂页岩风化物,按起源母质类型分为白胶泥田、白砂田和白鳝泥田3个土属。白胶泥田土属下只有中白胶泥田1个土种,白砂田土属也仅有白砂田1个土种,白鳝泥田土属下有中熟白鳝泥田、中白鳝泥田、重白鳝泥田3个土种。

1. 中白胶泥田

中白胶泥田分布在谷脚镇庆阳社区的小箐,冠山街道办事处大冲社区、光明社区、龙坪社区、大新村、五新村的新民,龙山镇中坝村、草原村的草原、中排村、金星村的金谷、莲花村的莲花、余下村的余下,湾滩河镇岱林村、湾寨村的摆匀、园区村的毛栗、六广村的新华、营盘村的营屯,洗马镇乐湾村、猫寨村的猫寨、龙场村的大厂,醒狮镇谷龙村小谷龙等地的丘陵低山坡麓或缓坡中下部。总面积 318.10 hm²(其中:谷脚镇 4.50 hm²、冠山街道办事处 65.48 hm²、龙山镇 71.09 hm²、湾滩河镇 124.15 hm²、洗马镇 29.91 hm²、醒狮镇 22.98 hm²),占全县耕地面积的1.06%、水稻土面积的2.59%。

白胶泥田土属仅有中白胶泥田1个土种,占漂洗型水稻土亚类分布面积的21.88%。母质为泥质砂页岩风化物发育的漂洗黄壤,剖面构型为 Aa – Ap – E,漂洗层呈淡灰色,厚30 cm以上。质地粘重,结构不良,胀缩性强,失水易开大裂,耕性不良,易耕期短,干时土壤坚实难犁,不易耙碎。土壤通透性差,保肥坐水,供肥性差,前期迟缓,后期平衡,磷素缺乏,秧苗返青慢,分蘖少,中后期根系的伸长受到漂洗层的严重影响,成穗率低,空壳率高,属低产田类型(表3 – 26)。

表3 – 26　中白胶泥田的主要理化性状比较表

项　目	pH值	有机质 (g/kg)	全氮 (g/kg)	碱解氮 (mg/kg)	有效磷 (mg/kg)	速效钾 (mg/kg)	缓效钾 (mg/kg)
最大值	7.79	76.64	4.31	286	21.78	292	325
最小值	6.01	21.30	1.30	116	5.20	66	61
平均值	6.96	46.28	2.63	200	12.06	117	142

2. 白砂田

白砂田分布面积较小,主要分布在龙山镇比孟村的鸡场、场坝、水场社区的水场、金星村的金谷、水苔村的大谷,湾滩河镇营盘村的木马以及谷脚镇茶香村鸡场等地的丘陵缓坡地带。总面积 58.83 hm²(其中:龙山镇 45.67 hm²、湾滩河镇 10.23 hm²、谷脚镇 2.92 hm²),占全县耕地面积的0.20%、水稻土面积的0.48%。

白砂田土属仅白砂田1个土种,占漂洗型水稻土亚类分布面积的4.05%。母质为砂页岩风化物发育的漂洗黄壤,剖面构型为 Aa – Ap – E,通体质地轻,耕作省力,通透性强,结构差,漏水漏肥,主要障碍因素为白、砂、瘦,属低产田类型(表3 – 27)。

表3-27　白砂田的主要理化性状比较表

项　目	pH值	有机质 (g/kg)	全氮 (g/kg)	碱解氮 (mg/kg)	有效磷 (mg/kg)	速效钾 (mg/kg)	缓效钾 (mg/kg)
最大值	6.84	71.44	3.71	305	13.83	150	164
最小值	6.04	16.39	0.87	80	3.10	80	40
平均值	6.52	47.05	2.48	185	5.35	105	86

3. 熟白鳝泥田

熟白鳝泥田主要分布在龙山镇水苔村、中排村的高峰、比孟村的鸡场,湾滩河镇渔洞村的团结、醒狮镇高吏目村的乐榨等地。总面积156.44 hm²(其中:龙山镇120.51 hm²、湾滩河镇21.31 hm²、醒狮镇14.63 hm²),占全县耕地面积的0.52%、水稻土面积的1.27%。

熟白鳝泥田母质为漂洗黄壤,剖面构型为Aa-Ap-PE,土体厚80~100 cm,耕层较厚,土壤结构好,质地适中,耕性好,保水保肥性能较强,前劲足、后劲稳,不易出现脱肥早衰,属中上等肥力类型(表3-28)。

表3-28　熟白鳝泥田的主要理化性状比较表

项　目	pH值	有机质 (g/kg)	全氮 (g/kg)	碱解氮 (mg/kg)	有效磷 (mg/kg)	速效钾 (mg/kg)	缓效钾 (mg/kg)
最大值	6.91	71.44	3.70	305	18.67	225	255
最小值	6.05	45.49	2.27	188	2.00	90	65
平均值	6.55	52.40	2.71	212	6.53	169	165

4. 中白鳝泥田

中白鳝泥田分布在谷脚镇观音村、谷冰村的大谷冰、茶香村的鸡场、岩后社区的三堡,冠山街道办事处五星村的新民、鸿运村的富洪、西城社区的大竹,龙山镇金星村、团结村、比孟村的鸡场、水苔村的大谷、中排村、金星村的金谷、平山村的新水,湾滩河镇石头村的石头、湾寨村、园区村的毛栗、摆主村的摆主、果里村的果里、岱林村,洗马镇金溪村的坞坭、台上村的大坪、花京村的花京,醒狮镇谷龙村大谷龙、元宝村元宝等地的坝地边缘台地及丘陵及低山坡麓地带。总面积684.02 hm²(其中:谷脚镇28.38 hm²、冠山街道办事处16.55 hm²、龙山镇495.27 hm²、湾滩河镇87.06 hm²、洗马镇36.25 hm²、醒狮镇20.52 hm²),占全县耕地面积的2.29%、水稻土面积的5.56%。

中白鳝泥田母质为漂洗黄壤,剖面构型为Aa-Ap-PE,该土种漂洗层出现部位高,厚度大,对土壤性状影响较大。土壤质地较轻,耕性好,宜耕期长,通透性强,肥效快,前劲足,后劲差,养分含量较低,属中产田类型(表3-29)。

表 3 - 29　中白鳝泥田的主要理化性状比较表

项　　目	pH 值	有机质 (g/kg)	全氮 (g/kg)	碱解氮 (mg/kg)	有效磷 (mg/kg)	速效钾 (mg/kg)	缓效钾 (mg/kg)
最大值	7.77	71.73	5.47	381	51.20	300	372
最小值	6.02	26.42	1.37	141	2.70	61	64
平均值	6.86	50.54	2.69	221	14.60	147	155

5. 重白鳝泥田

重白鳝泥田分布在龙山镇比孟村的鸡场、平山村的摆谷六、中排村的幸福、羊蓬、金星村的红星、水苔村的前进,醒狮镇谷龙村的小谷龙、高吏目村,洗马镇巴江村、羊昌村的羊昌、新庄、哪嘭村的长芽、狗场,湾滩河镇金星村的金星等地的丘陵坝地边缘台地及低山坡麓缓坡地带。总面积 236.42 hm²(其中:龙山镇 145.36 hm²、醒狮镇 40.34 hm²、洗马镇 34.16 hm²、湾滩河镇 16.57 hm²),占耕地面积的 0.79%、水稻土面积的 1.92%。

重白鳝泥田母质为漂洗黄壤,土体厚 60~90 cm,剖面构型为 Aae - Ape - WE - C,母质层以上呈淡灰色,质地较轻,呈酸性反应,耕层和犁底层有锈纹分布,漂洗层厚度大,耕层较浅,结构差,酸性重,养分含量低,属低产田类型(表 3 - 30)。

表 3 - 30　重白鳝泥田的主要理化性状比较表

项　　目	pH 值	有机质 (g/kg)	全氮 (g/kg)	碱解氮 (mg/kg)	有效磷 (mg/kg)	速效钾 (mg/kg)	缓效钾 (mg/kg)
最大值	7.00	65.21	3.66	276	23.80	240	280
最小值	6.04	35.98	1.23	96	3.60	89	59
平均值	6.54	52.43	2.80	216	11.59	153	152

(二)潜育型水稻土亚类

潜育型水稻土亚类面积 310.61 hm²,占全县耕地面积的 1.04%、水稻土面积的 2.52%。零星分布在地势低洼、排水困难的槽谷地带。根据起源母土、属性、潜育层次出现的高低等,分为烂锈田、冷浸田、马粪田、青黄泥田、鸭屎泥田等 5 个土属;烂锈田土属有浅脚烂泥田、深脚烂泥田 2 个土种,冷浸田土属仅有冷浸田 1 个土种,马粪田土属仅有高位马粪田 1 个土种,青黄泥田有青黄泥田、青黄砂泥田 2 个土种,鸭屎泥田土属仅有鸭屎泥田 1 个土种。

1. 浅脚烂泥田

浅脚烂泥田属潜育型水稻土亚类烂锈田土属,分布于洗马镇哪嘭村、湾滩河镇六广村的新华以及云雾村的联合、醒狮镇谷龙村的大谷龙、凉水村的小坝、平寨村的平寨等地的坝子和坡脚以及冲田地势低洼地区。总面积 45.83 hm²(其中:湾滩河镇 20.25 hm²、洗马镇 6.74 hm²、醒狮镇 18.85 hm²),占全县耕地面积的 0.15%、水稻土面积的 0.37%。

浅脚烂泥田母质多为沼泽土，表层为腐泥层，剖面构型为 M - G - Wg - C。腐泥层出现在 40 cm 以内，耕层白灰色，因长期渍水，结构破坏，土粒高度分散并充分吸水膨胀而不易沉实，成为松散软绵无结构糊烂的烂泥层；在烂泥层以下为潜育层，暗灰色，质地重壤，块状结构，其下为强度潜育层，耕作困难，通透性差，水温低，潜在肥力高，养分转化慢，速效养分低，秧苗返青慢，分蘖迟而差，并常受还原物质的毒害，致使水稻坐蔸不发，产量低（表 3 - 31）。

表 3 - 31　浅脚烂泥田的主要理化性状比较表

项　　目	pH 值	有机质 (g/kg)	全氮 (g/kg)	碱解氮 (mg/kg)	有效磷 (mg/kg)	速效钾 (mg/kg)	缓效钾 (mg/kg)
最大值	7.75	59.31	3.66	279	20.20	250	590
最小值	7.19	28.07	1.53	125	5.10	60	40
平均值	7.47	42.50	2.46	191	11.41	164	235

2. 深脚烂泥田

深脚烂泥田属潜育型水稻土亚类烂锈田土属，零星分布于谷脚镇高新村的高枧、龙山镇中排村的高峰、湾滩河镇翠微、醒狮镇谷龙村的小谷龙、大谷龙等地的地势低洼地区。总面积 45.85 hm²（其中：谷脚镇 0.56 hm²、龙山镇 28.58 hm²、湾滩河镇 6.60 hm²、醒狮镇 10.11 hm²），占全县耕地面积的 0.15%、水稻土面积的 0.37%。

深脚烂泥田母质为沼泽土，土壤表层为腐泥层，剖面构型为 M - G。其形成的地形部位及特征特性与浅脚烂泥田相似，土体厚度 100 cm 以上，腐泥层厚度超过 40 cm，腐泥层下为强潜育层，所以称为深脚烂泥田。与其他潜育型水稻土一样，具有冷、毒、养分转化慢等弱点，秧苗返青慢，分蘖迟而差，有严重的坐蔸和"粮崽米"现象，稻谷空壳率高，产量低（表 3 - 32）。

表 3 - 32　深脚烂泥田的主要理化性状比较表

项　　目	pH 值	有机质 (g/kg)	全氮 (g/kg)	碱解氮 (mg/kg)	有效磷 (mg/kg)	速效钾 (mg/kg)	缓效钾 (mg/kg)
最大值	7.79	86.50	3.66	225	47.33	178	262
最小值	7.20	37.60	1.96	141	2.70	99	109
平均值	7.61	53.69	2.55	186	11.29	145	207

3. 冷浸田

冷浸田为阴山冷水或泉水灌溉的稻田，零星分布于龙山镇金星村的红星，醒狮镇平寨村的龙滩、平寨等地的阴山坡脚、深山夹沟地带以及冷泉水头、水库坝脚。总面积 37.12 hm²（其中：龙山镇 11.75 hm²、醒狮镇 25.38 hm²），占全县耕地面积的 0.12%、水稻土面积的 0.30%。

冷浸田母质以黄壤和石灰土为主，土体厚度 80 cm 以上，耕层厚度约 17 cm，剖面构型为 Aa - G - PW。冷浸田潜育层上为耕层，呈黄灰色，有锈纹斑潜育灰斑，潜育层下为渗潴层，灰白色,有铁、锰淀积。因水温、气温低,土温也低,有机肥料分解转化慢,速效养分低,秧苗返青慢,分蘖弱,长势差,常使秧苗坐蔸贪青晚熟,产量较低(表3-33)。

表3-33 冷浸田的主要理化性状比较表

项　目	pH值	有机质 (g/kg)	全氮 (g/kg)	碱解氮 (mg/kg)	有效磷 (mg/kg)	速效钾 (mg/kg)	缓效钾 (mg/kg)
最大值	7.15	68.90	3.96	280	20.90	132	331
最小值	6.64	52.52	3.25	252	11.40	89	168
平均值	6.83	62.42	3.68	268	15.20	117	236

4. 高位马粪田

高位马粪田零星分布于洗马镇哪嗙村的石板滩、湾滩河镇六广村的新华、醒狮镇谷龙村的小谷龙等地的低洼泥炭沼泽地带。总面积16.61 hm²(其中:洗马镇3.94 hm²、湾滩河镇3.82 hm²、醒狮镇8.85 hm²),占全县耕地面积的0.06%、水稻土面积的0.14%。

高位马粪田母质为泥炭土,马粪田的马粪有两个含义,一是干燥的泥炭像马粪,二是该田性冷,宜施像马粪这样的热性肥料,因而有"马粪田"之称。潜育化现象十分明显,剖面构型为Aa-HeAa-HiG型,土层深厚,平均达100 cm,层次发育不明显,耕层厚度13 cm左右,质地轻粘,粒状结构,犁底层发育不明显,质地中壤,粒状结构,其下为形似粗纤维的泥炭层,再下为潜育层。有机质含量丰富,但水冷,土温低,分解慢,保肥能力强,供肥能力弱,速效养分含量低,缺磷和缺钾,水稻返青慢,分蘖迟而差,易坐蔸,多虫害,前期生长缓慢,后期奔秋晚熟,产量较低(表3-34)。

表3-34 高位马粪田的主要理化性状比较表

项　目	pH值	有机质 (g/kg)	全氮 (g/kg)	碱解氮 (mg/kg)	有效磷 (mg/kg)	速效钾 (mg/kg)	缓效钾 (mg/kg)
最大值	7.70	51.14	3.43	236	21.50	320	320
最小值	7.34	31.73	2.12	164	3.10	68	173
平均值	7.47	45.87	2.90	204	16.50	154	249

5. 青黄泥田

青黄泥田除谷脚镇外,其他5个镇(街道)均有零星分布。主要分布在冠山街道办事处凤凰村的硝兴、龙山镇团结村的塘兴、平山村的新水,湾滩河镇摆主村的摆主、六广村的长萌、羊场村的和平,洗马镇哪嗙村的石板滩,醒狮镇谷龙村的小谷龙、高吏目村等地的泥质页岩区域的低洼谷地或地下水位高、排水不畅地带。总面积97.14 hm²(其中:冠山街道办事处1.05 hm²、龙山镇19.36 hm²、湾滩河镇50.02 hm²、洗马镇9.89 hm²、醒狮镇16.82 hm²),占全县耕地面积的0.32%、水稻土面积的0.79%。

青黄泥田母质为黄壤,由于地势低洼排水困难,或长期泡冬和地下水位高,造成潜育环境,发育了潜育层。剖面构型为 Aa – Apg – G – C。耕层质地轻粘,黄灰色,小块状结构,有细条锈纹、锈斑,犁底层暗灰色,轻粘,块状结构,其下为青灰色,粘土,柱状结构,紧实。前期土温低,养分转化慢,水稻返青慢,分蘖迟而少,有坐蔸现象发生(表3 – 35)。

表3 – 35　青黄泥田的主要理化性状比较表

项　目	pH值	有机质 (g/kg)	全氮 (g/kg)	碱解氮 (mg/kg)	有效磷 (mg/kg)	速效钾 (mg/kg)	缓效钾 (mg/kg)
最大值	6.90	78.98	4.59	295	16.70	180	220
最小值	6.38	34.50	2.22	189	4.30	86	140
平均值	6.69	53.83	3.01	236	11.07	139	173

6. 青黄砂泥田

青黄砂泥田主要分布在醒狮镇谷新村谷汪的低洼谷地、排水不畅地带。总面积13.22 hm²,占全县耕地面积的0.04%、水稻土面积的0.11%。

青黄砂泥田形成的地形部位及特性与青黄泥田相似,剖面构型为 Aa – Ap – G – C。耕层质地中壤,黄灰色,粒状结构,有锈斑,犁底层暗灰色,轻粘,小块状结构,其下为青灰色,中粘,柱状结构,紧实。土壤耕性较好,由于土温低,养分转化慢,水稻返青慢,分蘖迟而少,有坐蔸现象发生(表3 – 36)。

表3 – 36　青黄砂泥田的主要理化性状比较表

项　目	pH值	有机质 (g/kg)	全氮 (g/kg)	碱解氮 (mg/kg)	有效磷 (mg/kg)	速效钾 (mg/kg)	缓效钾 (mg/kg)
最大值	6.98	57.89	2.55	249	9.07	182	180
最小值	6.36	33.05	2.21	188	4.03	88	139
平均值	6.85	43.52	2.37	200	4.50	102	158

7. 鸭屎泥田

鸭屎泥田分布于冠山街道办事处三合村的永安、高坪村的新安,洗马镇落掌村的落掌、上石坎、洗马河村的洗马,湾滩河镇湾寨村的场坝,醒狮镇谷龙村林安等地的石灰岩地区的槽谷、平坝和坡脚地带。总面积54.82 hm²(其中:冠山街道办事处6.46 hm²、湾滩河镇23.24 hm²、洗马镇17.66 hm²、醒狮镇7.46 hm²),占全县耕地面积的0.18%、水稻土面积的0.45%。

鸭屎泥田母质为石灰岩风化物发育的石灰土,在水耕田中大量存在灰色的难以化块的泥团,称为"鸭屎",潜育层在20 cm 以下,剖面分化明显,剖面构型为 Aa – Ap – G。耕层质地轻粘,黄灰色,小块状结构,有锈斑,犁底层暗灰色,轻粘,块状结构,其下为潜育化的青泥层。由于有外温内干难化块的泥团存在,常引起水稻坐蔸,加上土温低,肥效慢,水稻返青慢,分蘖迟而少(表3 – 37)。

表3-37 鸭屎泥田的主要理化性状比较表

项　目	pH值	有机质(g/kg)	全氮(g/kg)	碱解氮(mg/kg)	有效磷(mg/kg)	速效钾(mg/kg)	缓效钾(mg/kg)
最大值	7.60	65.46	3.57	254	33.18	260	288
最小值	7.30	33.05	1.93	72	5.00	88	94
平均值	7.42	50.73	2.84	196	20.43	181	198

(三)渗育型水稻土亚类

渗育型水稻土亚类面积1797.52 hm², 占全县耕地面积的6.01%、水稻土面积的14.61%。分布在能灌的丘陵地带,属地表水下渗较快、地下水位低、熟化度差的水稻土。水耕时间短,层次分化不明显,剖面构型Aa-Ap-P-C、Aa-Ap-P-B;质地变化大,一般无犁底层或犁底层发育不明显。根据起源土壤类型及属性的不同,分为潮砂泥田、大泥田、黄泥田3个土属。潮砂泥田土属仅有潮砂田1个土种;大泥田土属下有大泥田、砂大泥田2个土种,黄泥田土属下有黄泥田及黄砂泥田2个土种。

1. 潮砂田

潮砂田零星分布于醒狮镇谷新村谷新河流两岸阶地上,面积2.28 hm²,占全县耕地面积的0.01%、水稻土面积的0.02%。潮砂田母质为潮砂土,水源灌溉较好,土体较厚,剖面层次分化明显,为Aa-Ap-P-C,质地适中,耕性较好,犁耙省力,宜耕期长,通透性好,肥效快,前劲足,后劲差,多为中产田(表3-38)。

表3-38 潮砂田的主要理化性状比较表

项　目	pH值	有机质(g/kg)	全氮(g/kg)	碱解氮(mg/kg)	有效磷(mg/kg)	速效钾(mg/kg)	缓效钾(mg/kg)
最大值	7.65	79.08	4.79	325	30.05	289	531
最小值	7.04	48.43	2.85	229	13.80	205	460
平均值	7.23	60.52	3.87	266	20.10	240	500

2. 大泥田

大泥田由石灰类土壤水耕而成,各镇(街道)均有分布,主要分布在谷脚镇茶香村的鸡场、高堡村谷定、毛堡、高新村的高枧、谷冰村的谷冰、谷脚社区的谷脚、贵龙社区、庆阳社区、岩后社区的岩后,冠山街道办事处大冲社区、冠山社区、凤凰村的合安、硝兴、鸿运村的富洪、三合村的永安,龙山镇平山村、草原村、比孟村的三村、金星村的红星、莲花村的纸厂、团结村的塘兴、中排村的高峰,湾滩河镇翠微村、走马村、桂花村、岱林村的长寨、六广村的长萌、摆主村的摆绒、摆主、湾寨村场坝、云雾村的甲晃,洗马镇花京村、乐湾村、龙场村、猫寨村、洗马河村、平坡村的新寨、平坡、台上村的大坪、羊昌村的羊昌,醒狮镇大岩村、谷新村、平寨村、醒狮村的醒狮、大坝、谷龙村的大谷龙、元宝村的顶水等地石灰岩出露的丘陵山地坡塝、坡麓地带。总面积 487.20 hm² (其中：谷脚镇 115.77 hm²、冠山街道办事处 30.27 hm²、龙山镇 67.38 hm²、湾滩河镇 90.55 hm²、洗马镇 116.97 hm²、醒狮镇 66.27 hm²)，占全县耕地面积的 1.63%、水稻土面积的 3.96%。

大泥田母质为石灰岩风化物发育成的石灰土，土体厚 70~100 cm，耕层厚约 15 cm，水源灌溉较好，水耕培肥时间较长，剖面层次分化较明显，剖面构型为 Aa – Ap – P – C。质地较好，宜耕期长，宜种性广，供肥、保肥能力较强，作物长势较好(表 3 – 39)。

表 3 – 39　大泥田的主要理化性状比较表

项　目	pH 值	有机质 (g/kg)	全氮 (g/kg)	碱解氮 (mg/kg)	有效磷 (mg/kg)	速效钾 (mg/kg)	缓效钾 (mg/kg)
最大值	7.80	80.79	4.97	352	50.20	400	631
最小值	7.14	23.84	1.58	119	3.80	50	50
平均值	7.55	43.08	2.52	197	14.40	170	258

3. 砂大泥田

砂大泥田主要分布在谷脚镇茶香村的茶香、谷冰村的谷冰、高新村的高枧、谷脚社区的大坡、贵龙社区，冠山街道办事处凤凰村的凤凰、高坪村的高坪、平西村的平地、三合村的三合、五新村，龙山镇比孟村的鸡场、草原村的朝阳、平山村的新水、水苔村的前进、水场社区、中坝村，湾滩河镇岱林村的岱林、果里村的果里、石头村的石头、营盘村的木马、渔洞村的团结、云雾村，洗马镇巴江村、乐湾村、金溪村、乐宝村、羊昌村以及花京村的花京、龙场村的牛场、猫寨村的长沟、哪嗙村、平坡村的平坡、台上村的台上、田箐村的二箐，醒狮镇高吏目村、谷新村、平寨村、谷龙村的林安、大谷龙、凉水村的旧寨等地白云岩、白云质灰岩岩溶山地丘陵坡塝地带。总面积 394.23 hm² (其中：谷脚镇 32.06 hm²、冠山街道办事处 26.41 hm²、龙山镇 90.25 hm²、湾滩河镇 49.95 hm²、洗马镇 124.48 hm²、醒狮镇 71.08 hm²)，占耕地面积的 1.32%、水稻土面积的 3.2%。

砂大泥田母质为白云岩、白云质灰岩风化物发育的石灰土，水源灌溉较好，水耕培肥时间较长，剖面层次分化明显，土体厚 70~90 cm，耕层平均 14 cm，剖面构型 Aa – Ap – P – C。质地轻，耕性好，宜种性广，供肥力强(表 3 – 40)。

表 3 – 40　砂大泥田的主要理化性状比较表

项　目	pH 值	有机质 (g/kg)	全氮 (g/kg)	碱解氮 (mg/kg)	有效磷 (mg/kg)	速效钾 (mg/kg)	缓效钾 (mg/kg)
最大值	7.79	78.98	4.59	308	57.30	370	590
最小值	7.10	23.70	1.29	111	2.40	40	40
平均值	7.53	44.92	2.52	202	16.29	141	204

4. 黄泥田

黄泥田主要分布在谷脚镇庆阳社区的小箐、高堡村的高堡、谷脚社区的哨堡、贵龙社区，冠山街道办事处播箕社区、大冲社区、高坪村、三合村的永安、平西村的平地、西城社区的大竹、大新村的光坡，龙山镇平山村的桥尾、比孟村的场坝、水场社区的高沟，湾滩河镇摆主村的摆岑、摆主、云雾村的甲晃、岱林村的岱林，洗马镇巴江村的巴江、龙场村的牛场、洗马河村的拐哈、落掌村的上石坎、哪嗙村的石板滩，醒狮镇凉水村、醒狮村的进化、大坝、谷新村等地丘陵山地的山麓、坡塝、沟谷、缓坡下部、坝子边缘地带。总面积 234.67 hm²（其中：谷脚镇 28.69 hm²、冠山街道办事处 57.25 hm²、龙山镇 8.69 hm²、湾滩河镇 74.08 hm²、洗马镇 12.27 hm²、醒狮镇 53.69 hm²），占全县耕地面积的 0.78%、水稻土面积的 1.91%。

黄泥田母质为泥质岩类风化物发育的黄壤，土体厚 80～100 cm，灌溉水源较有保证，水耕培肥时间较长，犁底层和渗育层分化明显，剖面构型为 A－Ap－P－C。犁底层厚约 10 cm，锈纹锈斑明显，渗育层厚约 25 cm，淋溶沉积明显。耕作层多为黄灰色，粒状或块状结构，保水保肥性好，宜耕性较好（表 3－41）。

表 3－41　黄泥田的主要理化性状比较表

项　目	pH 值	有机质 （g/kg）	全氮 （g/kg）	碱解氮 （mg/kg）	有效磷 （mg/kg）	速效钾 （mg/kg）	缓效钾 （mg/kg）
最大值	7.23	69.24	5.02	388	41.00	360	500
最小值	6.00	26.91	1.43	139	5.00	66	94
平均值	6.44	48.11	2.77	215	10.82	145	210

6. 黄砂泥田

黄砂泥田主要分布在谷脚镇茶香村、高堡村、高新村、谷冰村、观音村、贵龙社区、王关社区、岩后社区的三堡、岩后、谷脚社区的大坡、哨堡，冠山街道办事处播箕社区、大冲社区、冠山社区、鸿运村以及大新村的永合、光坡、凤凰村的凤凰、硝兴、高坪村的高坪，龙山镇草原村、金星村、中坝村、比孟村的场坝、三村、平山村的新水、桥尾、团结村的城兴、余下村的余下、中排村的幸福，湾滩河镇摆主村的摆绒、岱林村、金星村的新合、六广村、石头村、湾寨村、新龙村的打夯、营盘村的营屯、渔洞村的团结、云雾村的联合，洗马镇花京村的白果坪、金溪村的坞坭、乐宝村、哪嗙村的关口、石板滩、平坡村、台上村的台上、洗马河村的拐哈、羊昌村的羊昌、岩底，醒狮镇高吏目村、谷新村的谷汪、元宝村的元宝、凉水村、平寨村、醒狮村等地丘陵山地的坡塝、沟谷、缓坡中下部。总面积 679.14 hm²（其中：谷脚镇 154.90 hm²、冠山街道办事处 49.85 hm²、龙山镇 113.59 hm²、湾滩河镇 218.43 hm²、洗马镇 69.18 hm²、醒狮镇 73.19 hm²），占全县耕地面积的 2.27%、水稻土面积的 5.52%。

黄砂泥田母质为砂页岩类风化物发育的黄壤，土体厚 70～90 cm，犁底层和渗育层分化明显，剖面构型为 A－Ap－P－C。耕层厚 18 cm 左右，灰黄色，粒状结构，质地适中，结构较好，宜耕期长，耕性好，有机质分解快，有效养分含量较高，供肥能力强（表 3－42）。

表3-42　黄砂泥田的主要理化性状比较表

项　　目	pH值	有机质 (g/kg)	全氮 (g/kg)	碱解氮 (mg/kg)	有效磷 (mg/kg)	速效钾 (mg/kg)	缓效钾 (mg/kg)
最大值	7.28	80.91	4.36	369	56.40	325	605
最小值	6.01	16.22	1.06	75	2.90	61	52
平均值	6.52	42.17	2.32	191	14.48	156	200

(四)脱潜型水稻土亚类

脱潜型水稻土亚类仅有干鸭屎泥田1个土属和干鸭屎泥田1个土种,零星分布在龙山镇龙山社区新场的石灰岩槽谷和坡脚地带。面积8.44 hm²,占全县耕地面积的0.03%、水稻土面积的0.07%。

干鸭屎泥田由鸭屎泥田排水改良而来,潜育层降至60 cm以下,潜育层之上是脱潜层,剖面构型 A - Ap - Gw - G。脱潜层(Gw)厚30~40 cm,青灰色夹棕黄色锈斑,有明显的垂直裂隙与潜育层的地下水位联结。最下是潜育层,灰蓝色,整体呈块状结构,脱潜层之上为犁底层和耕层,均有较多的稻纹斑。该土由潜育层降至60 cm以下,土温提高,亚铁和硫化氢危害减轻,养分转化快,水稻返青快,分蘖早而多,肥力由原来鸭屎泥田的低产提高到中产水平(表3-43)。

表3-43　干鸭屎泥田的主要理化性状比较表

项　　目	pH值	有机质 (g/kg)	全氮 (g/kg)	碱解氮 (mg/kg)	有效磷 (mg/kg)	速效钾 (mg/kg)	缓效钾 (mg/kg)
最大值	7.76	45.64	2.57	184	13.81	106	188
最小值	7.32	23.50	1.39	102	5.88	58	84
平均值	7.55	33.95	1.91	156	10.35	76	111

(五)淹育型水稻土亚类

淹育型水稻土亚类面积676.85 hm²,占全县耕地面积的2.26%、水稻土面积的5.5%。主要分布在丘陵、坡塝、沟谷地带,水源灌溉无保证,主要靠天然降水,多是远离村寨的望天田。由于淹灌时间及水耕培肥时间短,还原淋溶和水耕熟化较弱。剖面分化不完整,除耕作层外,犁底层仅有雏形或已形成,其下仍保留着起源母质特性的母质层。水耕时间短,熟化程度较低,剖面构型为 A - Ap - C。根据起源土壤及属性的不同,分为大土泥田、幼黄泥田2个土属。大土泥田土属下有大土泥田、砂大土泥田2个土种,幼黄泥田土属下仅有幼黄砂田1个土种。

1. 大土泥田

大土泥田分布在谷脚镇庆阳社区的羊场司,冠山街道办事处五新村的新民,龙山镇比孟村的场坝、三村、草原村的朝阳、金星村的金谷、水苔村的前进、团结村的城兴,湾滩河镇新龙村、金星村、园区村、湾寨村,洗马镇乐湾村、羊昌村、洗马河村,醒狮镇平寨村等地石灰岩缓中丘坡腰梯田。总面积141.29 hm²(其中:谷脚镇2.10 hm²、冠山街道办事处11.09 hm²、龙山镇55.51 hm²、湾滩河镇32.59 hm²、洗马镇27.25 hm²、醒狮镇12.75 hm²),占全县耕地面积的0.47%、水稻土面积的1.15%。

大土泥田母质为石灰岩风化物发育的石灰土,多为离村寨远、水源条件差的望天田,水耕培肥差,土体厚60~90 cm,犁底层分化不明显,母质层保留着起源土壤特性。剖面构型为A-Ap-C,耕层厚13~15 cm,暗灰色,块状结构,粘重紧实,宜耕期短,耕种较困难(表3-44)。

表3-44 大土泥田的主要理化性状比较表

项 目	pH值	有机质（g/kg）	全氮（g/kg）	碱解氮（mg/kg）	有效磷（mg/kg）	速效钾（mg/kg）	缓效钾（mg/kg）
最大值	7.76	61.08	3.47	257	38.00	298	437
最小值	7.00	23.84	1.58	144	5.50	69	100
平均值	7.63	46.64	2.60	208	13.72	159	217

2. 砂大土泥田

砂大土泥田分布于谷脚镇贵龙社区,冠山街道办事处大新村的大新、高坪村的新安、三合村的三合、永安、五新村的五里,龙山镇水场社区的红岩、比孟村的鸡场、场坝、水苔村的大谷、平山村的摆谷六、莲花村的纸厂,湾滩河镇岱林村、六广村、石头村的上坝、营盘村的营屯、云雾村的联合,洗马镇猫寨村的长沟,醒狮镇平寨村、谷新村的谷新、谷龙村的林安、小谷龙等地石灰岩缓中丘、坡塝、沟谷地带。总面积207.31 hm²(其中:谷脚镇9.95 hm²、冠山街道办事处17.66 hm²、龙山镇23.75 hm²、湾滩河镇105.52 hm²、洗马镇11.56 hm²、醒狮镇38.87 hm²),占全县耕地面积的0.69%、水稻土面积的1.68%。

砂大土泥田母质为白云质灰岩风化物发育的大泥土,多为离村寨远、水源条件差的望天田,水耕培肥差,土体厚70~90 cm,剖面构型为A-Ap-C,犁底层厚6 cm左右,仅有少量粘粒淀积,母质层保留着起源土壤的特征。全剖面中性至微碱性反应。质地偏粘,壤质粘土质地,含较多砾石,耕作困难,常出现顶铧跳犁,糙手剁脚,并且易漏水漏肥。土壤通透性好,养分分解快,秧苗返青快,但分蘖少,后期易脱肥早衰,空秕率高(表3-45)。

表3-45 砂大土泥田的主要理化性状比较表

项 目	pH值	有机质（g/kg）	全氮（g/kg）	碱解氮（mg/kg）	有效磷（mg/kg）	速效钾（mg/kg）	缓效钾（mg/kg）
最大值	7.79	69.15	3.97	290	22.10	283	540
最小值	7.18	26.62	1.28	125	3.70	40	47
平均值	7.47	45.72	2.55	197	12.68	126	197

3. 幼黄泥田

幼黄泥田分布于谷脚镇岩后社区、观音村、谷冰村的谷冰,冠山街道办事处水桥社区、大冲社区、平西村的平地、大新村的光坡、乐阳、五新村的新民、鸿运村、平西村的西联、高坪村的新安、三合村的永安,龙山镇中坝村、比孟村的场坝、团结村的城兴、水苔村的大谷、中排村,湾滩河镇金批村、翠微村、岱林村、云雾村、营盘村、渔洞村的团结,洗马镇龙场村的牛场、黄星,醒狮镇元宝村等地丘陵山区、坡塝、沟谷地带,水源无保证,多为望天梯田。总面积 328.24 hm²(其中:谷脚镇 40.38 hm²、冠山街道办事处 63.66 hm²、龙山镇 129.20 hm²、湾滩河镇 69.39 hm²、洗马镇 15.98 hm²、醒狮镇 9.63 hm²),占全县耕地面积的 1.10%、水稻土面积的 2.67%。

幼黄泥田母质为黄壤,多为砂页岩育的黄壤。土壤水耕培肥时间短,剖面构型为 A-Ap-C,土体厚 80~100 cm,耕作层浅薄,犁底层厚约 6 cm,底土母质层保留着起源土壤的特征。质地偏粘,壤质粘土质地,含较多砾石,顶铧难犁,糙手剁脚,易漏水漏肥。土壤通透性好,养分分解快,秧苗返青快,但分蘖少,后期易脱肥早衰(表 3-46)。

表 3-46 幼黄泥田的主要理化性状比较表

项 目	pH值	有机质 (g/kg)	全氮 (g/kg)	碱解氮 (mg/kg)	有效磷 (mg/kg)	速效钾 (mg/kg)	缓效钾 (mg/kg)
最大值	7.79	69.15	3.97	290	22.10	283	540
最小值	7.18	26.62	1.28	125	3.70	40	47
平均值	7.47	45.72	2.55	197	12.68	126	197

(六)潴育型水稻土亚类

潴育型水稻土亚类面积 8057.85 hm²,占全县耕地面积的 26.94%、水稻土面积的 65.48%。主要分布在水源条件好、排灌方便的丘陵地带,属水耕时间长、熟化度高的水稻土。由于季节性的淹水,或地下水的升降,引起土壤中还原与氧化反复交替,使土体形成明显的潴育层次,剖面构型为 Aa-Ap-W-C、Aa-Ap-W-G。一般耕层较厚,质地适中,结构良好;犁底层发育明显,潴育层有明显的锈纹、锈斑。根据起源土壤、地形及水文等因素的不同,分为斑潮泥田、斑黄泥田、大眼泥田和冷水田 4 个土属。斑潮泥田土属下有斑潮泥田、斑潮砂泥田、油潮砂泥田 3 个土种;斑黄泥田土属下有斑黄胶泥田、斑黄泥田、斑黄砂泥田、小黄泥田、油黄砂泥田 5 个土种;大眼泥田土属下有大眼泥田、胶大眼泥田、砂大眼泥田 3 个土种;冷水田土属下仅有冷水田 1 个土种。

1. 斑潮泥田

主要分布在谷脚镇王关社区,冠山街道办事处鸿运村,龙山镇中坝村、水场社区的高沟,湾滩河镇园区村、翠微村、金批村,洗马镇平坡村的水尾、哪嗙村的石板滩等地离河床较远的河谷阶地上。总面积 109.95 hm²(其中:谷脚镇 0.17 hm²、冠山街道办事处 9.39 hm²、龙山镇

21.64 hm²、湾滩河镇52.51 hm²、洗马镇26.24 hm²),占全县耕地面积的0.37%、水稻土面积的0.89%。

斑潮泥田为河流冲积物水耕熟化而成,土体较厚,平均达100 cm,层次分化明显,剖面构型为 A – Ap – W – C。熟化度高,质地适中,结构好,宜耕期长,有机质分解快,有效养分含量较高,供肥能力强(表3 – 47)。

表3 – 47 斑潮泥田的主要理化性状比较表

项目	pH值	有机质 (g/kg)	全氮 (g/kg)	碱解氮 (mg/kg)	有效磷 (mg/kg)	速效钾 (mg/kg)	缓效钾 (mg/kg)
最大值	6.99	67.67	3.17	231	56.60	137	311
最小值	6.02	24.55	1.24	132	3.10	54	79
平均值	6.54	41.70	2.32	186	15.82	75	120

2. 斑潮砂泥田

斑潮砂泥田为河流冲积物水耕熟化而成,分布于河流阶地上靠近河床的部分和一级阶地上,除醒狮镇外,其他5个镇(街道)都有分布,分布在谷脚镇高堡村的毛堡、冠山街道办事处的凤凰村、平西村、冠山社区、鸿运村的富洪、三合村的三合、渔洞、龙山镇的莲花村、龙山社区、余下村、草原村的朝阳、水场社区的水场、高沟、湾滩河镇的新龙村、湾寨村、园区村、走马村、摆主村的摆岑、摆主、摆省村的新庄、羊场村的新营、桂花村的凯卡、六广村的长萌,洗马镇哪嗙村的关口、龙场村的黄星、台上村的台上、金溪村的坞坭、羊昌村的新庄等地。总面积986.84 hm²(其中:谷脚镇37.96 hm²、冠山街道办事处136.97 hm²、龙山镇367.13 hm²、湾滩河镇405.47 hm²、洗马镇39.31 hm²),占全县耕地面积的3.30%、水稻土面积的8.02%。

斑潮砂泥田母质为潮土。土体深厚,剖面分化明显,剖面构型为 Aa – Ap – W – C。耕层呈灰褐色,粒状结构,砂粘壤土质地,心土层块状结构,有明显的斑纹、锈斑。耕层以下有含量不等的鹅卵石或碎石片。质地轻,疏松好耕作,宜耕期长。由于粗砂含量多,易漏水漏肥,保肥性差,供肥性好,前劲足、后劲差(表3 – 48)。

表3 – 48 斑潮砂泥田的主要理化性状比较表

项目	pH值	有机质 (g/kg)	全氮 (g/kg)	碱解氮 (mg/kg)	有效磷 (mg/kg)	速效钾 (mg/kg)	缓效钾 (mg/kg)
最大值	7.30	73.82	4.38	328	55.20	305	550
最小值	6.02	20.93	1.10	98	3.10	43	43
平均值	6.64	46.76	2.63	207	16.00	100	135

3. 油潮砂泥田

油潮砂泥田各镇(街道)均有零星分布,龙山镇和冠山街道办事处面积相对较大,主要分布在谷脚镇高堡村的谷定、冠山街道办事处五新村、鸿运村的龙云、龙山镇龙山社区、草原村的草原、金星村的金谷,湾滩河镇六广村的新华、羊场村的和平,洗马镇的哪嘐村、羊昌村的新庄、羊昌、洗马河村的洗马,醒狮镇谷龙村的林安、大谷龙等地的河流的一级阶地上。总面积390.68 hm²(其中:谷脚镇6.86 hm²、冠山街道办事处104.69 hm²、龙山镇103.58 hm²、湾滩河镇77.31 hm²、洗马镇84.44 hm²、醒狮镇13.80 hm²),占耕地面积的1.31%、水稻土面积的3.17%。

油潮砂泥田母质为近代河流沉积物发育的潮土,土体厚1 m左右,受地下水影响,潴育层发育较明显,剖面构型为Aa－Ap－W－C。耕层灰黑色,壤土质地,小块状和粒状结构,有多量红棕色斑纹、锈斑。质地适中,结构好,耕性好,宜耕期长,通透性好,供肥前劲和后劲都足,成穗率高(表3－49)。

表3－49 斑潮砂泥田的主要理化性状比较表

项 目	pH值	有机质 (g/kg)	全氮 (g/kg)	碱解氮 (mg/kg)	有效磷 (mg/kg)	速效钾 (mg/kg)	缓效钾 (mg/kg)
最大值	7.30	74.63	4.29	305	42.80	264	391
最小值	6.02	30.67	1.70	128	2.30	40	82
平均值	6.67	52.89	2.84	212	14.10	115	155

4. 斑黄胶泥田

斑黄胶泥田多由粘土岩、泥质页岩等粘土母质发育的黄壤经水耕熟化而成,零星分布在谷脚镇高新村的高枧、岩后社区的三堡、茶香村的茶香、高堡村的高堡、毛堡,龙山镇的中坝村,醒狮镇醒狮村的醒狮、大坝等地缓坡下部及田坝边缘地带。总面积86.57 hm²(其中:谷脚镇64.17 hm²、龙山镇7.40 hm²、醒狮镇15.00 hm²),占全县耕地面积的0.29%、水稻土面积的0.70%。

斑黄胶泥田土体较厚,母质为粘土岩、泥页岩发育的黄壤——黄胶泥。土体厚1 m左右,质地比斑黄泥田更为粘重。剖面分化明显,剖面构型为Aa－Ap－W－C,全剖面上松下紧,质地中粘,块状结构,W层斑纹明显,底土层有铁锰结核。土壤质地粘重,结构差,耕性也差,宜耕期短,耕作费力,保水、保肥能力强(表3－50)。

表3－50 斑黄胶泥田的主要理化性状比较表

项 目	pH值	有机质 (g/kg)	全氮 (g/kg)	碱解氮 (mg/kg)	有效磷 (mg/kg)	速效钾 (mg/kg)	缓效钾 (mg/kg)
最大值	6.96	59.43	4.36	369	52.60	325	625
最小值	6.05	35.86	1.71	171	5.70	108	99
平均值	6.44	43.36	2.46	216	16.95	178	218

5. 斑黄泥田

斑黄泥田由黄壤水耕熟化而成,各镇(街道)均有分布。分布在谷脚镇茶香村、岩后社区、王关社区、谷脚社区的大坡、哨堡、高堡村的高堡、谷定、庆阳社区的小箐,冠山街道办事处的大冲社区、龙坪社区,龙山镇的余下村的余下、平山村的摆谷六、草原村的草原、团结村的城兴、中排村的高峰、比孟村的场坝、三村、中坝村,湾滩河镇的摆省村、摆主村的摆岑、新龙村的打夯、渔洞村的团结、岱林村的岱林、云雾村的甲晃、营盘村的木马、园区村的毛栗、石头村的石头、六广村的长萌、桂花村的凯卡、湾寨村,洗马镇的台上村的白果坪、哪嗙村的关口、羊昌村的羊昌、新庄,醒狮镇的醒狮村、大岩村、元宝村、凉水村的旧寨、凉水等地地势较开阔的缓丘中、下部。总面积 1071.80 hm² (其中:谷脚镇 300.28 hm²、冠山街道办事处 8.47 hm²、龙山镇 207.76 hm²、湾滩河镇 292.76 hm²、洗马镇 71.39 hm²、醒狮镇 191.75 hm²),占全县耕地面积的 3.58%、水稻土面积的 8.17%。

斑黄泥田母质为黄壤。土体厚 1 m 左右,土壤微酸至中性,壤质粘土至粘土质地,剖面层次分化明显,为 Aa - Ap - W - C,质地粘重,旱耕期短,水耕时化块慢,耕作较困难。前期供肥慢,中期供肥足,后期若施肥不足,则有缺肥现象(表 3-51)。

表 3-51 斑黄泥田的主要理化性状比较表

项目	pH 值	有机质 (g/kg)	全氮 (g/kg)	碱解氮 (mg/kg)	有效磷 (mg/kg)	速效钾 (mg/kg)	缓效钾 (mg/kg)
最大值	7.15	76.87	4.50	353	58.60	340	515
最小值	6.02	26.25	1.46	125	3.35	60	58
平均值	6.51	46.72	2.54	205	13.23	174	200

6. 斑黄砂泥田

斑黄砂泥田由黄砂泥土或黄砂泥田进一步水耕熟化而成,分布在谷脚镇观音村、茶香村的茶香、高堡村的高堡、谷定、岩后社区的三堡、谷脚社区的哨堡、高新村的新坪,冠山街道办事处的冠山社区、光明社区、水桥社区、大冲社区、西城社区的大竹、鸿运村的富洪、平西村的西联,龙山镇的中排村、草原村的朝阳、团结村的城兴、金星村的红星、水场社区的水场、红岩、余下村的余下、平山村的桥尾,湾滩河镇的石头村、六广村的长萌、湾寨村的摆勺、摆省村的摆省、云雾村的甲晃、营盘村的营屯、新龙村、岱林村,洗马镇乐宝村、哪嗙村关口、长芽、落掌村的落掌、台上村,醒狮镇的高吏目村的高吏目、凉水村的凉水、小坝、平寨村的龙滩、平寨、葫芦田、醒狮村的醒狮等地砂页岩互层丘陵的缓坡下部及山间槽谷与田坝边缘地带。总面积 903.91 hm² (其中:谷脚镇 181.09 hm²、冠山街道办事处 160.06 hm²、龙山镇 223.59 hm²、湾滩河镇 217.81 hm²、洗马镇 46.75 hm²、醒狮镇 74.60 hm²),占全县耕地面积的 3.02%、水稻土面积的 7.35%。

斑黄砂泥田母质为砂岩、页岩互层风化物发育的黄壤。质地多为粘质壤土至壤质粘土,土体厚薄不等,剖面构型以 A - Ap - W - C 为主,剖面上部呈弱酸性。质地适中,宜耕期长,耕性好,通透性好,养分转化快,前期供肥好(表 3-52)。

表 3-52　斑黄砂泥田的主要理化性状比较表

项　目	pH值	有机质 (g/kg)	全氮 (g/kg)	碱解氮 (mg/kg)	有效磷 (mg/kg)	速效钾 (mg/kg)	缓效钾 (mg/kg)
最大值	7.09	71.71	5.02	388	32.30	300	485
最小值	6.01	16.39	0.87	80	2.30	53	40
平均值	6.52	46.11	2.54	206	13.20	118	137

7. 小黄泥田

小黄泥田由斑黄泥田或黄壤进一步水耕熟化而成,是斑黄泥田土属熟化较高的水稻土,除洗马镇外,其他5个镇(街道)都有零星分布。主要分布在谷脚镇的观音村、岩后社区的岩后,冠山街道办事处的平西村、大新村的光坡,龙山镇中排村的幸福,湾滩河镇摆省村的摆省、新龙村的打夯,醒狮镇凉水村的旧寨等地宽阔的盆地和村寨附近。总面积95.19 hm²(其中:谷脚镇20.71 hm²、冠山街道办事处43.82 hm²、龙山镇12.52 hm²、湾滩河镇9.48 hm²、醒狮镇8.65 hm²),占全县耕地面积的0.32%、水稻土面积的0.77%。

小黄泥田母质为碳酸盐岩类发育的黄壤,是高肥力的水稻土,因底土质地粘重滞水,潴育层高度发育,剖面构型为 Aa-Ap-W-C。土体深厚,层次清楚,耕层厚17~25 cm,壤质粘土质地,小块夹粒状结构,灰黄色,犁底层明显,厚10 cm左右,底土层为同源母质层。水源条件好,地势平缓,临近村寨,耕作精细,结构好,有机质含量高,耕性好,宜耕期长,宜种性广,保水保肥,肥效稳长(表 3-53)。

表 3-53　小黄泥田的主要理化性状比较表

项　目	pH值	有机质 (g/kg)	全氮 (g/kg)	碱解氮 (mg/kg)	有效磷 (mg/kg)	速效钾 (mg/kg)	缓效钾 (mg/kg)
最大值	6.96	60.55	3.26	256	25.90	254	206
最小值	6.01	20.82	1.11	117	5.40	60	50
平均值	6.61	45.62	2.45	197	13.43	136	122

8. 油黄砂泥田

油黄砂泥田由斑黄砂泥田或黄砂泥土进一步水耕熟化而成,主要分布在砂岩、页岩互层地区,以村寨附近为主。谷脚镇谷脚社区的哨堡,冠山街道办事处鸿运村的富洪、平西村的平地、冠山社区、水桥社区,龙山镇草原村的草原、比孟村的三村、中排村的幸福、中坝村,湾滩河镇摆主村的摆绒、石头村的上坝等地有少量分布。总面积141.35 hm²(其中:谷脚镇16.26 hm²、冠山街道办事处24.51 hm²、龙山镇89.80 hm²、湾滩河镇10.79 hm²),占全县耕地面积的0.47%、水稻土面积的1.15%。

油黄砂泥田母质为砂岩、页岩互层发育的黄壤,由中肥力的黄砂泥田培肥而成。土体厚

1 m左右,层次清楚,潴育层发育,剖面构型为Aa-Ap-W-C。耕层厚17~25 cm,多为粘土至粘壤土质地,属高肥力水稻土,质地适中,结构良好,耕作省力,质量高,旱耕期长,水耕化块快,肥效快而稳(表3-54)。

表3-54　油黄砂泥田的主要理化性状比较表

项目	pH值	有机质 (g/kg)	全氮 (g/kg)	碱解氮 (mg/kg)	有效磷 (mg/kg)	速效钾 (mg/kg)	缓效钾 (mg/kg)
最大值	6.96	56.30	3.63	266	24.90	119	189
最小值	6.06	37.12	1.88	157	5.90	60	60
平均值	6.35	46.75	2.47	200	13.29	95	99

9. 大眼泥田

大眼泥田由石灰土垦殖长期水耕而成,主要分布在岩溶地区排灌较好、耕作时间较长的坡脚、坡塝或山坝,是水稻土中面积最大的土种,各镇(街道)均有分布。主要分布在谷脚镇的高新村、谷冰村、观音村、谷脚社区、贵龙社区、茶香村的鸡场、庆阳社区的小箐、高堡村的谷定,冠山街道办事处的冠山社区、龙坪社区、水桥社区、播箕社区、西城社区的大竹、五新村、大新村、三合村、高坪村、凤凰村的合安、平西村的西联、龙山镇莲花村的莲花、余下村的余下、平山村的摆谷六、草原村的草原、中排村的高峰、羊蓬、金星村、水场社区的水场,湾滩河镇的石头村、六广村、园区村、走马村、翠微村、金批村、羊场村、岱林村、营盘村、湾寨村的场坝、云雾村的联合、桂花村的盘脚、摆主村的摆绒、果里村的谷孟、金星村的金星,洗马镇巴江村、花京村、台上村、金溪村、平坡村的水尾、新寨、乐湾村的落锅、猫寨村的长沟、龙场村的牛场、黄星、洗马河村的拐哈、落掌村的落掌、上石坎,醒狮镇大岩村、高吏目村、谷新村、平寨村、醒狮村的醒狮、大坝、元宝村的顶水、谷龙村的林安、小谷龙、凉水村的小坝等地。总面积2004.53 hm²(其中:谷脚镇131.84 hm²、冠山街道办事处325.65 hm²、龙山镇218.92 hm²、湾滩河镇877.76 hm²、洗马镇297.53 hm²、醒狮镇152.83 hm²),占全县耕地面积的6.70%、水稻土面积的16.29%。

大眼泥田母质为石灰土,也有黄泥田复钙化,土体厚100 cm左右,层次清楚,有明显的犁底层及鳝血斑纹层,剖面构型为Aa-Ap-W-C。耕层质地疏松,结构良好,灰褐色至灰黄色,氮素养分丰富,磷素较缺乏,通透性良好,养分转化快,供肥保肥能力强,肥劲长而稳(表3-55)。

表3-55　大眼泥田的主要理化性状比较表

项目	pH值	有机质 (g/kg)	全氮 (g/kg)	碱解氮 (mg/kg)	有效磷 (mg/kg)	速效钾 (mg/kg)	缓效钾 (mg/kg)
最大值	7.80	80.79	4.82	352	54.30	465	678
最小值	6.01	25.28	1.23	96	2.80	32	50
平均值	7.24	48.47	2.57	200	15.99	146	195

10. 胶大眼泥田

胶大眼泥田由石灰土水耕熟化发育而成,分布在谷脚镇高新村的新坪、冠山街道办事处的大冲社区、播箕社区、平西村的平地、大新村的永合、定水、五新村的新民、高坪村的新安、三合村的永安,龙山镇草原村的草原、水苔村的大谷、中排村的高峰、羊蓬、团结村的塘兴、平山村的新水、余下村的余下,湾滩河镇翠微村、金批村、羊场村、岱林村、营盘村、云雾村的甲晃、摆主村的摆主、金星村的金星、石头村的石头,洗马镇哪嘹村的关口、落掌村的落掌、上石坎、花京村的花京、龙场村的黄星、猫寨村的长沟,醒狮镇高吏目村的高吏目、元宝村的顶水等地岩溶地区排灌较好、耕作时间较长的坡脚、坡塝或田坝。总面积556.19 hm²(其中:谷脚镇54.78 hm²、冠山街道办事处162.26 hm²、龙山镇58.25 hm²、湾滩河镇227.38 hm²、洗马镇43.58 hm²、醒狮镇9.94 hm²),占全县耕地面积的1.86%、水稻土面积的4.52%。

胶大眼泥田土体较厚,剖面分化明显,剖面构型为Aa－Ap－W－C,耕层质地中粘,块状结构,宜耕期短,耕作费力,通透性差,保水、保肥能力强(表3－56)。

表3－56 胶大眼泥田的主要理化性状比较表

项　目	pH值	有机质 (g/kg)	全氮 (g/kg)	碱解氮 (mg/kg)	有效磷 (mg/kg)	速效钾 (mg/kg)	缓效钾 (mg/kg)
最大值	7.79	66.40	3.81	312	31.60	350	570
最小值	6.08	23.58	1.81	158	4.05	65	50
平均值	6.96	49.58	2.75	210	14.34	136	190

11. 砂大眼泥田

砂大眼泥田由石灰土水耕熟化发育而成,分布于白云质灰岩、白云岩地区缓坡下部、槽谷、田坝等地带,各镇(街道)均有分布,是面积较大的水稻土土种之一。主要分布在谷脚镇谷冰村、高新村、茶香村的茶香、高堡村的毛堡,冠山街道办事处的龙坪社区、冠山社区、光明社区、大冲社区、播箕社区、鸿运村、五新村、平西村的平地、西城社区的大竹、凤凰村的凤凰、三合村的三合、渔洞、大新村的光坡、乐阳、永合,龙山镇水苔村、莲花村、草原村、团结村、中排村的幸福、羊蓬、金星村的红星、水场社区的水场、高沟、比孟村的鸡场、余下村的余下、平山村的桥尾,湾滩河镇石头村、湾寨村、园区村、走马村、羊场村、翠微村、金批村、渔洞村、六广村的新华、岱林村的岱林、云雾村的甲晃、营盘村的木马、果里村的谷孟,洗马镇龙场村、哪嘹村、乐宝村、洗马河村的拐哈、猫寨村的猫寨、巴江村的大路坪、乐湾村的烂田湾、金溪村的坞坭,醒狮镇平寨村的葫芦田、高吏目村的乐榨、谷龙村的林安、凉水村的小坝等地。总面积1675.95 hm²(其中:谷脚镇116.77 hm²、冠山街道办事处386.57 hm²、龙山镇315.24 hm²、湾滩河镇575.64 hm²、洗马镇240.43 hm²、醒狮镇41.28 hm²),占全县耕地面积的5.60%、水稻土面积的13.62%。

砂大眼泥田母质为白云质灰岩、白云岩风化物发育的石灰土。土体厚80 cm左右,耕层质地以粉砂粘壤为主,并含少量母质风化后的砾石,质地轻于大眼泥田,剖面构型为Aa－

Ap - W - C。质地适中,结构好,耕性好,宜耕期长,底层质地稍重,有利于保水保肥,养分转化快,供肥能力强(表3-57)。

表3-57 砂大眼泥田的主要理化性状比较表

项 目	pH值	有机质 (g/kg)	全氮 (g/kg)	碱解氮 (mg/kg)	有效磷 (mg/kg)	速效钾 (mg/kg)	缓效钾 (mg/kg)
最大值	7.79	71.67	4.65	345	41.10	290	610
最小值	6.00	18.98	1.06	75	2.80	40	40
平均值	7.34	45.69	2.53	197	12.08	121	172

12. 冷水田

冷水田为阴山冷水或泉水灌溉的稻田,少量分布在洗马镇哪嘐村的关口、石板滩,醒狮镇平寨村的龙滩、平寨等村阴山坡脚、深山夹沟地带。总面积34.89 hm²(其中:洗马镇8.94 hm²、醒狮镇25.95 hm²),占全县耕地面积的0.12%、水稻土面积的0.28%。

冷水田土层厚65 cm左右,剖面构型为Aa - Ap - W - C。耕层厚度17 cm左右,灰黄色,质地轻粘,小块状结构;犁底层棕灰色,轻粘块状结构,锈斑较多,紧实;心土层棕黄色,块状结构,有少量斑纹,下为同源母质层。因水温、气温低,土温也低,有机肥分解转化慢,速效养分低,作物栽后返青慢,分蘖差,常使秧苗坐蔸贪青晚熟,产量较低(表3-58)。

表3-58 冷水田的主要理化性状比较表

项 目	pH值	有机质 (g/kg)	全氮 (g/kg)	碱解氮 (mg/kg)	有效磷 (mg/kg)	速效钾 (mg/kg)	缓效钾 (mg/kg)
最大值	6.54	68.66	3.72	274	5.10	145	355
最小值	6.02	27.76	1.69	147	4.60	100	120
平均值	6.22	41.22	2.45	195	4.91	128	267

第四章　龙里耕地状况

第一节　耕地数量与分布

一、耕地总量与分布

龙里县耕地土壤面积为 29 906.71 hm², 其中水田面积 12 305.07 hm², 旱地面积 17 601.65 hm²。耕地面积最大的是洗马镇，面积 7414.82 hm², 占全县耕地面积的 24.79%; 其次是湾滩河镇，面积为 5618.84 hm², 占全县耕地面积的 18.79%; 再次是龙山镇，面积为 5500.36 hm², 占全县耕地面积的 18.39%; 谷脚镇耕地面积为 4406.35 hm², 占全县耕地面积的 14.73%; 冠山街道办事处与醒狮镇耕地面积较小，分别为 3503.32、3463.03 hm², 分别占全县耕地面积的 11.71%、11.58%（表 4-1、彩插图 4）。

表 4-1　龙里县各镇（街道）耕地面积及比例

镇（街道）	耕地面积(hm²)	耕地比例(%)	水田面积(hm²)	水田比例(%)占全县	水田比例(%)占本镇(街道)	旱地面积(hm²)	旱地比例(%)占全县	旱地比例(%)占本镇(街道)
谷脚镇	4406.35	14.73	1351.10	4.52	30.66	3055.25	10.22	69.34
冠山街道办事处	3503.32	11.71	1708.12	5.71	48.76	1795.20	6.00	51.24
龙山镇	5500.36	18.39	3060.22	10.23	55.64	2440.14	8.16	44.36
湾滩河镇	5618.84	18.79	3750.05	12.54	66.74	1868.79	6.25	33.26
洗马镇	7414.82	24.79	1374.86	4.60	18.54	6039.96	20.20	81.46
醒狮镇	3463.03	11.58	1060.72	3.55	30.63	2402.30	8.03	69.37
合计	29 906.71	100.00	12 305.07	41.14	—	17 601.64	58.86	—

二、耕地利用结构与分布

(一)水 田

龙里县水田面积 12 305.07 hm²,占全县耕地面积的 41.14%。全县各镇(街道)都有分布,但分布不均衡。其中:水田面积最大的是湾滩河镇,面积为 3750.05 hm²,占全县水田面积的 30.48%;其次是龙山镇,面积为 3060.22 hm²,占全县水田面积的 24.87%;冠山街道办事处,面积为 1708.12 hm²,占全县水田面积的 13.88%;洗马镇,面积为 1374.86 hm²,占全县水田面积的 11.17%;谷脚镇,面积为 1351.10 hm²,占全县水田面积的 10.98%;醒狮镇水田面积最小,为 1060.72 hm²,占全县水田面积的 8.62%。从水田在各镇(街道)耕地中所占的比例来看,湾滩河镇水田比例最大,占本镇耕地面积的 66.74%;洗马镇水田比例最小,占本镇耕地面积的 18.54%。

(二)旱 地

龙里县旱地面积 17 601.64 hm²,占全县耕地面积的 58.86%。全县各镇(街道)均有分布。其中:旱地面积最大的是洗马镇,面积为 6039.96 hm²,占全县旱地面积的 34.31%;其次是谷脚镇,面积为 3055.25 hm²,占全县旱地面积的 17.36%;再次是龙山镇,面积为 2440.14 hm²,占全县旱地面积的 13.86%;醒狮镇,面积为 2402.30 hm²,占全县旱地面积的 13.65%;湾滩河镇,面积为 1868.79 hm²,占全县旱地面积的 10.62%;冠山街道办事处旱地面积最小,为 1795.20 hm²,占全县旱地面积的 10.20%。从旱地在各镇(街道)耕地中所占的比例来看,洗马镇旱地比例最大,占本镇耕地的 81.46%;湾滩河镇旱地比例最小,占本镇耕地的 33.26%。

第二节 耕地立地状况

耕地立地状况是指影响耕地地力的各种自然环境因子的综合,是由许多环境因子组合而成的。由于龙里县地貌复杂多样,耕地分散严重,因而耕地地力受立地条件的影响较大。主要选择的立地条件因子有:海拔、坡度、地形部位、积温、成土母质、灌溉能力、排水能力。

一、不同海拔耕地数量与分布

龙里县海拔在 856~1647 m 之间,集中在 1000~1400 m 之间,全县耕地主要分布于海拔 1200~1400 m 和 1000~1200 m 的地区,面积分别为 12 742.64 hm² 和 11 422.93 hm²,分别占全县耕地面积的 42.61% 和 38.20%;其余的 5082.91 hm² 分布于海拔 1400~1600 m 的范围,占全县耕地面积的 17.00%;海拔 <1000 m 的耕地面积为 600.09 hm²,仅占全县耕地面积的 2.01%;海拔 ≥1600 m 的耕地仅有 58.14 hm²,占全县耕地面积的 0.19%,具体分布状况见表 4-2、彩插图 5。

表4-2 不同海拔耕地数量统计情况表

海拔(m)	面积(hm²)	占全县耕地面积比例(%)
<1000	600.09	2.01
1000~1200	11 422.93	38.20
1200~1400	12 742.64	42.61
1400~1600	5082.91	17.00
≥1600	58.14	0.19
合计	29 906.71	100

二、不同坡度耕地数量与分布

龙里县耕地绝大多数地处地形坡度6°~15°之间,面积为14 573.95 hm²,占全县耕地面积的48.73%;坡度<2°的耕地面积为6049.70 hm²,占全县耕地面积的20.23%;2°~6°的耕地面积为5232.52 hm²,占全县耕地面积的17.50%。龙里县耕地坡度详细分布状况见表4-3、彩插图6。

表4-3 不同坡度耕地数量统计情况表

坡 度(级别)	面积(hm²)	占全县耕地面积比例(%)
<2°(1)	6049.70	20.23
2°~6°(2)	5232.52	17.50
6°~15°(3)	14 573.95	48.73
15°~25°(4)	3760.60	12.57
≥25°(5)	289.95	0.97
合计	29 906.71	100

三、不同地形部位耕地数量与分布

龙里县耕地主要分布于盆地、山地坡脚、山地坡腰、山原坝地、山原冲沟、山原坡脚、山原坡腰、台地、中丘坝地、中丘冲沟、中丘坡顶、中丘坡脚和中丘坡腰等13种地形部位上。其中,分布于中丘坡脚、山原坡脚和中丘坡腰的面积较大,面积分别为5587.48、5383.69和5150.01 hm²,分别占全县耕地面积的18.68%、18.00%和17.22%;其次是分布于盆地和山原坡腰的,面积分别为3523.93、3414.41 hm²,分别占全县耕地面积的11.78%和11.42%;第三是台地,面积为2076.73 hm²,占全县耕地面积的6.49%;分布在山地坡腰和山地坡脚的耕地面积大于1000 hm²;中丘坝地和山原坝地的耕地面积在500 hm²以上;中丘冲沟和山原冲沟的耕地面积大于100 hm²;中丘坡顶面积最小,仅为54.60 hm²,比例仅为全县耕地面积的

0.18%(表4-4、彩插图7)。

表4-4 不同地形部位耕地数量统计情况表

地形部位	面积(hm²)	占全县耕地面积比例(%)
盆　地	3523.93	11.78
山地坡脚	1457.68	4.87
山地坡腰	1616.02	5.40
山原坝地	608.29	2.03
山原冲沟	193.91	0.65
山原坡脚	5383.69	18.00
山原坡腰	3414.41	11.42
台　地	2076.73	6.94
中丘坝地	618.62	2.07
中丘冲沟	221.33	0.74
中丘坡顶	54.60	0.18
中丘坡脚	5587.48	18.68
中丘坡腰	5150.01	17.22
合　计	29 906.71	100

四、不同积温耕地数量与分布

全县耕地年积温多集中在4000~4400 ℃,年积温分布在4200~4400 ℃的耕地面积为10 811.24 hm²,占全县耕地面积的36.15%;年积温4000~4200 ℃的耕地面积为10 001.70 hm²,占全县耕地面积的33.44%;年积温3600~3800 ℃和3800~4000 ℃的耕地面积为3326.07 hm²和3255.20 hm²,分别占全县耕地面积的11.12%和10.89%;年积温3400~3600 ℃的耕地面积最小,为2512.50 hm²,仅占全县耕地面积的8.40%(表4-5)。

表4-5 不同年积温耕地数量统计情况表

年积温(℃)	面积(hm²)	占全县耕地面积比例(%)
3400~3600	2512.50	8.40
3600~3800	3326.07	11.12
3800~4000	3255.20	10.89
4000~4200	10 001.70	33.44
4200~4400	10 811.24	36.15
合　计	29 906.71	100

五、不同成土母质耕地数量与分布

全县耕地的成土母质分为石灰岩坡残积物、砂页岩坡残积物、白云灰岩/白云岩坡残积物、砂页岩风化坡残积物、老风化壳/页岩/泥页岩坡残积物、泥质白云岩/石灰岩坡残积物、河流沉积物和泥岩/页岩/板岩等坡残积物等29种,其中以石灰岩坡残积物居多,面积为5298.58 hm²,占全县耕地面积的17.72%;砂页岩坡残积物、白云灰岩/白云岩坡残积物和砂页岩风化坡残积物面积分别为4334.25、4097.12和3882.96 hm²,分别占全县耕地面积的14.49%、13.70%和12.98%;其他成土母质合计仅占10.00%以下(表4-6)。

表4-6 不同成土母质耕地数量统计情况表

成土母质	面积(hm²)	占全县耕地面积比例(%)
白云灰岩/白云岩坡残积物	4097.12	13.70
白云岩/石灰岩/砂岩/砂页岩/板岩坡残积物	34.89	0.12
白云岩坡残积物	148.10	0.50
变余砂岩/砂岩/石英砂岩等风化残积物	715.74	2.39
硅质灰岩/钙质砾岩/白云岩坡残积物	514.51	1.72
河流沉积物	1547.04	5.17
湖沼沉积物	108.30	0.36
灰绿色/青灰色页岩坡残积物	64.89	0.22
老风化壳/页岩/泥页岩坡残积物	2596.92	8.68
老风化壳/页岩坡残积物	558.81	1.87
老风化壳/粘土岩/泥页岩/板岩坡残积物	256.39	0.86
老风化壳/粘土岩/泥页岩坡残积物	123.68	0.41
泥岩/页岩/板岩等坡残积物	1147.04	3.84
泥岩/页岩残积物	37.12	0.12
泥岩/页岩坡残积物	0.81	—
泥质白云岩/石灰岩坡残积物	1692.01	5.66
泥质灰岩坡残积物	233.39	0.78
砂岩坡残积物	430.39	1.44
砂页岩风化坡残积物	3882.96	12.98
砂页岩风化坡残积物	50.95	0.17
砂页岩坡残积物	4334.25	14.49
石灰岩/白云岩坡残积物	841.10	2.81
石灰岩残坡积物	677.03	2.26
石灰岩坡残积物	5298.58	17.72
石灰岩坡积物	54.62	0.18

续表 4-6

成土母质	面积(hm^2)	占全县耕地面积比例(%)
燧石灰岩/硅质白云岩残坡积物	77.86	0.26
溪/河流冲积物	19.32	0.06
页岩/板岩坡残积物	97.14	0.32
白云灰岩/白云岩坡残积物	4097.12	13.70
合　计	29 906.71	100

六、不同灌溉能力耕地数量与分布

龙里县农田灌溉能力为中下等水平,一半以上无灌溉条件,全县有 16 948.51 hm^2 的耕地不具备灌溉条件或不计划发展灌溉设施建设,占全县耕地面积的 56.67%;达到保灌、能灌和可灌(将来可发展)水平的耕地面积分别为 8762.62、3229.06 和 655.92 hm^2,分别占全县耕地面积的 29.30%、10.80% 和 2.19%;而不需灌溉的面积仅为 310.61 hm^2,仅占全县耕地面积的 1.04%(表 4-7)。

表 4-7　不同灌溉能力耕地数量统计情况表

灌溉能力	面积(hm^2)	占全县耕地面积比例(%)
无灌(不具备条件或不计划发展灌溉)	16948.51	56.67
保　灌	8762.62	29.30
能　灌	3229.06	10.80
可灌(将来可发展)	655.92	2.19
不需灌溉	310.61	1.04
合　计	29 906.71	100

七、不同排水能力耕地数量与分布

由于地处山地,龙里县综合农田排水能力共分为 4 类,总的来说,全县排水能力属于中等偏上水平,具有强排水能力的面积为 21 013.33 hm^2,占全县耕地面积的 70.26%;排水能力较强的耕地面积为 7081.15 hm^2,占全县耕地面积的 23.68%;排水能力中等的耕地面积为 1501.63 hm^2,占全县耕地面积的 5.02%;排水能力弱的耕地面积仅为 310.61 hm^2,仅占全县耕地面积的 1.04%(表 4-8)。

表4-8 不同排水能力耕地数量统计情况表

排水能力	面积(hm²)	占全县耕地面积比例(%)
强	21 013.33	70.26
较 强	7081.15	23.68
中	1501.63	5.02
弱	310.61	1.04
合 计	29 906.71	100

第三节 耕地土体状况

一、不同耕层质地耕地数量与分布

全县耕地土壤的质地类型主要为粘壤土和壤质粘土,面积分别为7410.97 hm²和6801.39 hm²,分别占全县耕地面积的24.78%和22.74%;其次为砂质壤土、壤土和砂质粘壤土,面积分别为4680.64、3787.93和2840.26 hm²,分别占全县耕地面积的15.65%、12.67%和9.50%;再次为砂质粘土和粉砂质粘壤土,面积分别为1311.22 hm²和1302.08 hm²,分别占全县耕地面积的4.38%和4.35%;砂土及壤质砂土和粉砂质壤土面积分别为885.10 hm²和645.50 hm²,分别占全县耕地面积的2.96%和2.16%;粘土面积最小,仅为241.63 hm²,仅占全县耕地面积的0.81%(表4-9)。

表4-9 不同耕层质地耕地数量统计情况表

质 地	面积(hm²)	占全县耕地面积比例(%)
壤 土	3787.93	12.67
壤质粘土	6801.39	22.74
砂土及壤质砂土	885.10	2.96
砂质壤土	4680.64	15.65
砂质粘土	1311.22	4.38
砂质粘壤土	2840.26	9.50
粉砂质壤土	645.50	2.16
粉砂质粘壤土	1302.08	4.35
粘 土	241.63	0.81
粘壤土	7410.97	24.78
合 计	29 906.71	100

二、不同耕层厚度耕地数量与分布

根据第二次土壤普查土壤养分分级指标和龙里县耕地土壤耕层厚度的实际情况,将耕地土壤耕层厚度水平分为2个等级。全县耕地土壤的耕层厚度在15~25 cm之间,平均值为20.53 cm。耕层厚度在15~20 cm之间分布稍多,面积为16 077.88 hm²,占全县耕地面积的53.76%;其次为耕层厚度在20~25 cm之间,面积为13 828.83 hm²,占全县耕地面积的46.24%(表4-10、彩插图8)。

表4-10 不同耕层厚度耕地数量统计情况表

等级	耕层厚度范围(cm)	面积(hm²)	占全县耕地面积比例(%)
1	15~20	16 077.88	53.76
2	20~25	13 828.83	46.24
合 计		29 906.71	100

三、不同土体厚度耕地数量与分布

根据第二次土壤普查土壤养分分级指标和龙里县耕地土壤土体厚度的实际情况,将耕地土壤土体厚度水平分为4个等级。全县耕地土壤的土体厚度大都在50~70 cm之间,面积为11 393.88 hm²,占全县耕地面积的38.10%;其次是土体厚度70~90 cm之间,面积为8788.17 hm²,占全县耕地面积的29.39%;土体厚度>90 cm的面积为7077.22 hm²,占全县耕地面积的23.66%。只有少部分土体厚度在30~50 cm之间,面积仅为2647.44 hm²,仅占全县耕地面积的8.85%(表4-11)。

表4-11 不同土体厚度耕地数量统计情况表

土体厚度(cm)	面积(hm²)	占全县耕地面积比例(%)
<50	2647.44	8.85
50~70	11 393.88	38.10
70~90	8788.17	29.39
≥90	7077.22	23.66
合 计	29 906.71	100

四、不同土壤剖面构型耕地数量与分布

龙里县耕地土壤面积为29 906.71 hm²,其中水田面积12 305.07 hm²,占全县耕地面积的41.14%;旱地面积17 601.65 hm²,占全县耕地面积的58.86%。

旱地中主要土壤剖面构型为 A-B-C，这类剖面构型面积为 11 631.66 hm^2，占旱地面积的 66.08%，占全县耕地面积的 38.89%；其次是 A-C 和 A-AC-C，这两类剖面构型面积分别为 2399.58 hm^2 和 2006.16 hm^2，分别占旱地面积的 13.63% 和 11.40%，占全县耕地面积的 8.02% 和 6.71%。

水田最主要的剖面构型是 Aa-Ap-W-C 和 Aa-Ap-P-C，其中 Aa-Ap-W-C 面积 8724.24 hm^2，占水田面积的 70.90%，占全县耕地面积的 29.17%，主要由泥质白云岩/石灰岩坡残积物、河流沉积物等发育而来；Aa-Ap-P-C 面积 2474.37 hm^2，占水田面积的 20.11%，占全县耕地面积的 8.27%，主要由白云灰岩/白云岩坡残积物、石灰岩坡残积物等母质发育而来；而 Aa-Ap-E 和 Aa-Ape-E 面积分别为 261.03 hm^2 和 256.30 hm^2，分别占水田面积的 2.12% 和 2.08%，占全县耕地面积的 0.87% 和 0.86%（表 4-12）。

表 4-12　不同土壤剖面构型耕地数量统计情况表

剖面构型	面积（hm^2）	占全县耕地面积比例（%）
A-B-C	11631.61	38.89
A-C	2399.58	8.02
A-AC-C	2006.16	6.71
A-AH-R	625.61	2.09
A-BC-C	592.38	1.98
A-P-B-C	172.61	0.58
A-E-C	119.07	0.40
A-AP-AC-R	54.62	0.18
旱地小计	17 601.64	58.86
Aa-Ap-W-C	8724.24	29.17
Aa-Ap-P-C	2474.37	8.27
Aa-Ap-E	261.03	0.87
Ae-APe-E	256.30	0.86
Aae-Ape-WE-C	177.15	0.59
Aa-Apg-G	110.37	0.37
Aa-Ap-G	54.82	0.18
Aa-Ap-PE	54.55	0.18
M-G	45.85	0.15
M-G-Wg-C	45.83	0.15
Aa-Ap-W-C/Aa-Ap-W-G	38.38	0.13
Aa-G-Pw	37.12	0.12
Aa-HAp-HG	16.61	0.06
Aa-Ap-Gw-G	8.44	0.03
水田小计	12 305.07	41.14
合　计	29 906.71	100

第四节 耕地养分状况

一、不同 pH 值耕地数量与分布

根据第二次土壤普查土壤养分分级指标和龙里土壤 pH 含量的实际情况,将土壤 pH 分为 4 个等级。全县 pH 值最小值 4.48,最高值 8.09,平均值 6.67。全县耕地土壤碱性土居多,面积为 10 632.09 hm²,占全县耕地面积的 35.55%;微酸性土壤和中性土壤面积分别为 8209.27 hm² 和 7436.68 hm²,分别占全县耕地面积的 27.45% 和 24.87%。部分土壤呈酸性,面积为 3628.67 hm²,占全县耕地面积的 12.13%。

pH 值 >7.5 的耕地主要分布在谷脚镇庆阳社区的羊场司、岩后社区的三堡、冠山街道办事处鸿运村的龙云,龙山镇比孟村的场坝、金星村的红星、莲花村的纸厂、平山村的新水,湾滩河镇桂花村的凯卡、果里村的谷孟、金星村的金星,洗马镇花京村的白果坪、金溪村的顶溪、龙场村的黄星、哪嗙村的关口、洗马河村的拐哈,以及醒狮镇平寨村的龙滩、谷新村的谷汪、谷龙村的大谷龙等地;pH 值 <5.5 的耕地主要分布在谷脚镇茶香村、高堡村、高新村、谷冰村、观音村、岩后社区,冠山街道办事处西城社区的大竹、平西村的西联、平地、高坪村的高坪、凤凰村的凤凰,龙山镇比孟村、平山村、水苔村、水场社区、中排村,湾滩河镇摆主村的摆岑、石头村的上坝、湾寨村的摆勺、新龙村的打夯、园区村的甲摆及金星村、岱林村、摆省村,洗马镇巴江村、乐湾村、平坡村、落掌村、台上村、羊昌村、乐宝村、哪嗙村及花京村的白果坪、金溪村的坞坭、猫寨村的猫寨、田箐村的二箐,醒狮镇的大岩村、高吏目村、谷龙村、谷新村、凉水村、平寨村、醒狮村、元宝村等地(表 4-13、彩插图 9)。

表 4-13 不同 pH 值耕地数量统计情况表

pH 值	面积(hm²)	占全县耕地面积比例(%)
<5.5(酸性)	3628.67	12.13
5.5~6.5(微酸)	8209.27	27.45
6.5~7.5(中性)	7436.68	24.87
≥7.5(碱性)	10 632.09	35.55
合 计	29 906.71	100

二、不同有机质含量耕地数量与分布

根据第二次土壤普查土壤养分分级指标和龙里县耕地土壤有机质含量的实际情况,耕地土壤有机质含量水平可分为 4 个等级。全县耕地有机质含量平均值为 43.16 g/kg,最高值

为 86.50 g/kg，最低值为 7.12 g/kg。由于龙里县海拔相对较高，气候稍微冷凉，有机质积累丰富，土壤有机质含量在 40.0 g/kg 以上的耕地面积为 17 283.86 hm²，占全县耕地面积的 57.79%，其中有机质含量在 50.0 g/kg 以上的耕地面积为 7794.87 hm²，占全县耕地面积的 26.06%；含量在 30.0～40.0 g/kg 之间的耕地面积为 8256.02 hm²，占全县耕地面积的 27.61%；含量在 20.0～30.0 g/kg 之间的耕地面积为 3921.51 hm²，占全县耕地面积的 13.11%；含量在 0～20.0 g/kg 之间的耕地面积仅为 445.33 hm²，仅占全县耕地面积的 1.49%。

全县耕地以西北部和西部的有机质含量相对较高，有机质含量高于 40 g/kg 的耕地主要分布在谷脚镇岩后社区、高新村的新坪、谷冰村的大谷冰、庆阳社区的羊场司，冠山街道办事处平西村的平地、大新村的光坡、鸿运村的龙云，龙山镇金星村、水苔村、草原村、平山村以及比孟村的场坝、莲花村的纸厂，湾滩河镇新龙村、摆主村的摆主、桂花村的凯卡、果里村的谷孟、云雾村的甲晃、石头村的石头，洗马镇的哪嗙村、乐宝村、龙场村、羊昌村以及金溪村的顶溪、花京村的白果坪、落掌村的上石坎，醒狮镇谷新村、谷龙村、高吏目村、凉水村、元宝村等地；而低于 20 g/kg 的耕地主要分布在龙山镇的水场社区，洗马镇乐湾村的烂田湾、猫寨村的长沟、哪嗙村的石板滩，醒狮镇平寨村的葫芦田等地（表 4-14、彩插图 10）。

表 4-14　不同有机质含量耕地数量统计情况表

有机质含量等级	含量范围(g/kg)	面积(hm²)	占全县耕地面积比例(%)
1	≥40.0	17 283.86	57.79
2	30.0～40.0	8256.02	27.61
3	20.0～30.0	3921.51	13.11
4	<20.0	445.33	1.49
合　计		29 906.71	100

三、不同全氮含量耕地数量与分布

根据第二次土壤普查土壤养分分级指标和龙里县耕地土壤氮素含量的实际情况，耕地土壤全氮含量水平分为 5 个等级。全县耕地土壤全氮含量平均值为 2.41 g/kg，最高值为 5.55 g/kg，最低值为 0.70 g/kg。全县全氮含量主要集中在 1.0～3.0 g/kg 之间，尤以 2.0～3.0 g/kg 含量最为集中，耕地面积为 15 794.36 hm²，占全县耕地面积的 52.81%；≥3.0 g/kg 含量的耕地面积为 4868.99 hm²，占全县耕地面积的 16.28%；1.0～2.0 g/kg 的耕地面积为 8961.61 hm²，占全县耕地面积的 29.97%；<1.0 g/kg 的耕地面积较少，仅为 281.75 hm²，仅占全县耕地面积的 0.94%。

全氮含量≥3.0 g/kg 的耕地主要分布在谷脚镇岩后社区的三堡、庆阳社区的羊场司、高新村的新坪、谷脚社区的哨堡、谷冰村的大谷冰、冠山街道办事处播箕社区、平西村、三合村及大新村的光坡、鸿运村的龙云、五里村的五里，龙山镇比孟村、草原村、金星村、莲花村、平山村、水场社区、水苔村、中排村及龙山社区的新场，洗马镇金溪村、乐宝村、落掌村、哪嗙村、平坡村、羊昌村及巴江村的巴江、花京村的花京、乐湾村的落锅、龙场村的黄星，醒狮镇的大岩村、高吏目村、谷龙村、谷新村、凉水村、平寨村、醒狮村、元宝村等地；全氮含量 <1.0 g/kg 的耕地主要分布在龙山镇的水场社区及洗马镇猫寨村的长沟等地（表4-15、彩插图11）。

表4-15 不同全氮含量耕地数量统计情况表

全氮含量等级	含量范围（g/kg）	面积（hm²）	占全县耕地面积比例（%）
1	≥3.0	4868.99	16.28
2	2.0~3.0	15 794.36	52.81
3	1.5~2.0	7404.19	24.76
4	1.0~1.5	1557.42	5.21
5	<1.0	281.75	0.94
合计		29 906.71	100

四、不同碱解氮含量耕地数量与分布

根据第二次土壤普查土壤养分分级指标和龙里县耕地土壤氮素含量的实际情况，耕地土壤碱解氮含量水平分为4个等级。全县耕地土壤碱解氮含量平均值为191 mg/kg，最高值为388 mg/kg，最低值为30 mg/kg。全县碱解氮含量主要集中在150 mg/kg以上，面积为23 996.74 hm²，占全县耕地面积的80.24%；含量120~150 mg/kg的耕地面积为4383.83 hm²，占全县耕地面积的14.66%；含量90~120 mg/kg的耕地面积为1105.81 hm²，占全县耕地面积的3.70%；<90 mg/kg的耕地面积较少，为420.33 hm²，仅占全县耕地面积的1.41%。

碱解氮含量低于150 mg/kg的耕地土壤主要分布于谷脚镇茶香村、观音村、谷脚社区的大坡、高堡村的毛堡、庆阳社区的小箐、岩后社区的岩后，冠山街道办事处三合村的三合，龙山镇水场社区、比孟村的鸡场、龙山社区的坝上、平山村的摆谷六，洗马镇平坡村、巴江村的大路坪、猫寨村、花京村的白果、乐湾村的烂田湾、龙场村的黄星、大厂、哪嗙村的石板滩、羊昌村的新庄，醒狮镇大岩村、谷龙村的林安、大谷龙、平寨村的平寨、醒狮村的大坝等地；而碱解氮含量≥150mg/kg的耕地土壤主要分布在谷脚镇茶香村、庆阳社区、岩后社区的三堡（碱解氮含量居全县最高）、谷冰村的大谷冰、高新村的高坪、花香村的茶香，冠山街道办事处平西村、播箕社区的播箕，龙山镇中排村的高峰、余下村的朵花、团结村的城兴、水苔村的大谷、水场社区的水场、平山村、莲花村、金星村、草原村的草原、比孟村的场坝等地（表4-16、彩插图12)。

表4-16 不同碱解氮含量耕地数量统计情况表

碱解氮含量等级	含量范围(mg/kg)	面积(hm^2)	占全县耕地面积比例(%)
1	≥150	23 996.74	80.24
2	120~150	4383.83	14.66
3	90~120	1105.81	3.70
4	<90	420.33	1.41
合　计		29 906.71	100

五、不同有效磷含量耕地数量与分布

根据第二次土壤普查土壤养分分级指标和龙里县耕地土壤有效磷含量的实际情况,耕地土壤有效磷含量水平分为5个等级。全县耕地有效磷含量平均值为17.32 mg/kg,最高值为58.60 mg/kg,最低值为1.80 mg/kg。其中,土壤有效磷含量5~40 mg/kg 的耕地中,主要集中在含量5~20 mg/kg 之间,尤以含量10~20 mg/kg 最为集中,面积为14 736.22 hm^2,占全县耕地面积的49.27%;含量在5~10 mg/kg 之间的耕地面积为7446.67 hm^2,占全县耕地面积的24.90%;含量在20~40 mg/kg 之间的耕地面积为5533.78 hm^2,占全县耕地面积的18.50%;含量<5 mg/kg 的耕地面积和含量≥40 mg/kg 的耕地面积不大。

有效磷含量<5 mg/kg 的耕地面积为1780.06 hm^2,仅占全县耕地面积的5.95%,主要分布在高新村的新坪、谷脚镇茶香村的茶香、谷冰村的谷冰,冠山街道办事处三合村的三合、大新村的大新、龙山镇水场社区、比孟村、中坝村、草原村、金星村、水苔村、团结村、中排村,湾滩河镇渔洞村、金星村的金星、六广村的新华,洗马镇哪嗙村、田箐村、巴江村的大路坪、金溪村的顶溪、乐湾村的落锅、龙场村的大厂、猫寨村的猫寨、醒狮镇大岩村的大岩、谷龙村的小谷龙、谷新村、凉水村的旧寨、平寨村、醒狮村的进化、元宝村的顶水等地;含量≥40 mg/kg 的耕地面积最小,仅为409.98 hm^2,仅占全县耕地面积的1.37%,主要分布在谷脚镇谷冰村、高新村的高枧、谷脚社区的哨堡,冠山街道办事处鸿运村的富洪、龙山镇莲花村的莲花、洗马镇巴江村的巴江、落掌村的上石坎、平坡村的水尾、台上村的台上、羊昌村的羊昌、醒狮镇的元宝村、醒狮村的醒狮大坝、平寨村的平寨等地。总体来讲,龙里县中西部和北部的耕地土壤有效磷含量相对较高,而龙里县西南部和西北部的耕地土壤有效磷含量则相对较低(表4-17、彩插图13)。

表4-17 不同有效磷含量耕地数量统计情况表

有效磷 含量等级	含量范围(mg/kg)	面积(hm²)	占全县耕地面积比例(%)
1	≥40	409.98	1.37
2	20~40	5533.78	18.50
3	10~20	14 736.22	49.27
4	5~10	7446.67	24.90
5	<5	1780.06	5.95
合　计		29 906.71	100

六、不同速效钾含量耕地数量与分布

根据第二次土壤普查土壤养分分级指标和龙里县耕地土壤速效钾含量的实际情况,将耕地土壤速效钾含量水平分为5个等级。全县耕地土壤速效钾最高值为465 mg/kg,最低值为32 mg/kg,平均值为147 mg/kg。土壤速效钾含量在100~150 mg/kg的面积最大,为9249.98 hm²,占全县耕地面积的30.93%;50~100 mg/kg的面积为7469.02 hm²,占全县耕地面积的24.97%;≥200 mg/kg和150~200 mg/kg的面积分别为6590.37 hm²和6422.93 hm²,分别占全县耕地面积的22.04%和21.48%;<50 mg/kg的耕地面积最小,为174.41 hm²,占全县耕地面积的0.58%。

龙里县速效钾含量较低,<100 mg/kg的面积较大,占全县耕地面积的1/4,主要分布区域有谷脚镇高新村、观音村、茶香村的鸡场、高堡村的毛堡、谷定、谷冰村的谷冰、谷脚社区的哨堡,冠山街道办事处播箕社区、大冲社区、大新村、凤凰村、高坪村、冠山社区、光明社区、鸿运村、龙坪社区、平西村、三合村、水桥社区、五星村、西城社区的大竹、龙山镇中坝村、比孟村、中排村、莲花村、余下村、金星村、草原村、团结村、水场社区、平山村的新水、龙山社区,湾滩河镇摆省村、新龙村、六广村、石头村、桂花村、湾寨村、园区村、走马村、翠微村、金批村、岱林村、云雾村、营盘村、摆主村的摆主、果里村的果里、金星村的新合、羊场村的新营、渔洞村的团结,洗马镇乐宝、哪嗙村、田箐村以及猫寨的长沟、羊昌村的新庄,醒狮镇大岩村、平寨村、凉水村的凉水、谷龙村的林安、高吏目村的高吏目、醒狮村的大坝等地;速效钾含量≥200 mg/kg的耕地土壤主要分布在谷脚镇观音村、庆阳社区、谷脚社区、岩后社区、茶香村的鸡场、高堡村的毛堡、谷冰村的大谷冰,冠山街道办事处大新村的光坡、凤凰村的合安、高坪村的高坪、五新村的五里,龙山镇比孟村、草原村、团结村、平山村、中坝村、水场社区及水苔村的大谷、中排村的羊蓬、高峰,湾滩河镇石头村、渔洞村及摆主村的摆绒、金星村的金星,洗马镇巴江村、乐湾村、平坡村、龙场村、猫寨村、花京村、台上村、落掌村、洗马河村、羊昌村、乐宝村及哪嗙村的关口、田箐村的二箐,醒狮镇大岩村、高吏目村、谷龙村、谷新村、凉水

村、平寨村、醒狮村、元宝村等地。总体来讲,龙里县西北部和北部的耕地土壤速效钾含量相对较高,而中部和南部大部分地区的耕地土壤速效钾含量相对较低(表4-18、彩插图14)。

表4-18 不同速效钾含量耕地数量统计情况表

速效钾含量等级	含量范围(mg/kg)	面积(hm^2)	占全县耕地面积比例(%)
1	≥200	6590.37	22.04
2	150~200	6422.93	21.48
3	100~150	9249.98	30.93
4	50~100	7469.02	24.97
5	<50	174.41	0.58
合计		29906.71	100

七、不同缓效钾含量耕地数量与分布

根据第二次土壤普查土壤养分分级指标和龙里县耕地土壤缓效钾含量的实际情况,将耕地土壤缓效钾含量水平分为5个等级。全县耕地土壤缓效钾含量最高值为695 mg/kg,最低值为30 mg/kg,平均值为189 mg/kg。土壤缓效钾含量在70~170 mg/kg之间的面积最大,为15635.29 hm^2,占全县耕地面积的52.28%;其次是含量170~330 mg/kg的耕地,面积为7811.44 hm^2,占全县耕地面积的26.12%;含量330~500 mg/kg和<70 mg/kg的耕地面积分别为3947.34 hm^2和1888.00 hm^2,分别占全县耕地面积的13.20%和6.31%;含量500~750 mg/kg的耕地面积最小,为624.64 hm^2,仅占全县耕地面积的2.09%。

缓效钾含量>500 mg/kg的耕地土壤主要分布在谷脚镇谷冰村及茶香村的鸡场、高堡村的毛堡、庆阳社区的羊场司、岩后社区的三堡、岩后,冠山街道办事处凤凰村的合安、硝兴,洗马镇龙场村及金溪村的顶溪、落掌的上石坎、猫寨村的长沟、羊场村的羊昌,醒狮镇大岩村及谷新村的谷新、平寨村的平寨、葫芦田、醒狮村的醒狮、大坝、元宝村的顶水等地;缓效钾含量<70 mg/kg的耕地土壤主要分布在谷脚镇观音村及茶香村的鸡场、高堡村的谷定、谷脚社区的大坡、岩后社区的岩后,冠山街道办事处播箕社区、大冲社区、冠山社区、龙坪社区、水桥社区、大新村、高坪村、平西村、五星村及西城社区的大竹、鸿运村的富洪、三合村的三合、永安,龙山镇水场社区及比孟村的鸡场、莲花村的莲花、龙山社区的坝上、平山村的新水、余下村的朵花,湾滩河镇云雾村、岱林村、营盘村、翠微村、金批村、湾寨村、走马村、新龙村及桂花村的凯卡、摆主村的摆岑、摆主、羊场村的新营、渔洞村的团结、园区村的毛栗,洗马镇巴江村的巴江、猫寨村的长沟、台上村的大坪、羊昌村的新庄等地(表4-19、彩插图15)。

表4-19 不同缓效钾含量耕地数量统计情况表

缓效钾含量等级	含量范围(mg/kg)	面积(hm^2)	占全县耕地面积比例(%)
1	500~750	624.64	2.09
2	330~500	3947.34	13.20
3	170~330	7811.44	26.12
4	70~170	15635.29	52.28
5	<70	1888.00	6.31
合计		29906.71	100

第五章 龙里耕地地力评价

耕地地力是指在当前管理水平条件下,由土壤本身特性、自然背景条件和基础设施水平等要素综合构成的耕地生产能力。耕地地力评价是土壤肥料工作的基础,是加强耕地质量建设、提高农业综合生产能力的前提;是摸清区域耕地资源状况,提高耕地利用效率,促进现代农业发展的重要基础工作。

第一节 耕地地力评价概述

一、耕地地力及其相关概念

(一)耕地地力

生产上经常将耕地地力与土壤肥力等同,或是用产量指标来衡量。但是,土壤肥力仅仅是耕地地力的一个构成要素,耕地地力反映的是耕地内在的、基本素质的地力要素所构成的基础地力,是土地工作者或农业生产工作者用来衡量土地好坏的一个标准。耕地地力一般是指作为农业生产中一种最基本的生产资料,其自然要素在农产品生产中所表现出来的潜在生产能力。具体来讲,耕地地力是指在一定的气候条件下,以特定的地形地貌、成土母质、土壤理化性状、管理水平、农田基础设施及培肥水平等为基础而形成的耕地生产能力。作为耕地最本质的特征,耕地地力由立地条件、土壤条件及农田基础设施条件和培肥水平等因素影响和决定。

(二)耕地地力评价

耕地地力评价是指以利用方式为目的,根据所在地特定气候、地形地貌、成土母质、土壤理化性状、管理水平、农田基础设施及培肥水平等为要素相互作用表现出来的综合特征,经过一系列的相关分析运算,综合评价耕地生产潜力和土地适宜性的过程,揭示生物生产力的高低和潜在生产力,从而达到优化利用耕地、最大限度发掘耕地潜力的目的。其实质是对土地生产力高低的鉴定。耕地地力评价的对象是耕地的生产能力,是一种一般性的评价,只针对耕地地力进行的土地质量评价,属于土地评价中的一种,也可以将其看作是土地评价学的一个新的分支。

耕地地力评价是客观决策环境、生态、经济、社会可持续发展的重要基础性工作,在反映耕地的数量、质量、存在问题以及利用价值的同时，为合理利用耕地，因地制宜地种植，还有因土改良培肥提供依据。耕地地力评价的任务就是利用测土配方施肥相关数据，以及第二次土壤普查的图件和数据，科学评价耕地生产潜力，对评价区域的耕地地力分等定级，在充分了解耕地资源利用现状及存在问题的基础上，做到宜农则农，宜果则果，从而逐渐形成有利于农业生产全面发展的生态环境；在合理利用现有耕地资源的同时，努力治理或修复退化、石漠化和受污染的土壤；为无公害农产品生产和农业结构调整等农业决策提供科学依据，保障我国农业的持续稳定发展。

二、耕地地力评价研究现状

（一）国外研究概况

早期国外的土地评价主要是为土地征税发展起来的，始于15世纪莫斯科公国。随后奥地利（1717）、法兰西（1808）、普鲁士（1861）等国相继开展以赋税、土地归并调换、地租地价等为目的的农用地评价。1877年，俄罗斯著名土壤地理学家道库恰耶夫联同气象学家、经济学家等合作开展黑钙土的评价工作，对耕地质量评价体系做出较全面和系统的阐述。

以合理利用耕地为目的的耕地评价是随着资源调查与耕地合理利用规划而产生和发展起来的，可追溯到20世纪30年代。1934年，德国提出"农地评价条件"的概念。1937年，美国农业部土壤保持局根据自然环境特征，提出了土地利用潜力分类。1961年，美国正式颁布"土地潜力分类系统"，是当时世界上第一个较为全面的土地评价系统。Inventoy（加拿大，1963年）和Bibby J. S.（英国，1969年）提出并分析符合当地生产实际的土地评价系统。不少国家采用不同的分类和评价体系发展了自己的土地评价系统，但造成信息交流的困难。

20世纪70年代，遥感（Remote Sensing，RS）技术等运用于耕地资源调查中，土地学科的研究开始由土地清查向土地适宜性评价和土地生产潜力评价发展。1972年，荷兰的Beek K. J.等在《生态学方法论》中发表"为农业土地利用规划的土地评价"。1976年，联合国粮农组织（FAO）颁布"土地评价纲要"（Frame Work of Land Evaluation），这是世界公认的土地评价系统，适用于任何环境和条件下；苏联也正式颁布用于地籍工作的"全苏土地评价方法"。1978年开始，FAO在进行世界特别是非洲热带地区土地生产潜力评价的过程中形成了"农业生态区"（Agricultural Ecology Zone，AEZ）办法，把土地利用与社会发展的需要相结合，将人口、资源、环境和发展联系在一起进行定量评价。

20世纪80年代，随着计算机的快速发展及广泛应用，土地评价的理论和方法得到不断改进和日趋完善，向着综合化、精确化方向发展。1981年，美国农业部土壤保持局建立"土地评价和立地评价系统"（Land Evaluation and Site Assessment，LESA），是综合评定农业用地重要性的一种框架系统。20世纪80年代末，随着遥感技术（Remote Sensing，RS）、地理信息系统（Geography Information Systems，GIS）、全球定位系统（Global Positioning System，GPS），统称3S技术，以及地图制图学等高新技术的发展与应用，一系列土壤管理信息系统逐渐建立起来，如联合国粮农组织（FAO）的世界土壤资源数据库（SDB，1989—1991）、国际土壤学会的全球土壤数据库、澳大利亚SIRO的土地利用规划信息系统。

1991—1992年,土壤质量评价的学术讨论会连续两年在美国召开,并于1994年正式出版 *Defining Soil Quality for a Sustainable Environment* 一书。1997年在韩国召开的"土壤质量管理与健康的农业生态系统建设"国际学术讨论会,以及1998年在法国召开的第16届国际土壤学大会均把土壤质量评价作为学术讨论的重点。

20世纪90年代至21世纪初,随着计算机技术和数学模型方法运用于耕地评价中,由定性分析逐步向定量分析转变,评价指标越来越全面。①广泛采用地理信息系统技术,如Davidson D. A.等(1994)运用GIS技术结合模糊数学分析方法进行土地分析评价;Kollias V. J.等(1998)借助地理信息系统的模糊处理功能进行土地资源评价;Bojorquez-Tapia L. A.等(2001)在GIS技术的支持下进行土地适宜性评价和决策分析。②GIS与复杂的数学模型方法有机结合开展土地评价,如Nisar A. T. R.等(2000)基于GIS平台,运用模糊数学模型开展耕地适宜性评价分析研究。③专家系统(Expert System)和GIS技术结合进行土地评价,如Luckman P. G.等(1990)运用专家系统和地理信息系统评价土地;McClean C. J.等(1995)运用3种分类方法在决策支持系统支持下评价土地;Kalogirou S. (2002)利用卫星遥感图像提取归一化植被指数(Normalized Difference Vegetation Index,NDVI),运用专家系统和GIS技术进行耕地适宜性评价。④评价指标的选取更加全面详细,如Gordon H.等(2000)运用多年气候资料评价土地。

近年来,世界各国掀起耕地评价的热潮,耕地评价的科学研究进入新的发展阶段。Ingrnar M. (2003)等将土壤侵蚀模型与参与式方法相结合研究土地适宜性评价标准;Li J.等(2004)采用降雨量时间序列及多时段归一化植被指数评价土地生产能力;D'haeze D.等(2005)评价土地适宜性时考虑环境和社会经济因素;Gonzalez X. P.等(2007)在GIS技术的支持下探讨研究耕地地块大小、理化性状和地块间距离等因素对农村土地生产潜力评价的影响;Rajesh B. T.等(2008)基于GIS平台,综合化、定量化评价城乡结合部农用地。Reshrnidevi T. V.等(2009)研究GIS-integrated模糊规则推理系统在农业分水岭地区的耕地评价时考虑陆地潜力和表面水位等。

综上所述,20世纪70年代以来,随着3S技术、数学技术、计算机技术的发展,定量模拟模型应用更为广泛,国外土地评价研究进一步向着综合化、多元化、定量化、生态化和动态化的方向发展。

(二)国内研究概况

我国早在2600多年前就有关于耕地评价研究的记载。战国时期《管子·地员篇》将全国土壤分为3等18类90种。《禹贡》将九州土地分为9级,并按级规定田赋标准。《周礼·地官司徒》按颜色和质地对九州土壤进行分类,"以土宜之法"发展生产。北魏《齐民要术》认为"地势有良薄,山泽有异宜,顺天时,量地利,则用力少而成功多"。1853年,太平天国《天朝田亩制度》规定按产量评定田地等级,并将田地分为3等9级。这些可能是世界上最早的关于土壤质量评价的记载。但由于条件的限制,体系和方法上没有得到完善,思想未能进一步发展。在1949年中华人民共和国成立以前,我国的土地研究主要集中于土地利用的调查与制图,土地评价开展并不多。我国土地评价始于1951年,财政部组织查田定产对全国耕地进行评定等级,但评定方法过于简单。我国较系统的土地评价工作,一般认为始于20世纪50年代的荒地调查。

20世纪50年代中期至70年代中期,大多属单项土地评价,但也不乏综合评价,如中国科学院(简称"中科院")黄河中游水土保持综合考察队在陕北,中科院地理科学与资源研究所(简称"地理所")在甘肃,中科院兰州沙漠研究所和北京大学在毛乌素沙漠等开展的综合性土地与生产建设紧密结合,针对性强,但大多属区域性研究,经验色彩较浓,理论上的总结不足。1958年,在全国范围内开展了第一次土壤普查工作,并提出全国第一个农业土壤分类系统。结合中国科学院组织的自然资源综合考察的土壤地理和土地资源调查进行的土地评价在此时期较常见,如新疆、内蒙古、甘肃、黑龙江等省(区)的宜农荒地评价。按水热条件将全国划分为区和副区,副区下按开垦措施的难易程度分为5等或3等,等以下分组。

20世纪70年代后期至80年代中期(成熟期),一些学者如林超、吴传钧、赵松乔、李孝芳和石玉林等将欧美国家和澳大利亚的土地评价理论和方法介绍进来,土地评价由单项逐步转为全面和综合,地区性研究与全国性研究相结合,遥感技术在土地评价调查与制图中得到较广泛的应用,并逐步形成了具有我国特色的土地评价理论与方法体系。1979年开展了全国第二次土壤普查,把全国土壤分为8个级别。在中国科学院、国家计划委员会自然资源综合考察委员会的主持下编制了《中国1:100万土地资源图》,出版了按国际分幅的63幅图和中国土地资源数据库;各省(区)和重点地区的土地评价图相继完成,这些为制订土地利用规划和农业发展规划提供依据。同时,中科院地理所赵松乔等(1983)在黑龙江省,北京大学地理系陈传康等(1993)在山东省淄博、辛店、临清、泰安等地,开展各种类型的土地评价。

20世纪80年代后期,土地评价的区域研究从全国或省(区)的大范围逐步过渡到中、小区域范围,更加注重与区域土地利用规划等实践任务结合起来;土地评价的领域进一步拓宽;从偏重土地的自然评价逐步转向自然、经济综合评价,从而显著提高评价成果的实用性;土地评价日益广泛应用计量方法及遥感、地理信息系统等高新技术,从而明显增强了土地评价的定量化、自动化和动态预测性。土地评价主要结合国土整治和区域治理,例如配合黄土高原水土流失的综合治理、"三北"防护林的建设、南方山地资源综合开发,以及青藏高原综合考察等任务所开展的大、中比例尺土地评价。1986年,原农牧渔业部土地管理局和中国农业工程研究设计院等单位研究制定了《县级土地评价技术规程(试行草案)》。"七五"期间,中国农科院区划所和农业部土肥总站把全国农用地划分为5个等级。1995年,中国农科院农业自然资源和农业区划所,以县级为单位进行耕地的分区评价,并给出每个县级单位的耕地质量指数。1997年,农业部颁布了农业行业标准《全国耕作类型区、耕地地力等级划分》,把全国耕地划分为7个耕地类型区、10个耕地地力等级,并分别建立各类型区耕地部分的等级范围及基础地力要素指标体系。1998年全国完成"基本农田划定"工作,初步形成全国耕地土壤质量调查的技术规程。

20世纪90年代的改革开放新形势,大大促进了为土地有偿利用服务的城市土地经济评价。2002—2003年,农业部全国农业技术推广服务中心在全国大部分省(市)开展耕地地力评价指标体系建立工作,建立全国耕地分等定级数据库和管理信息系统。2006年农业部决定,利用"测土配方施肥"项的数据,进行项目区"耕地地力评价"。

同时期,研究人员开始运用3S技术和数据库技术进行数据输入和量化、评价单元的生成、评价因子分析、评价级别划分、评价结果分析及成果图件输出,并建立综合评价系统来支持耕地评价工作。利用土地评价信息系统,不仅大幅提高了土地评价的精度和效率,而且将土地评价和土地利用规划紧密联系在一起,初步建立了一整套县域土地资源信息系统的理论和方法,并取得了很多成功的经验。如鲁明星(2007)采用传统土壤调查方法与现代3S技术相结合,运用层次分析法和模糊数学方法综合评价了湖北省的鄂州市、钟祥市、江陵县、荆州区的耕地地力。方琳娜等(2008)采用RS技术从SPOT多光谱影像中提取耕地质量评价因子,并结合坡度信息、土地利用程度等构建评价模型,对山东省即墨市进行耕地质量评价。刘京等(2010)在GIS的支持下,利用层次分析法、模糊评价法等数学方法和模型对黄土高原南缘土石山区陕西省宝鸡市陈仓区的耕地地力进行定量化评价。王雪梅等(2013)运用GIS和综合指数法对新疆阿克苏市耕地土壤进行地力评价。

综上所述,我国的耕地地力评价基本是由定性评价向半定量评价或基本定量评价发展,由服务于选择土地利用方式、区划、规划转向服务于土地持续利用。虽然我国的耕地地力评价在理论体系和方法上处于不断完善之中,但尚未形成一个国内外公认的中国土地资源评价理论体系与完整方案,需要进一步深入研究。

三、GIS在耕地地力评价中的应用

地理信息系统(GIS)是在计算机软、硬件的支持下,以空间数据库为基础,运用系统工程和信息科学的理论,对整个或者部分地球表层的地理分布数据进行一系列科学管理和综合分析,包括采集、存贮、管理、分析、显示、描述和应用,以提供对规划、决策、管理和研究所需信息的技术系统,是集计算机科学、地理学、地球空间科学和管理之间的新兴边缘学科。计算机技术的迅速发展,使得GIS的功能和特点也随之发生巨大的变化。应用GIS对耕地地力进行评价,既能把握影响耕地地力的土壤特性的空间变异状况和空间分布状况,又能把它们精确地反映到图上,克服过去人工进行评价的速度慢、准确率低、数据更新不方便等缺点,为耕地地力评价提供了良好的工具。

20世纪60年代后期,GIS开始正式运行就被广泛应用于土地资源清查、土地评价、土地利用规划、综合制图等方面。加拿大、美国、联邦德国、瑞典、日本等发达国家先后建立了专业性的耕地资源管理信息系统,如加拿大的土壤数据库(British Colunbia,1966)和空间土壤分析数据库(Alberta,1967),英国的第一个土壤数据库(苏格兰土壤研究所Macauly,1975),美国的土地评价和立地评价系统(农业部土壤保持局,1981),1∶100万世界土壤图[联合国粮农组织(FAO),1971—1981],土地数字化数据库(Soil and Terrain Digital Database,SOTER)(国际土壤学会,1985)。20世纪70年代末到80年代初,一些发达国家和地区均已建立基于GIS的耕地资源信息系统,并在实际中应用,如澳大利亚的土地利用规划信息系统、英国的土地资源信息系统等。刘岳等(1983)在北京十三陵地区开展土地信息系统应用研究,是地理信息系统在我国土地评价中的开始,但比较粗略。20世纪80年代末到90年代,Rossiter D. G. (1989)建立自动土地评价系统(Automated Land Evaluation System, ALES);Burrough P. A. (1989)研究用于土地评价的地理信息系统和时空过程模型相互联系的方法,区分了土地特性的空间数据(如点、线、面数据)和时间序列数据,并储存于 GIS 中,重新组合,运用模型对土地质量的值进行估算。傅伯杰(1991)通过建立陕北黄土高原土地资源信息系统中的数据库、模型库和知识库,进行土地评价。黄杏元(1993)以江苏省溧阳县(现为溧阳市)为例,探讨 GIS 支持下的区域土地利用决策原理和方法。傅伯杰(1995)将地理信息系统、分维分析和统计分析相结合,研究陕北地区流域景观的空间格局。GIS 的引入大大提高了资源管理与可持续利用的决策效率。

近年来随着 3S 技术和自动化制图等高新技术的应用与发展,在耕地资源数据更新、动态评价和评价精度方面均取得了较大的发展,快速多维、多元信息复合分析开始出现,使得耕地资源管理与应用更加合理。如刘友兆等(2001)在 GIS 的支持下,评价江苏省邳州市的耕地地力,实现县域耕地分等的自动化。孙艳玲等(2003)在 GIS 和数学模型支持下,应用 ARC/INFO 软件系统采取、处理和分析空间数据,运用层次分析法确定评价因素的权重,并分析评价重庆市的耕地地力。黄河(2004)借助 GIS 和数学模型集成技术,分别对福建莆田市旱地和旱地的地力状况及限制因素进行评价。毕如田等(2005)通过叠加土地利用现状图、基本农田规划图和土壤图而形成评价单元,计算每一个评价单元的综合评价指数,并在 GIS 支持下,建立山西闻喜县耕地资源数据库系统。鲁明星等(2006)在 GIS 支持下,利用土壤图、土地利用现状图叠置划分法确定评价单元,建立耕地地力评价体系及模型。黄健等(2007)采用 GIS 和模糊评价法、层次分析法、综合指数法等,评价吉林省九台市基本农田的耕地地力。吴立忠等(2009)结合现代统计分析技术,运用 GIS 综合评价麦积区的耕地地力。徐超(2010)应用 ArcGIS Engine + C#开发语言实现耕地评价系统,并应用耕地评价系统评价新和县的耕地地力,研究出一套流程化评价耕地地力的方法。孔源(2011)利用 ArcGIS 软件,建立评价模型,采用等间距法将宣威市耕地划分为 5 个等级。程亮(2012)分别选取 RS 和 GIS 为主导的评价方法,依据科学性、实用性等原则选取适宜的评价因子,建立了地力评价指标体系,将安徽省肥西县耕地分为 5 个等级。李莉捷等(2013)建立基于 GIS 的县级耕地资源空间数据库及属性数据库,运用层次分析法对云贵高原典型区赫章县耕地地力进行评价。

在 GIS 支持下的耕地地力评价在理论体系和方法上处于不断完善之中,并逐渐形成一套完整的理论体系和技术方案。GIS 技术引入到耕地研究和实践领域中可以有效管理具有空间特性的耕地资源信息,快速评价耕地地力,动态监测和分析比较多时期的耕地资源信息,达到综合空间分析数据和科学决策的目的,提高工作效率和经济效益。但是 GIS 运用于土地评价中面临着不确定性,即地理表述与真实的差别,这将直接影响耕地地力评价结果的可信度和精确度,并最终影响生产决策。

四、耕地地力评价的方法

耕地是一个极为复杂的土地系统,包含众多的自然因素和社会经济因素,这些因素共同决定着耕地的质量并体现出不同地域耕地的本质差异。耕地地力评价是多种因素综合作用的结果,不仅每一种因素对地力的影响是复杂的,而且因素之间也是相互制约影响的。所以,在耕地地力评价过程中,评价方法正确选择与否直接影响到耕地评价成果的科学性和实践性。至于采用何种方法,应根据评价目的、要求和具体条件而定。

耕地是土地资源的重要组成部分,分析土地资源的评价方法,有利于耕地地力评价方法的研究和选取。在土地资源评价的历史上,现代土地资源的评价方法一般有如下几种:综合指数法、层次分析法、模糊聚类分析法、模糊综合评价法、回归分析法、主成分分析法和灰色关联度分析法等。它们之间的主要区别是参评因素的选择及其权重的确定。

(一)综合指数法

充分考虑自然、社会、经济和生态因素对作物产量的影响,选取合适的评价因子,根据专家实践经验或数学方法确定评价因子的权重。然后,根据实测值和评价标准求取土壤各因子的分指数,并由分指数计算综合指数,再对照事先设定的不同耕地等级指数范围,评定各单元的地力等级。计算综合指数的方法有叠加法、均方根法、算术平均法等。此法的优点是具有等价性,便于对比,计算简单,既能明确指出各样点的耕地质量级别,又能对各样点的耕地质量进行排序。但是,在对各分指数进行综合时,评价结果往往只是一个均值或简单的累加,这样就会掩盖某些限制因子的特征,使评价结果不符合土壤质量的内在演变规律。另一方面,计算综合指数的方法不同,所得评价结果也不一定相同,受人为因素影响很大。

综合指数法在耕地评价中应用得较早,我国第二次土壤普查中对耕地地力等级的评定就多采用此法。近年来,取得了相当的进展。由于综合指数法易受主观因素影响,秦明周等(2000)在开封市的研究中采用修正的内梅罗(Nemero)评价模型,突出土壤属性因子中最差因子对土壤质量的影响。张萍等(2000)针对土地资源的动态性特点,建立土地评价模型时引入"变权"的动态加权法。王令超等认为,加权求和模型宜用于农用地经济评价,最好使用以因素分值的幂来描述因素对总体贡献的几何平均值模型评价农用地自然属性,并建立了综合这两种模型的复合模型。陈署晃等(2010)在GIS支持下采用综合指数法对库车县耕地地力进行评价。冯耀祖等(2011)以新疆沙湾县为例,在GIS支持下,建立评价体系及其模型,采用综合指数法对研究区进行耕地地力评价。

(二)层次分析法

层次分析法(Analytic Hierarchy Program,AHP)是将决策有关的元素分解成目标层、准则层、指标层等多个层次,并在此基础上进行定性和定量分析的决策方法。基本原理是将要研究的复杂问题看作一个大系统,首先分析该系统多个因素,划分各因素间相互联系的有序层次;然后请专家科学判断每一层次的因素,给出相应重要性的定量表示;之后建立数学模型,计算出每一层次全部因素的相应重要性的权值并排序;最后依据排序结果进行规划决策和选择解决问题的具体措施。为了增加赋值的科学性,降低主观性,采用层次分析法是一种较为合理的方法。

近年来,不少学者在开展耕地地力评价时利用层次分析法。如潘峰等(2002)研究层次分析法的物元模型在土壤质量评价中的应用,以物元分析方法进行土壤质量等级的评价与排序,同时采用层次分析法来确定各评价指标的权重系数,从而提高评判结果的准确性。张海涛等(2003)利用 GIS 及 RS 资料在分析了多种耕地等级评价因子类型基础上,确定每个评价因子的指数,并引入层次分析法进一步确定参评因子的权重,快速并准确地对江汉平原后湖地区的耕地地力进行综合评价。田有国(2004)结合 GIS 技术,建立耕地地力指标体系,实现青州市的耕地地力评价和耕地环境质量评价,并分析耕地地力状况和耕地环境质量状况,提出相关的对策和建议。周红艺等(2005)基于层次分析法建立了以 SOTER 数据库为基础的耕地地力评价系统,对长江上游典型区(彭州)耕地进行地力评价,生成相应的专题评价图。侯伟等(2005)利用 RS 和 GIS 技术建立耕地地力空间数据库和属性数据库,并采用层次分析法对吉林省德惠市的耕地地力进行评价。李雯雯等(2013)基于层次分析法评价河南省伊川县的耕地地力。

(三)模糊聚类分析法

模糊聚类分析法是研究多变量事物分类问题的一种多元统计方法。基本原理是根据样本自身属性,用模糊数学按照一定的差异性或相似性指标,定量地确定样本之间的相似程度或亲疏关系。此法根据不同的隶属函数求出各因子的隶属度,并建立模糊关系判断矩阵,再对其进行模糊和标准化变换,求出传递闭包矩阵,最后用动态聚类分析法求出耕地地力等级。此法建立在模糊数学的基础上,提供了如戒上型、戒下型、峰型、直线型和概念型等隶属度函数对耕地地力指标进行标准化。评价指标标准化之后,需要确定各项指标对总的耕地地力的权重,可以采用层次分析法确定。此法避免了传统分类法主观性和任意性的缺点。但在求传递闭包矩阵的过程中,其复合运算的基本方法是取大取小,只强调极值的作用,造成信息丢失较严重。

目前,已经有不少学者采用模糊聚类分析法进行土地评价的相关研究。如胡兵等(1998)采用模糊聚类分析法综合分析各评价指标及其相互作用产生的协同效应,对新疆库尔勒市的土地资源按质量进行合理分类并评定等级水平。温修春(2004)运用模糊聚类分析法、数轴法、等间距法和距离判别法等确定江都市大桥镇农用地的级别。聂艳等(2005)利用 ArcGIS 和模糊物元接近度聚类分析模型,评价湖北省宜都市的耕地质量。刘洋等(2007)在土地评价中应用模糊—超图聚类模型,这种改进的聚类算法有利于提高土地定级中聚类结果的准确性和有效性。

(四)模糊综合评价法

耕地是在自然因素和人为因素共同作用下形成的一种复杂的自然综合体,受时间、空间因子的制约。目前,还难以用精确的数字来表述这些制约因子的作用。另外,耕地质量本身的"好"与"不好"之间也无明确界限,有一定模糊性,因此,现已尝试用模糊评语评定耕地质量。模糊综合评价法目前应用较广泛。如王建国(2001)研究模糊数学在土壤质量评价中的应用,分析总结土壤养分含量、质地等单因素模型,并尝试用模糊乘积法综合评价土壤质量。但模糊综合评价法存在明显缺点,如取小取大的运算法使许多有用信息丢失,评价因素越多,丢失信息越多,增加误判的可能性。王璐等(2011)在耕地地力调查的基础上,基于 GIS 技术,采用模糊综合评价法对八五五农场的基本农田进行耕地地力评价。

(五)回归分析法

回归分析法是在掌握一定区域内影响土地评价及其与土地生产力的大量统计数据基础

上,利用数学方法确定各因素之间的关系,建立近似地描述具有线性相关关系的变量间联系的回归分析方程。在进行耕地质量评价时,先确定耕地质量与哪些因素有关,然后建立回归模型,从而计算出单个或多个因素指标影响下的耕地质量评分值。虽然回归分析减少了主观随意性,但是进行回归分析要有足够的数据和准确的资料,以及回归分析只适用于解决成线性、指数或对数分布的对象,尤以线性分布对象最为合适;再者,回归分析要求的数量大,必须求助于计算机。借助计算机,应用回归模型进行耕地质量评价,能提高评价的精度和工作的效率。

早在1988年,北京市农林科学院土肥所的刘广余就运用回归分析法确定土地评价参评因素及其权重;同年,向平南也运用回归分析法评价广西兴安县的林地;1990年,孙翔等也运用相似的方法评价吉林榆树县(现为榆树市)的农地。渐渐地,不少学者开始致力于研究回归分析法在土地评价方面的运用。如胡月明等(1991)参照联合国粮农组织颁布的《土地评价纲要》,应用回归分析法和模糊综合评价法等数学方法,评价陕西紫阳县尚坝乡茶园的土地适宜性。彭补拙等(1994)运用多元回归分析法对江苏宜兴青梅土地适宜性进行评价。由于回归分析法具有一定的局限性,因此在土地评价中应用得还不是很广泛,其可靠性也不一定很高。

近年来,随着计算机及网络技术的发展,利用回归分析法评价耕地地力又逐步得到应用。如盛建东等(1997)对石河子总场的土地自然属性与棉花产量进行PPR回归分析,建立棉花产量预测模型,并以产量为验证标准对评价单元进行适宜性分级。欧阳进良等(2002)以GIS为平台,通过相关性和回归分析,筛选和确定影响不同作物产量的评价因子,并量化分级筛选的指标,确定指标的权重,综合评价影响与制约土地生产力的自然因素和社会经济因素。侯文广等(2003)提出顾及因子稳定性的多元线性回归分析法,选择土壤等级评价因子及确定因子权重,并实例分析。林小莹等(2005)通过实例论述了回归分析在农用地分等中的应用。方先知等(2008)运用层次分析法、多元线性回归分析法和GIS技术进行土地合理利用应用研究,对湖南省的土地生产力、土地生态环境质量和土地利用效率进行全面评价。李爱英等(2010)采用回归分析法评价新疆阜康市的农地。

(六)主成分分析法

主成分分析法本质上是一种降维方法。其运用于耕地地力评价中的基本思路就是将能够收集到的对耕地地力有影响的评价因子,通过计算相关系数、相关系数矩阵特征值与特征向量、主成分贡献率及累计贡献率和主成分载荷等,确定评价系统主要参评因子,并且将有较大正相关的因子综合成一个新的因子,从而使评价系统既抓住重点又保留绝大多数原始信息,且彼此间互不相关,使错综复杂的评价体系精简化。不少学者采用主成分分析法对耕地地力评价进行深入研究。如陈加兵等(2001)采用主成分分析法对福建沙县夏茂镇的9种水稻土进行综合评分,并运用欧氏距离最短距离法对其进行聚类,分析存在的主要问题。冶军等(2004)运用主成分分析法对新疆棉田进行质量评价。鲍艳等(2006)运用主成分分析法从11个成分中筛选出方差贡献率较大的6个成分为主成分,以确定最终指标,综合评价阜新市的土地利用生态安全。冯长春等(2007)运用主成分分析法解决了目前城镇土地评价方法中存在的评价因素的共线性和因素权重确定的主观性两个主要问题,有效地揭示了土地评价因素相互间的关系。

(七)灰色关联度分析法

灰色关联度分析法又称为关联度分析权重指数和法,是一种建立在灰色系统理论基础上的土地评价方法,最终也是将评价因素与其等级的分数相乘后再相加。关联度分析方法是依据评价因素间发展态势的相似或相异程度,进一步衡量评价因素之间的关联程度。此法在分析权重指数和时,对样本量没有特别的要求,而且数学处理的难度较小,但是这仅仅是灰色关联系统理论在土地评价中的一种初步尝试,还需要进一步加以检验及改进。2000年,王新忠等采用灰色关联度分析法评价新疆天然草地类型的质量,汪华斌等采用此法评价湖北省清江流域旅游景区的开发潜力。方睿红等(2012)运用层次分析、模糊评价等方法改进了灰色关联模型,实现秦巴山区陕西省安康市汉阴县耕地地力综合评价的定量化和自动化。

此外,综合归纳法等也在继续使用,如吴克宁、林碧珊等以土种为单元,建立了土种数据库、耕地地力评价指标体系,采用限制因素法和综合归纳法,对耕地地力因素进行系统分析和评比,评价耕地(土种)地力等级。何毓蓉等采用土壤质量系数、土地生产潜力等对川江流域及其周边的几个典型农业生态区的耕地地力进行评价。张雁(2007)利用遥感图像提取土地信息,建立土地信息数据库,并结合专家分析法、灰色关联度分析法和矢量累加阈值综合分析法等建立综合评价模型,对典型喀斯特地貌区(贵阳市花溪区)不同利用类型土地进行适宜性评价。而且,基于可拓展学的理论和方法构建土地适宜性评价的物元模型也有尝试,如周勇等(1999)利用 RS 与 GIS 和物元分析法,对武汉市狮子山地区的农用土地综合评价进行了研究。楼文高(2002)根据土壤质量定量评价指标分级体系生成足够多代表性好的神经网络样本,并建立神经网络模型,利用删减或扩张准则确定神经网络最佳拓扑结构,综合评价与预测三江平原地区主要耕作土壤的质量,认为神经网络方法比加权综合指数法能更精细地评价与预测土壤质量的变化趋势。这对解决耕地评价中存在的权重不确定、人为因素影响过多等问题提供了新的思路与方法。

在耕地地力评价工作实际中,更倾向于综合运用各种评价方法,以期获得理想的结果。如胡月明等(2001)运用基于 GIS 的土壤质量模糊变权评价以及基于 GIS 与灰色关联综合评价模型的土壤质量评价方法,解决了土壤质量评价中 GIS 与定量数学模型的结合,以及评价模型的变权问题。王瑞燕等(2004)利用系统聚类、层次分析、模糊评价等方法和数学模型成功地实现了山东青州的耕地地力自动化、定量化评价。樊燕(2008)研究重庆市梁平县时,运用层次分析法确定各个因子的权重,然后采用模糊数学的方法构建隶属函数,利用 GIS 技术构建数据库,利用基于栅格-矢量混合数据评价模式的模糊综合评价模型计算出耕地地力综合指数,并用平均值法划分耕地等级。才华等(2009)基于 GIS 技术和 CLRMIS 平台,运用层次分析法和模糊综合评价法科学评价辽中县(2016 年 1 月,辽中县撤县设区,4 月 11 日,辽中区正式挂牌)的耕地地力。付金霞等(2011)借助 GIS 技术并综合运用综合指数法、模糊数学法、层次分析法等对黄土高原地貌复杂区(陕西省澄城县)耕地生产潜力进行自动化、定量化和可视化评价。钟德燕等(2012)结合层次分析法和模糊数学综合评价方法等,建立耕地地力评价体系及其模型,对黄土丘陵沟壑区(陕西省安塞县)的耕地地力进行综合评价。朱磊等(2013)采用模糊评价法、特尔菲法、层次分析法、综合指数法等,建立耕地地力评价体系及其模型,对新疆维吾尔自治区和硕县耕地地力进行评价,等等。

五、耕地地力评价的发展趋势

耕地地力评价具有从定性到定量的发展趋势,评价的理论逐渐成熟。目前,研究单因子或多因子与耕地质量之间定量化关系的成果已经有很多,由于普遍的图件资料的时效性不够,以及难以准确地量化指标,如何建立全面和科学的耕地地力评价指标体系还需要进一步探讨。耕地地力评价需要针对特定的区域和功能进行评价,所以选取的指标需要既具有代表性,又具有一定的适用性。

对于不同地区的耕地地力评价,目前还没有相对统一规范的评价方法可以推广应用。由于其不同地区所处的地形地貌条件不同,还应当采用多种方法进行评价,期望得出该区域最适合的评价方法,使评价结果更具有意义。同时,随着耕地地力评价研究的进一步深入,建立一套基本通用的耕地地力评价规范将是一种不可逆转的趋势。

地理信息系统在早期应用中主要用于地图制图,许多纸质地图的核心形态在GIS的发展过程中被传承下来,使得GIS也常常被解释为获得或加工地理数据的方法。这使GIS仅限于专题图的编制,对空间信息的处理能力显得明显不足。而耕地地力评价是一个动态变化的过程,具有空间性和时间性,因此,能否将地理信息系统技术用来描述动态变化的影响,是耕地地力评价未来的研究方向。

目前,耕地地力评价的成果依旧处于试验阶段,尚未在资源管理中取得实质性的进展,在粮食农业安全方面的应用研究还很缺乏,尤其缺乏对大尺度范围及流域上的决策支持。因此,在今后的工作中可尝试利用大数据平台,开展耕地质量评价与环境评价的分析应用。耕地环境质量的高低优劣直接影响农产品的品质与人类的健康,提高品质、降低污染是大势所趋。农产品污染主要来源于土壤环境污染,控制农产品污染的主要措施是如何调控土壤环境。通过对耕地环境质量进行评价与分析,不仅可为实施无公害农产品、绿色食品、有机食品的生产及农业标准化管理提供科学依据,还可为耕地的合理利用和科学保护、农业的可持续发展创造条件。

第二节 基于GIS的龙里耕地地力评价

一、耕地地力评价技术路线

首先收集有关龙里县耕地情况资料,建立相应的耕地质量管理数据库;其次进行外业调查(包括土壤样品的采集和农户的入户调查两部分)及室内化验分析;组织专家筛选、确定评价指标及其在评价指标的相互关系作用,利用层次分析法计算出权重,计算出耕地地力综合指数;然后用 ArcGIS 软件对调查的数据和图件进行数字化处理,用 ArcGIS 软件进行空间数据分析,形成评价单元图;最后利用《县域耕地资源管理信息系统》进行耕地地力评价,得出评价结果归入国家地力等级体系。龙里县耕地地力评价技术路线详见图 5-1。

```
耕地地力评价技术路线流程
├── 建立县域耕地资源基础数据库 ── 历史资料收集整理 / 测图配方施肥数据
├── 建立县域耕地资源管理信息系统 ── 空间数据库 / 属性数据库 / 专家知识库 / 模型库
├── 选择评价要素 ── 省级专家组从全国指标体系筛选
├── 确定评价单元 ── 土壤图 / 土地利用现状图 / 行政区划图
├── 评价单元获取数据 ── 属性提取
├── 计算单因素评价评语 ── 综合指数法 / 模糊聚类分析
├── 计算单因素的权重 ── 层次分析法
├── 计算耕地地力综合指数 ── 累加法 / 累乘法 / 加法与乘法相结合
├── 确定地力综合指数分级方案 ── 等距法 / 累计频率曲线法
├── 评价成果 ── 电子图片 / 电子表格 / 电子报告
└── 归入国家耕地地力等级体系 ── NY/T 309—1996
```

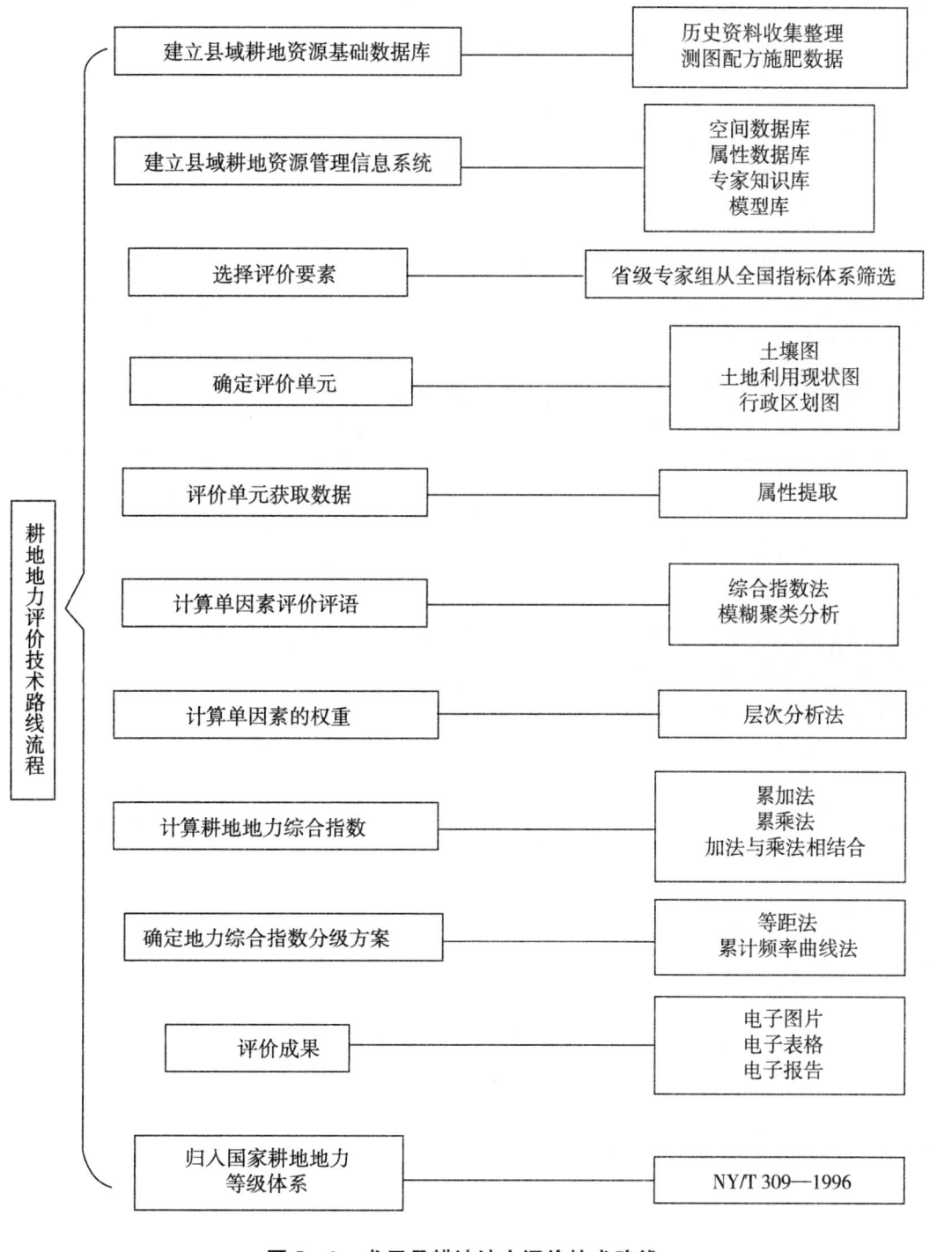

图 5-1 龙里县耕地地力评价技术路线

二、评价指标选择

(一)指标的选取原则

特定的土地用途或土地利用方式,对土地性质有着多方面的要求,选择其中最主要的几项作为耕地地力评价的因子,称为评价指标。从土地性质能否满足这些要求的角度来看,这些评价指标也称限制因子。针对各种土地用途,正确选择评价因子是科学地揭示土地质量差异的前提。耕地地力评价实质是评价地形地貌、土壤理化性状等自然要素对农作物生长限制程度的强弱。选取其评价指标主要遵循以下几个原则。

(1)选择的指标对土地的生产力有比较大的影响。如地形部位、土壤有机质等。

(2)选取的指标应在评价区域内的变异较大,便于划分耕地地力等级。如耕地垂直差异显著,海拔对耕地地力影响很大,必须列入评价指标之中;再如土体厚度是影响耕地生产能力的重要因素,在多数地方都应作为评价指标,但在冲积平原地区,耕地土壤都是由松软的沉积物发育而成,土体深厚而且比较均一,就可以不作为评价指标。

(3)选取的评价指标在时间序列上具有相对稳定性。如土壤的质地、有机质含量等,评价的结果能够有较长的有效期。

(4)选取的评价指标与评价区域的大小密切相关。

(5)选取的评价指标尽可能是获取性的指标,是可以从已有的土地资源调查成果资料或相关成果资料中容易提取的。

(二)评价指标

因子筛选与权重确定是评价过程中的关键,尤其是土壤因素的选择。土壤是十分复杂的系统,不可能将其所包含的全部信息提出来,由于影响耕地质量的因子间普遍存在着相关性,甚至信息彼此重叠,故进行耕地地力评价时没有必要将所有因子都考虑进去。为了排除人为主观性对选择评价因子的影响,使筛选的主导评价因子能较全面客观地反映评价区域耕地质量的现实状况,应遵循稳定性、主导性、综合性、差异性、定量性和现实性原则。本次评价参照土壤学知识,并咨询有关专家,根据全国共用的耕地质量评价指标体系,组织省、州、县的专家根据龙里县耕地环境条件、土壤属性特点,结合农业生产实际情况,采用特尔斐法在农业部和贵州省所提供的耕地地力评价因素中选取了海拔、成土母质、地形部位、灌溉能力、剖面构型、耕层厚度、耕层质地、有机质、有效磷、速效钾共10个评价因子,这些评价因子对本县耕地地力影响比较大、区域内的变异明显、在时间序列上具有相对稳定性、与农业生产有密切关系,由此选择其为耕地地力评价的评价因子,建立评价因子指标体系。

1. 海拔

海拔不同,其光照、温度、降水、蒸发、相对湿度、风速等都有差异,从而造成耕地作物生产潜力有较大不同。如海拔越高、温度越低,作物的光温生产潜力越低。龙里县由于地处苗岭山脉中段,长江流域乌江水系与珠江流域红河水系的支流分水岭地区,地势高低分异较多,耕地在 850~1650 m 之间都有分布,且数据可通过地形图获得。因此,选择其为评价指标。

2. 成土母质

母质与土壤之间存在着"血缘"关系,母质的物质组成、理化性质和化学成分对土壤的性状影响显著。龙里县耕地土壤的成土母质种类有石灰岩坡残积物、砂页岩坡残积物、白云灰岩/白云岩坡残积物、砂页岩风化坡残积物、老风化壳/页岩/泥页岩坡残积物、泥质白云岩/石灰岩坡残积物、河流沉积物和泥岩/页岩/板岩等坡残积物等29种。因此,选择其为评价指标。

3. 地形部位

耕地所处地形部位不同,其光照、降水、蒸发、相对湿度、风速等都有差异,从而造成耕地作物生产潜力有较大不同,如地形坡度越大,作物的产量越低。龙里县有5种地貌类型,耕地相应地分布于盆地、山地(坡脚、坡腰)、山原(坝地、冲沟、坡脚、坡腰)、台地、中丘(坝地、冲沟、坡顶、坡脚、坡腰)等13种地形部位上,同类型土壤,因所处地形部位不同,其生产潜力也有不同的特点,且数据可通过地形图获得。因此,选择其为评价指标。

4. 灌溉能力

灌溉能力的好坏决定着作物对地下水利用的程度,对作物的错季生产和抗旱方面意义重大,对于发展蔬菜、果树等经济作物和产业化种植起决定性作用,灌溉能力依次分保灌、不需灌溉、能灌、可灌(将来可发展)和无灌(不具备条件或不计划发展灌溉)。

5. 剖面构型

土壤剖面构型是指土壤基质在成土过程中所形成的土壤垂直剖面的形态学特征,各土壤发生层有规律的组合、有序的排列状况,是土壤剖面最重要的特征,土壤剖面是外界条件影响内部性质变化的外在表现。龙里县的旱地剖面构型主要有 A – B – C、A – C、A – AC – C 等,水田剖面构型主要有 Aa – Ap – W – C、Aa – Ap – P – C 等。了解土壤剖面构型是了解成土因素对土壤形成过程的影响以及土壤内部的物质运动、肥力特点等内部性状怎样反映在土壤外部形态上的重要依据。因此,土壤剖面构型是研究土壤性质、区别土壤类型的重要方法之一。

6. 耕层厚度

土壤耕层厚度与土壤的肥力密切相关,决定着作物的种类和作物根系的深度,也决定着土壤的持水性、透水性和抗旱性,耕层越浅,越不利于作物的生长发育。龙里县耕地土壤耕层厚度最高值为25 cm,最低值为15 cm。

7. 耕层质地

土壤质地是指土壤的砂、粘性,即土壤中各粒级土粒的配合比例。土壤质地是土壤的主要特性之一,对土壤肥力有很大影响,它不仅影响土壤理化和生物特性,而且土壤中水、肥、气、热状况都与质地有关,施入土壤中的肥料有效性的长短及土壤的物理性也与质地有密切关系。

8. 有机质

土壤有机质是土壤的重要组成物质,有机质对土壤肥力影响深远,影响着土壤的物理、化学和生物学特性,其含量的多少是衡量土壤肥力高低的一个重要标志。

9. 有效磷

土壤中有效磷含量的高低对植物细胞核和原生质的形成与细胞的分裂、根系的吸收能力和作物成熟、提高产量和质量均有较大的影响。土壤有效磷是土壤磷素养分供应水平高低的指标,土壤磷素含量高低在一定程度上反映了土壤中磷素的贮量和供应能力。

10. 速效钾

钾能够增强作物体内物质的合成运转,提高作物的抗性。与氮、磷不同,钾不是以有机化合物形态存在,而是以离子态、水溶性盐类或吸附在原生质表面上等方式存在。土壤中存在的水溶性钾能很快地被植物吸收利用,故称为速效钾。土壤含钾量除受耕作施肥措施影响外,还受成土母质风化和成土条件的很大影响。龙里县耕地土壤速效钾含量最高值为 465 mg/kg,最低值为 32 mg/kg,差异较大。

三、评价方法

(一)指标权重

计算因子权重可以有多种方法,如层次分析法、主成分分析法、多元回归分析法、逐步回归分析法、灰色关联分析法等。由于层次分析法是利用专业知识两两比较各因素之间的重要性,并将其数量化构造判断矩阵,再用线性代数方法求其特征值,得出权重值,该方法充分结合专家经验和经典数学各自的优势,使权重的确定具有相对的客观性、公正性、科学性。因此,根据地力评价指标体系特点,本评价采用特尔斐法和层次分析法来确定各评价指标的权重。层次分析法确定参评因素的权重步骤如下。

建立层次结构。贵州省农科院、黔南州土肥站和龙里县农村工作局组成的专家组,根据龙里县农业生产实际情况及耕地资源特点进行讨论,将所选取的 10 个评价因子根据各自的属性和特点,排列为三个层次,其中耕地地力为目标层(A 层),立地条件、土体构型、理化性状这些相对共性因素为准则层(B 层),再把影响准则层的 10 个单项因素作为指标层(C 层),指标体系结构关系如表 5-1 所示。

构造判断矩阵。构造判断矩阵是层次分析法的关键步骤。假定 A 层因素与下一层次中的因素 $B_1,B_2,\cdots,B_n$ 有联系,则将 B 层中元素两两比较,可构成如下判断矩阵,其中 $b_{ij} = w_i/w_j$,表示对 A 而言,第 i 个参评因素与第 j 个参评因素重要度之比。通常 b_{ij} 取值是:当第 i 个参评因素与第 j 个参评因素一样重要时,$b_{ij} = 1$,稍微重要时是 3,明显重要时是 5,重要时是 7,极为重要时是 9。反之,$b_{ij} = 1/b$,分别为 1/3、1/5、1/7、1/9。本次评价根据表 5-2 中的 1~9 标度法,邀请贵州农业方面的专家按照 B 层各因素对 A 层、C 层各因素对 B 层相应因素的相对重要性,给出数量化的评估。专家们评估的初步结果经合适的数学处理后再次反馈给各位专家确认,经多次征求意见形成以下判断矩阵(表 5-3~表 5-6)。

表 5-1　耕地地力评价层次构造

目标层	准则层	指标层
耕地地力 A	立地条件 B_1	海拔 C_1
		成土母质 C_2
		地形部位 C_3
		灌溉能力 C_4
	土体构型 B_2	剖面构型 C_5
		耕层厚度 C_6
	理化性状 B_3	耕层质地 C_7
		有机质 C_8
		有效磷 C_9
		速效钾 C_{10}

表 5-2　判断矩阵标度的含义

标　度	含　义
1	表示两个因素相比,具有同样重要性
3	表示两个因素相比,一个因素比另一个因素稍微重要
5	表示两个因素相比,一个因素比另一个因素明显重要
7	表示两个因素相比,一个因素比另一个因素强烈重要
9	表示两个因素相比,一个因素比另一个因素极端重要
2,4,6,8	上述两相邻判断的中值
倒数	因素 i 与 j 比较得判断 b_{ij},则因素 j 与 i 比较的判断 $b_{ji}=1/b_{ij}$

表 5-3　判断矩阵 1(A—B)

A	B_1	B_2	B_3
B_1	1.0000	2.0000	0.9524
B_2	0.5000	1.0000	0.5263
B_3	1.0500	1.9000	1.0000

表 5 – 4　判断矩阵 2（B₁—C）

B₁	C₁	C₂	C₃	C₄
C₁	1.0000	1.0526	2.0000	2.5000
C₂	0.9500	1.0000	2.0000	2.5000
C₃	0.5000	0.5000	1.0000	1.2500
C₄	0.4000	0.4000	0.8000	1.0000

表 5 – 5　判断矩阵 4（B₂—C）

B₂	C₅	C₆
C₅	1.0000	0.6667
C₆	1.5000	1.0000

表 5 – 6　判断矩阵 3（B₃—C）

B₃	C₇	C₈	C₉	C₁₀
C₇	1.0000	1.1111	1.4286	1.4286
C₈	0.9000	1.0000	1.6667	1.1111
C₉	0.7000	0.6000	1.0000	1.0000
C₁₀	0.7000	0.9000	1.0000	1.0000

权重值计算。应用县域耕地资源管理信息系统软件中的"层次分析法模型"功能模块计算各评价指标权重值。将专家组构造的判断矩阵输入软件中,计算机自动计算各判断矩阵的特征向量及其最大特征值,进行判断矩阵的一致性检验,并进行层次总排序及一致性检验。最终指标权重值计算结果如表 5 – 7 所示。

表 5 – 7　各个因素的组合权重计算结果

耕地地力 A	立地条件 B₁ 0.3949	土体构型 B₂ 0.2042	理化性状 B₃ 0.4010	组合权重 $\sum C_i A_i$
海拔 C₁	0.3493			0.1379
成土母质 C₂	0.3404			0.1344
地形部位 C₃	0.1724			0.0681
灌溉能力 C₄	0.1379			0.0545
剖面构型 C₅		0.4000		0.0817
耕层厚度 C₆		0.6000		0.1225
耕层质地 C₇			0.3014	0.1209

续表 5-7

耕地地力 A	立地条件 B_1 0.3949	土体构型 B_2 0.2042	理化性状 B_3 0.4010	组合权重 $\sum C_i A_i$
有机质 C_8			0.2804	0.1124
有效磷 C_9			0.1987	0.0797
速效钾 C_{10}			0.2195	0.0880

(二)单因素评价指标的隶属度计算

在建立了评价指标体系后,由于单因素间的数据量纲不同,不能直接用来衡量该因素对耕地地力的影响程度。因此,必须对参评的指标进行标准化处理。各因子对耕地地力的影响程度是一个模糊的概念,在模糊评价中以隶属度来划分客观事物中的模糊界线,隶属度可以用隶属函数来表达。

根据模糊数学理论,将选定的评价指标与耕地生产能力的关系分为戒上型、戒下型、峰型、直线型和概念型 5 种类型的隶属函数。

1. 戒上型函数模型

$$y_i = \begin{cases} 0, & u_i \leq u_t \\ 1/(1 + a_i(u_i - c_i)^2), & u_t < u_i < c_i, (i = 1, 2 \cdots m) \\ 1, & c_i \leq u_i \end{cases}$$

式中, y_i 为第 i 个因素分值; u_i 为样品观测值; c_i 为标准指标; u_t 为指标下限值。

2. 戒下型函数模型

$$y_i = \begin{cases} 0, & u_t \leq u_i \\ 1/(1 + a_i(u_i - c_i)^2), & c_i < u_i < u_t, (i = 1, 2 \cdots m) \\ 1, & u_i \leq c_i \end{cases}$$

式中, u_t 为指标上限值。

3. 峰型函数模型

$$y_i = \begin{cases} 0, & u_t > u_{t1} \text{ 或 } u_i < u_{t2} \\ 1/(1 + a_i(u_i - c_i)^2), & u_{t1} < u_i < u_{t2}, (i = 1, 2 \cdots m) \\ 1, & u_i = c_i \end{cases}$$

式中, u_{t1}、u_{t2} 分别为指标上、下限值。

4. 直线型

$$y_i = au_i + b$$

式中, u_i 为样品观测值。

5. 概念型指标

这类指标其性状是定性的、综合的,与耕地地力之间是一种非线性的关系,如地形部位、质地、剖面构型等。这类要素的评价可采用特尔斐法直接给出隶属度。

在本次评价中,根据龙里县耕地资源特点选出的评价指标,对于戒上型、戒下型、峰型、直线型4种函数,用特尔斐法同样邀请专家对一组实测值评估出相应的一组隶属度,根据相关数据的回归分析和专家经验,确定各因子的分值等级序列。并根据这两组数据用县域耕地资源管理信息系统的函数拟合工具进行拟合,计算出隶属函数的参数。其中:速效钾、有效磷和有机质表现为戒上型函数,耕层厚度表现为正直线型函数,海拔表现为负直线型函数。

对于定性描述的评价因子(成土母质、地形部位、耕层质地、灌溉能力和剖面构型等指标),这类定性的、综合性的指标则采用特尔斐法直接打分给出隶属度,得到概念型的隶属函数(表5-8~表5-13)。

表5-8 耕地地力评价隶属度

函数类型	项目	a值	b值	c值	ut值
正直线型	耕层厚度	-0.947 977	0.075 145	30	10
负直线型	海拔	1.939 024	0.001 098	900	1700
戒上型	速效钾	0.000 098	0	200.00	30
戒上型	有机质	0.004 899	0	58.483 68	7
戒上型	有效磷	0.006 809	0	25.950 27	0

表5-9 成土母质隶属度及其描述

隶属度	描述
0.2	变余砂岩/砂岩/石英砂岩等风化残积物、白云岩坡残积物
0.3	湖沼沉积物、燧石灰岩/硅质白云岩残坡积物、石灰岩残坡积物、砂岩坡残积物、页岩坡残积物
0.4	白云岩/石灰岩/砂岩/砂页岩/板岩坡残积物、泥岩/页岩残积物、石灰岩/白云岩坡残积物、硅质灰岩/钙质砾岩/白云岩坡残积物
0.5	泥岩/页岩坡残积物、泥岩/页岩/板岩等坡残积物、页岩/板岩坡残积物、石灰岩坡残积物
0.6	灰绿色/青灰色页岩坡残积物、白云灰岩/白云岩坡残积物、砂页岩风化坡残积物
0.7	泥质白云岩/石灰岩坡残积物、石灰岩坡残积物、砂页岩坡残积物
0.8	泥质灰岩坡残积物、砂页岩风化坡积物
1.0	河流沉积物、老风化壳/粘土岩/泥页岩/板岩坡残积物、老风化壳/粘土岩/泥页岩坡残积物、老风化壳/页岩/泥页岩坡残积物、老风化壳/页岩坡残积物、溪/河流冲积物

表 5-10　地形部位隶属度及其描述

隶属度	描 述
0.2	台地、山原坡腰
0.4	中丘坡顶、山原坡脚、山地坡腰
0.6	中丘坡腰、山原冲沟、山地坡脚
0.7	中丘冲沟、山原坝地
0.8	中丘坡脚、中丘坝地
1.0	盆地

表 5-11　耕层质地隶属度及其描述

隶属度	描 述
0.2	砂土及壤质砂土、砂质粘土
0.3	粘土
0.5	壤质粘土、砂质粘壤土
0.7	粘壤土、砂质壤土
0.8	粉砂质壤土、粉砂质粘壤土
1.0	壤土

表 5-12　灌溉能力隶属度及其描述

隶属度	描 述
0.5	无灌(不具备条件或不计划发展灌溉)
0.6	可灌(将来可发展)
0.8	能灌
1.0	保灌
0.3	不需灌溉

表 5-13　剖面构型隶属度及其描述

隶属度	描 述
0.2	A-AH-R、A-C、A-E-C、M-G
0.3	Aa-G-Pw、Aa-HAp-HG、M-G-Wg-C
0.4	A-AC-C、A-BC-C、Aa-Apg-G、Aae-Ape-WE-C、Aa-Apg-G
0.5	Aa-Ap-E
0.6	A-B-C

续表 5-13

隶属度	描述
0.7	A-AP-AC-R、Aa-Ap-G、Ae-APe-E
0.8	A-P-B-C、Aa-Ap-Gw-G、Aa-Ap-P-C、Aa-Ap-PE
1.0	Aa-Ap-W-C、Aa-Ap-W-G

(三)耕地地力综合指数的计算与分级

耕地地力等级划分一般采用等间距法、数轴法和累积曲线法。本次评价参考《全国耕地类型区、耕地地力等级划分》(NY/T309—1996)、贵州省耕地地力等级划分标准(DB52/T435—2002)和《贵州省耕地评价技术规范》(DB52/T—2009),以耕地地力综合指数为依据,采用累积曲线分级法进行分级,每一级的分值由耕地地力综合指数曲线中的拐点确定。并运用 ArcGIS 9.3 软件进行耕地地力评价结果专题图的绘制,使评价结果能够更加直观、有效地指导农业生产实践。

利用累加模型计算耕地地力综合指数(Integreted Fertility Index,IFI),即对应于每个单元的综合评语。

$$IFI = \sum F_i \times C_i \quad (i=1,2,3,\cdots,n)$$

式中:IFI 代表耕地地力指数;F_i = 第 i 个因素的评价评语;C_i 代表第 i 个因素的组合权重。计算参评因子的隶属度进行加权组合得到每个评价单元的综合评价分值,以其大小表示耕地地力的优劣。

将计算出的 IFI 值从小到大进行排列做成一条"S"曲线。运用 Origin7.5 分析软件找出曲线由小到大的最大变化斜率,以此 IFI 值作为五等地与六等地的分界值。采用同样的方法,找出曲线由大到小的最大变化斜率,以此 IFI 值作为一等地与二等地的分界值。确定一等地与六等地 IFI 的分界值后,二等地、三等地、四等地、五等地则采用等距划分中间 IFI 值的方法进行划定。

结合龙里县实际情况,通过建立评价指标体系和应用模糊综合评判方法并加以综合分析,按照耕地等级划分分值 0.76、0.67、0.58、0.49、0.40 将龙里县耕地共划分为六个等级,即分值≥0.76 划为一等地,分值 0.67~0.76 的为二等地,分值 0.58~0.67 的为三等地,分值 0.49~0.58 的为四等地,分值 0.40~0.49 的为五等地,<0.40 的为六等地。以 2010 年龙里县第二次土地利用现状调查的耕地总面积为基准进行平差后,计算出各耕地地力等级面积。

龙里县耕地面积 29 906.71 hm^2,占县域面积的 19.66%。其中:一等地面积 1103.24 hm^2,占全县耕地面积的 3.69%;二等地面积 5120.46 hm^2,占全县耕地面积 17.12%;三等地面积 8771.29 hm^2,占全县耕地面积的 29.33%;四等地面积最大,为 10 308.07 hm^2,占全县耕地面积的 34.47%;五等地面积 3704.09 hm^2,占全县耕地面积的 12.39%;六等地面积 899.56 hm^2,占全县耕地面积的 3.01%(表 5-14、彩插图 16)。

表 5-14　耕地地力评价综合指数分级表

等　级	评价得分	面积(hm²)	占全县耕地面积的比例(%)
一	≥0.76	1103.24	3.69
二	0.67~0.76	5120.46	17.12
三	0.58~0.67	8771.29	29.33
四	0.49~0.58	10 308.07	34.47
五	0.40~0.49	3704.09	12.39
六	<0.40	899.56	3.01
合计		29 906.71	100

(四)归入国家地力等级体系

为了将评价结果归入全国耕地地力等级体系,依据农业部1996年颁布、1997年实施的"全国耕地类型区、耕地地力等级划分"农业行业标准(NY/T 309—1996),依据标准中第3款"耕地地力等级的产量水平"、第4.6.2款"南方旱地耕地类型区耕地地力等级划分指标"和第4.7款"南方山地丘陵红、黄壤旱耕地类型区"分级指标中的产量水平、剖面性状、理化性状和立地条件等,结合龙里县耕地地力评价中对一至六等地的调查产量、土壤类型、理化性状、种植制度等土壤属性的分析,对照本县耕地各等级的结构和比例,将龙里县耕地的一等地归为国家三等地,将二等地归为四等地,三等地归为五等地,四等地归为六等地,五等地归为七等地,六等地归为八等地(表5-15、彩插图17)。

表 5-15　龙里县耕地地力等级与国家地力等级对接表

农业部等级	龙里县等级
三	一
四	二
五	三
六	四
七	五
八	六

一等地:对于该土地等级,县级属于高产耕地,对应于农业部三等地,年粮食产量>10 500 kg/hm²(700 kg/667m²)。

二等地:对于该土地等级,县级属于高产耕地,对应于农业部四等地,年粮食产量为9000~10 500 kg/hm²(600~700 kg/667m²)。

三等地:对于该土地等级,县级属于中产耕地,对应于农业部五等地,年粮食产量为7500~9000 kg/hm²(500~600 kg/667m²)。

四等地：对于该土地等级，县级属于中产耕地，对应于农业部六等地，年粮食产量为 6000～7500 kg/hm²(400～500 kg/667m²)。

五等地：对于该土地等级，县级属于低产耕地，对应于农业部七等地，年粮食产量为 4500～6000 kg/hm²(300～400 kg/667m²)。

六等地：对于该土地等级，县级属于低产耕地，对应于农业部八等地，年粮食产量为 3000～4500 kg/hm²(200～300 kg/667m²)。

三、耕地地力评价结果与分析

（一）耕地地力等级面积统计

龙里县耕地面积 29 906.71 hm²，一等地中水田面积 4031.06 hm²，占一等地面积的 50.38%，旱地面积 3970.93 hm²，占一等地面积的 49.62%。二等地中水田面积 1988.71 hm²，占二等地面积的 12.44%，旱地面积 13 996.39 hm²，占二等地面积的 87.56%。三等地中水田面积 1102.10 hm²，占三等地面积的 5.22%，旱地面积 19 999.13 hm²，占三等地面积的 94.78%。四等地中水田地面积 933.26 hm²，占四等地面积的 3.37%，旱地面积 26 799.96 hm²，占四等地面积的 96.63%。五等地中水田面积 92.39 hm²，占五等地面积的 0.60%，旱地面积 15 249.92 hm²，占五等地面积的 99.40%。六等地中水田 19.81 hm²，占六等地面积的 0.33%，旱地面积 6056.05 hm²，占六等地面积的 99.67%（表 5-16）。

表 5-16 龙里县耕地地力评价结果面积统计表

县级等级	全国等级	面积(hm²)	各等级所占百分比(%)	其中：水田 面积(hm²)	占全县耕地面积比例(%)	占全县水田面积比例(%)	其中：旱地（含水浇地） 面积(hm²)	占全县耕地面积比例(%)	占全县旱地面积比例(%)
一等地	三等地	1103.24	3.69	1097.26	3.67	8.92	5.98	0.02	0.03
二等地	四等地	5120.46	17.12	4075.81	13.63	33.12	1044.65	3.49	5.94
三等地	五等地	8771.29	29.33	4212.11	14.08	34.23	4559.18	15.24	25.90
四等地	六等地	10 308.07	34.47	2532.03	8.47	20.58	7776.04	26.00	44.18
五等地	七等地	3704.09	12.39	15.47	1.05	2.56	3388.62	11.33	19.25
六等地	八等地	899.56	3.01	72.37	0.24	0.59	827.19	2.77	4.70
合计		29 906.71	100	12 305.05	41.14	100	17 601.66	58.85	100

（二）耕地地力等级分布

从龙里县耕地地力评价等级示意图可以看出，一等地集中分布在龙里县东南部的湾滩河镇、北部的洗马镇及西北的醒狮镇，中部的冠山街道办事处、龙山镇、谷脚镇也有少量分布。湾滩河镇的翠微村、金批村、羊场村、园区村、走马村、云雾村的甲晃、岱林村的岱林、湾寨村的摆勺，冠山街道办事处鸿运村、三合村、五新村的五里，龙山镇莲花村的莲花、余下村的余下、龙山社区,谷脚镇茶香村的鸡场、谷脚社区的哨堡、大坡、庆阳社区、王关社区、岩后社区,洗马镇花京村、龙场村、落掌村、巴江村的巴江、平坡村的水尾、台上村的台上、洗马河村、羊昌村的羊昌、新庄,醒狮镇谷新村、醒狮村、元宝村、谷龙村的小谷龙、凉水村的凉水等地都有分布,该区域土层深厚,地势平坦,土壤肥沃,水利设施良好。

二等地在各镇(街道)均有分布,谷脚镇分布在岩后社区、庆阳社区、王关社区、谷冰村、观音村、茶香村的鸡场、谷脚社区的谷脚、贵龙社区等地;冠山街道办事处分布在西城社区的大竹、五新村、鸿运村、三合村的三合、渔洞、平西村的西联、凤凰村的硝兴等地;龙山镇分布在莲花村、龙山社区、余下村、中坝村、平山村的新水、草原村的朝阳、金星村的金谷、水场社区的水场、高沟等地;湾滩河镇除云雾村的联合、桂花村的盘脚、新龙村、果里村的果里、金星村、渔洞村、摆主村的摆绒、摆省村的摆省等地外,其他区域都有分布;洗马镇除平坡村的新寨、金溪村的顶溪、田箐村、猫寨村的猫寨、落掌村的白泥田外,其他区域都有分布;醒狮镇所有村均有分布。该区域土层深厚,地势较为平坦,土壤肥沃,水利设施较好。

三等地和四等地在全县范围分布广泛,主要分布在龙里县东北部的洗马镇、西部的谷脚镇。

五等地主要分布在龙里县西南部湾滩河镇原摆省乡片区、龙山镇原草原乡片区以及西部的谷脚镇、东部洗马镇原哪嗙乡片区,土地较为贫瘠。

六等地主要分布于龙里县西南部龙山镇的草原村、金星村、团结村、中排村、水苔村以及东部洗马镇的哪嗙村、田箐村、金溪村等地,这两个片区的六等地面积均在 200 hm^2 以上,区域内均无一等地分布。大部分边远乡处于县界交界处,坡度较大,且居住着很多少数民族,耕作水平低下,土地最为贫瘠(表 5 - 17)。

表 5 - 17 龙里县各镇(街道)耕地地力评价等级分布统计表

hm^2

镇(街道)	耕地类型	一等地	二等地	三等地	四等地	五等地	六等地	合计
谷脚镇	水田	115.66	331.90	602.84	261.22	39.47	0	1351.09
	旱地	0	123.87	656.56	1416.06	727.10	131.66	3055.25
	小计	115.66	455.77	1259.40	1677.28	766.57	131.66	4406.34
冠山街道办事处	水田	128.81	797.28	658.08	123.95	0	0	1708.12
	旱地	0	72.38	555.20	997.28	165.23	5.11	1795.2
	小计	128.81	869.66	1213.28	1121.23	165.23	5.11	3503.32
龙山镇	水田	56.51	571.17	934.73	1257.75	191.47	48.60	3060.23
	旱地	0	20.24	425.32	887.29	728.17	379.12	2440.14
	小计	56.51	591.41	1360.05	2145.04	919.64	427.72	5500.37

续表 5-17

镇(街道)	耕地类型	一等地	二等地	三等地	四等地	五等地	六等地	合计
湾滩河镇	水 田	387.49	1313.27	1343.79	612.64	69.08	23.78	3750.05
	旱 地	1.20	36.36	250.48	751.93	716.32	112.51	1868.8
	小 计	388.69	1349.63	1594.27	1364.57	785.40	136.29	5618.85
洗马镇	水 田	223.74	641.33	340.39	159.62	9.77	0	1374.85
	旱 地	2.72	455.04	1640.23	2939.90	829.75	172.32	6039.96
	小 计	226.46	1096.37	1980.62	3099.52	839.52	172.32	7414.81
醒狮镇	水 田	185.05	420.87	332.28	116.84	5.68	0.00	1060.72
	旱 地	2.06	336.78	1031.38	783.57	222.06	26.46	2402.31
	小 计	187.11	757.65	1363.66	900.41	227.74	26.46	3463.03
总 计		1103.24	5120.48	8771.28	10 308.05	3704.10	899.56	29 906.71

(三)镇(街道)耕地地力等级

镇(街道)耕地地力等级是反映不同等级耕地在各镇(街道)分布面积的多少,而耕地地力等级面积占本镇(街道)耕地面积比例则是判断该镇(街道)耕地地力高低的标准。在同一镇(街道)内,一等地或者一等加上二等地面积占本镇(街道)耕地面积比例较大的,说明该镇(街道)耕地地力较好,反之则较差。从一等地占本镇(街道)耕地面积的比例来看,仅湾滩河镇面积稍多,占6.92%,依次是醒狮镇、冠山街道办事处、洗马镇、谷脚镇、龙山镇。从一等地加上二等地占本镇(街道)面积的比例来看,湾滩河镇面积最大,所占比例为30.94%,其次是冠山街道办事处、醒狮镇、洗马镇、谷脚镇、龙山镇,湾滩河镇、冠山街道办事处、醒狮镇一等、二等地面积所占比例均为27.00%以上。说明这些镇(街道)耕地地力相对较好,其余镇(街道)以三等至六等地所占本镇(街道)耕地面积比例较大,耕地地力相对较差(表5-18)。

表 5-18 龙里县各镇(街道)耕地地力等级情况统计表

镇(街道)	项 目	一等地	二等地	三等地	四等地	五等地	六等地	小计
谷脚镇	面积(hm²)	115.66	455.77	1259.4	1677.28	766.57	131.66	4406.34
	占本镇耕地面积比例(%)	2.62	10.34	28.58	38.07	17.40	2.99	—
冠山街道办事处	面积(hm²)	128.81	869.66	1213.28	1121.23	165.23	5.11	3503.32
	占本街道耕地面积比例(%)	3.68	24.82	34.63	32.00	4.72	0.15	—

续表 5-18

镇(街道)	项目	一等地	二等地	三等地	四等地	五等地	六等地	小计
龙山镇	面积(hm²)	56.51	591.41	1360.05	2145.04	919.64	427.72	5500.37
	占本镇耕地面积比例(%)	1.03	10.75	24.73	39.00	16.72	7.78	—
湾滩河镇	面积(hm²)	388.69	1349.63	1594.27	1364.57	785.4	136.29	5618.85
	占本镇耕地面积比例(%)	6.92	24.02	28.37	24.29	13.98	2.43	—
洗马镇	面积(hm²)	226.46	1096.37	1980.62	3099.52	839.52	172.32	7414.81
	占本镇耕地面积比例(%)	3.05	14.79	26.71	41.80	11.32	2.32	—
醒狮镇	面积(hm²)	187.11	757.65	1363.66	900.41	227.74	26.46	3463.03
	占本镇耕地面积比例(%)	5.40	21.88	39.38	26.00	6.58	0.76	—
总计	面积(hm²)	1103.24	5120.48	8771.28	10 308.05	3704.1	899.56	29 906.71
	占本县耕地面积比例(%)	3.69	17.12	29.33	34.47	12.39	3.01	—

(四)耕地肥力等级情况

为了进一步指导好农业生产、农民施肥,根据龙里县耕地土壤属性、生产能力、农田基础设施建设以及立地条件,并结合第二次土壤普查的分级标准及农民对土壤肥力的认识,把龙里县耕地分为上、中、下三等肥力耕地,其中一等地和二等地为上等肥力耕地,三等地和四等地为中等肥力耕地,五等地和六等地为下等肥力耕地。

上等肥力耕地面积 6223.7 hm²,占全县耕地面积的 20.81%,其中水田面积 5173.08 hm²,占上等肥力耕地面积的 83.12%;分布面积最大是湾滩河镇,依次是冠山街道办事处、洗马镇、龙山镇、醒狮镇、谷脚镇,分别占上等肥力耕地面积的 27.33%、14.88%、13.90%、10.09%、9.74% 和 7.19%。旱地面积 1050.65 hm²,占上等肥力耕地面积的 16.88%;主要分布在洗马镇,依次是醒狮镇、谷脚镇、冠山街道办事处、湾滩河镇、龙山镇,分别占上等肥力耕地面积的 7.36%、5.44%、1.99%、1.16%、0.60%、0.33%。

中等肥力耕地面积 19 079.33 hm²,占全县耕地面积的 63.80%,其中水田面积 6744.13 hm²,占中等肥力耕地面积的 35.35%;分布面积最大的是龙山镇,依次是湾滩河镇、谷脚镇、冠山街道办事处、洗马镇、醒狮镇,分别占中等肥力耕地面积的 11.49%、10.25%、4.53%、4.10%、2.62%、2.35%。旱地面积 12 335.2 hm²,占中等肥力耕地面积的 64.65%;分布面积最大的是洗马镇,依次是谷脚镇、醒狮镇、冠山街道办事处、龙山镇、湾滩河镇,分别占中等肥力耕地面积的 24.01%、10.86%、9.51%、8.14%、6.88%、5.25%。

下等肥力耕地面积 4603.66 hm^2，占全县耕地面积的 15.39%，其中水田面积 387.85 hm^2，占下等肥力耕地面积的 8.42%；分布面积最大的是龙山镇，依次是湾滩河镇、谷脚镇、洗马镇、醒狮镇，分别占下等肥力耕地面积的 5.21%、2.02%、0.86%、0.21%、0.12%，冠山街道办事处没有下等肥力水田分布。旱地面积 4215.81 hm^2，占下等肥力耕地面积的 91.58%；分布面积最大的是龙山镇，依次是洗马镇、谷脚镇、湾滩河镇、醒狮镇、冠山街道办事处，分别占下等肥力耕地面积的 24.05%、21.77%、18.65%、18.00%、5.40% 和 3.70%（表 5-19）。

表 5-19 不同肥力耕地面积分布情况统计表

镇(街道)	上等田土 水田 面积(hm^2)	占上等肥力耕地比例(%)	旱地 面积(hm^2)	占上等肥力耕地比例(%)	小计 面积(hm^2)	占上等肥力耕地比例(%)	占全县耕地面积比例(%)
谷脚镇	447.56	7.19	123.87	1.99	571.43	9.18	1.91
冠山街道办事处	926.09	14.88	72.38	1.16	998.47	16.04	3.34
龙山镇	627.68	10.09	20.24	0.33	647.92	10.41	2.17
湾滩河镇	1700.76	27.33	37.56	0.60	1738.32	27.93	5.81
洗马镇	865.07	13.90	457.76	7.36	1322.83	21.25	4.42
醒狮镇	605.92	9.74	338.84	5.44	944.76	15.18	3.16
合 计	5173.08	83.12	1050.65	16.88	6223.73	100.00	20.81

镇(街道)	中等田土 水田 面积(hm^2)	占中等肥力耕地比例(%)	旱地 面积(hm^2)	占中等肥力耕地比例(%)	小计 面积(hm^2)	占中等肥力耕地比例(%)	占全县耕地面积比例(%)
谷脚镇	864.06	4.53	2072.62	10.86	2936.68	15.39	9.82
冠山街道办事处	782.03	4.10	1552.48	8.14	2334.51	12.24	7.81
龙山镇	2192.48	11.49	1312.61	6.88	3505.09	18.37	11.72
湾滩河镇	1956.43	10.25	1002.41	5.25	2958.84	15.51	9.89
洗马镇	500.01	2.62	4580.13	24.01	5080.14	26.63	16.99
醒狮镇	449.12	2.35	1814.95	9.51	2264.07	11.87	7.57
合 计	6744.13	35.35	12335.2	64.65	19079.33	100.00	63.80

续表 5-19

镇(街道)	下等田土 水田 面积(hm²)	下等田土 水田 占下等肥力耕地比例(%)	下等田土 旱地 面积(hm²)	下等田土 旱地 占下等肥力耕地比例(%)	下等田土 小计 面积(hm²)	占下等肥力耕地比例(%)	占全县耕地面积比例(%)
谷脚镇	39.47	0.86	858.76	18.65	898.23	19.51	3.00
冠山街道办事处	0	0.00	170.34	3.70	170.34	3.70	0.57
龙山镇	240.07	5.21	1107.29	24.05	1347.36	29.27	4.51
湾滩河镇	92.86	2.02	828.83	18.00	921.69	20.02	3.08
洗马镇	9.77	0.21	1002.07	21.77	1011.84	21.98	3.38
醒狮镇	5.68	0.12	248.52	5.40	254.20	5.52	0.85
合计	387.85	8.42	4215.81	91.58	4603.66	100.00	15.39

第三节 耕地各地力等级分述

一、一等地

(一)等级描述

龙里县一等地是耕地质量最好的土地,其综合评价指数大于0.76,常年水稻产量7.0~7.5 t/hm²、油菜2.5~2.7 t/hm²、马铃薯30 t/hm²以上。一等地主要分布在盆地和中丘地貌上,土壤类型主要是潴育型水稻土,土种主要为斑潮砂泥田、斑黄泥田、小黄泥田和大眼泥田,土壤发育熟化程度好,生产性能好,有一定数量的保灌面积及农田的灌溉设施,排涝能力强,属于旱涝保收的高产稳产田土。

(二)面积分布

龙里县一等地面积为1103.24 hm²,占全县耕地面积的3.69%,土地利用类型大部分为水田,旱地分布极少,旱地面积仅5.98 hm²。

一等地中,水田面积为1097.26 hm²,占全县水田面积的8.92%。湾滩河镇分布面积最多,依次是洗马镇、醒狮镇、冠山街道办事处、谷脚镇、龙山镇,面积分别为387.49、223.74、185.05、128.81、115.66、56.51 hm²。

龙里县一等地耕地中,旱地面积为5.98 hm²,占全县旱地面积的0.03%,其中面积最大的是龙里县北部的洗马镇,面积为2.72 hm²,其次是西北部醒狮镇2.06 hm²,最小的为东南部的湾滩河镇1.20 hm²,分别占全县一等地面积的0.25%、0.19%、0.11%;冠山街道办事处、谷脚镇、龙山镇无一等旱地分布(表 5-20)。

表 5-20　龙里县一等地面积分布统计表

镇(街道)	面积(hm²)	占全县耕地面积比例(%)	水田 面积(hm²)	水田 占一等地比例(%)	水田 占本镇(街道)耕地比例(%)	旱地 面积(hm²)	旱地 占一等地比例(%)	旱地 占本镇(街道)耕地比例(%)
谷脚镇	115.66	0.39	115.66	10.48	0.24	0	0	0
冠山街道办事处	128.81	0.43	128.81	11.68	0.26	0	0	0
龙山镇	56.51	0.19	56.51	5.12	0.12	0	0	0
湾滩河镇	388.69	1.30	387.49	35.12	0.80	1.2	0.11	0
洗马镇	226.46	0.76	223.74	20.28	0.46	2.72	0.25	0.01
醒狮镇	187.11	0.63	185.05	16.77	0.38	2.06	0.19	0
龙里县	1103.24	3.69	1097.26	99.46	—	5.98	0.54	—

(三)耕地土壤类型

龙里县一等耕地土壤类型有黄壤、石灰土和水稻土3个土类,属黄壤、黄色石灰土、潜育型水稻土、渗育型水稻土和潴育型水稻土等5个亚类,主要有黄泥土、黄砂泥土、大泥土、鸭屎泥田、大泥田、黄泥田、斑潮泥田、斑黄泥田、大眼泥田等9个土属。

一等耕地土种以斑潮砂泥田为主,面积为379.07 hm²,占一等耕地面积的34.36%;其次是斑黄泥田,面积为222.29 hm²,占一等耕地面积的20.15%;小黄泥田面积为138.42 hm²,占一等耕地面积的12.55%;大眼泥田面积为130.07 hm²,占一等耕地面积的11.79%;鸭屎泥田、大泥田、黄砂泥田、胶大眼泥田、砂大眼泥田面积在10～100 hm²之间;面积小于10 hm²的有斑黄胶泥田、斑潮泥田、黄泥田、砂大泥田、油大泥田、大泥土、油黄砂泥土、油黄泥土等8个土种(表5-21)。

表 5-21　龙里县一等地土种构成统计表

土　属	土　种	面积(hm²)	占全县耕地面积比例(%)	水田占一等地面积比例(%)	旱地占一等地面积比例(%)
斑潮泥田	斑潮泥田	5.27	0.018	0.48	0
斑潮泥田	斑潮砂泥田	379.07	1.268	34.36	0
斑黄泥田	斑黄胶泥田	1.22	0.004	0.11	0
斑黄泥田	斑黄泥田	222.29	0.743	20.15	0
斑黄泥田	小黄泥田	138.42	0.463	12.55	0

续表 5-21

土 属	土 种	面积（hm²）	占全县耕地面积比例（%）	水田占一等地面积比例（%）	旱地占一等地面积比例（%）
大泥田	砂大泥田	0.45	0.001	0.04	0
	大泥田	29.55	0.099	2.68	0
黄泥田	黄泥田	3.31	0.011	0.30	0
	黄砂泥田	13.55	0.045	1.23	0
大眼泥田	胶大眼泥田	72	0.241	6.53	0
	大眼泥田	130.07	0.435	11.79	0
	砂大眼泥田	84.39	0.282	7.65	0
鸭屎泥田	鸭屎泥田	17.66	0.059	1.60	0
大泥土	油大泥土	0.69	0.002	0	0.06
	大泥土	2.03	0.007	0	0.18
黄泥土	油黄泥土	1.21	0.004	0	0.11
黄砂泥土	油黄砂泥土	2.06	0.007	0	0.19
合 计	—	1103.24	3.69	99.46	0.54

（四）立地条件

一等地分布在盆地、山地坡脚、中丘坝地、冲沟、坡脚和坡腰等地形部位上，其中主要集中在盆地和中丘坡脚及坡腰上，面积为 975.71 hm²，占一等地面积的 88.91%；其次是中丘坝地和冲沟，面积分别为 91.43 hm² 和 25.55 hm²，占一等地面积的 8.29% 和 2.32%；其余地形如山地坡脚，面积为 5.27 hm²，仅占一等地面积的 0.48%。

一等地海拔多集中在 1060～1345.23 m 之间，最高海拔为 1367.88 m，最低海拔为 940 m，平均海拔为 1145.70 m。

地形坡度大多在 0°～7°之间。＜5°的一等地耕地面积为 564.88 hm²，占一等地面积的 51.20%；5°～7°一等地耕地面积为 538.36 hm²，占一等地面积的 48.80%。

一等地耕地≥10 ℃积温均在 3800 ℃以上，年降水量在 1100～1200 mm 之间，平均值为 1120.16 mm。

（五）农田基础设施

一等地保灌面积为 1032.74 hm²，占一等地面积的 93.61%。排水能力较强的耕地面积为 477.47 hm²，占一等地面积的 43.28%；其余强、中和弱排水能力，面积分别为 603.56、4.55 和 17.67 hm²，依次占一等地面积的 54.71%、0.41% 和 1.60%。

（六）养分状况

一等地土壤 pH 值平均为 6.94，标准偏差为 0.50，变异系数为 7.21%。有机质含量很丰富，平均含量为 53.98 g/kg，标准偏差为 9.34 g/kg，变异系数为 17.31%。全氮的含量处于适宜水平，平均含量为 2.93 g/kg，标准偏差为 0.53 g/kg，变异系数为 18.14%。碱解氮的含量较为丰富，在 114～352 mg/kg 之间，平均含量为 222 mg/kg，标准偏差为 38 mg/kg，变异系数为 16.97%。有效磷含量较高，在 5.10～56.60 mg/kg 之间，平均含量为 22.11 mg/kg，标准偏差为 10.67 mg/kg，变异系数为 48.24%。缓效钾的含量相对较丰富，最高含量达 625 mg/kg，平均含量为 227 mg/kg，标准偏差为 1388 mg/kg，变异系数为 61.09%。速效钾的含量在 54～465 mg/kg 之间，平均含量为 184 mg/kg，标准偏差为 878 mg/kg，变异系数为 47.40%。从总体来看，一等地各项养分指标（有机质、全氮、碱解氮、速效磷、缓效钾和速效钾等）含量都处于中等水平以上，其中有机质、碱解氮和速效钾 3 项处于丰富水平之上，土壤养分状况较好。一等地在湾滩河镇、洗马镇、醒狮镇分布较为集中（表 5-22）。

表 5-22 一等地土壤养分含量统计表

项 目	平均值	变 幅	标准偏差	变异系数(%)
pH 值	6.94	6.14～7.99	0.5	7.21
有机质(g/kg)	53.98	25.39～80.91	9.34	17.31
全 氮(g/kg)	2.93	1.42～4.97	0.53	18.14
碱解氮(mg/kg)	222	114～352	38	16.97
有效磷(mg/kg)	22.11	5.10～56.60	10.67	48.24
缓效钾(mg/kg)	227	43～625	1388	61.09
速效钾(mg/kg)	184	54～465	87	47.4

1. pH 值及其分布状况

一等地土壤平均 pH 值为 6.94；pH 值≥7.5 的耕地面积 166.40 hm², 占一等地面积的 15.08%；pH 值 6.5～7.5 的耕地占 56.36%；pH 值 5.5～6.5 的耕地占 28.56%；一等地内无 pH 值<5.5 的耕地土壤（表 5-23）。

表 5-23 一等地土壤 pH 值的等级面积及比例统计情况表

含量等级	酸 性	微酸性	中 性	微碱性
pH 值	<5.5	5.5～6.5	6.5～7.5	≥7.5
面积(hm²)	0	315.06	621.78	166.40
占一等地比例(%)	0	28.56	56.36	15.08

2. 有机质含量及其分布状况

一等地有机质平均含量 53.98 g/kg；含量≥40 g/kg 的耕地面积 1043.56 hm²，占一等地面积的 94.59%；含量在 30～40 g/kg 的耕地占 4.78%；含量在 20～30 g/kg 的耕地占 0.63%；一等地内无有机质含量<20 g/kg 的耕地土壤（表 5-24）。

表 5 - 24 一等地有机质含量的等级面积及比例统计情况表

有机质含量指标(g/kg)	≥40	30~40	20~30	<20
面积(hm²)	1043.56	52.73	6.96	0
占一等地比例(%)	94.59	4.78	0.63	0

3. 全氮含量及其分布状况

一等地全氮平均含量为 2.93 g/kg；含量≥2.00 g/kg 的耕地面积 1095.15 hm²，占一等地面积的 99.27%；含量在 1.00~2.00 g/kg 的耕地仅占 0.73%；一等地内无全氮含量 <1.00 g/kg 的耕地土壤(表 5 - 25)。

表 5 - 25 一等地全氮含量的等级面积及比例统计情况表

全氮含量指标(g/kg)	≥2.00	1.50~2.00	1.00~1.50	<1.00
面积(hm²)	1095.15	1.13	6.96	0
占一等地比例(%)	99.27	0.10	0.63	0

4. 碱解氮含量及其分布状况

一等地碱解氮平均含量 222 mg/kg；含量≥150 mg/kg 的耕地面积 1093.82 hm²，占一等地面积的 99.15%；含量在 120~150 mg/kg 的耕地占 0.75%；含量在 90~120 mg/kg 的耕地最少，仅占 0.10%；一等地内无碱解氮含量 <90 mg/kg 的耕地土壤(表 5 - 26)。

表 5 - 26 一等地碱解氮含量的等级面积及比例统计情况表

碱解氮含量指标(mg/kg)	≥150	120~150	90~120	<90
面积(hm²)	1093.82	8.29	1.13	0
占一等地比例(%)	99.15	0.75	0.10	0

5. 有效磷含量及其分布状况

一等地有效磷平均含量 22.11 mg/kg；含量≥40 mg/kg 的耕地面积 51.33 hm²，占一等地面积的 4.65%；含量在 20~40 mg/kg 的耕地面积 404.91 hm²，占一等地面积的 36.70%；含量在 10~20 mg/kg 的耕地面积最大，占一等地面积的 47.70%；含量在 5~10 mg/kg 的耕地占 11.43%，一等地内无有效磷含量 <5 mg/kg 的耕地土壤(表 5 - 27)。

表 5 - 27 一等地有效磷含量的等级面积及比例统计情况表

有效磷含量指标(mg/kg)	≥40	20~40	10~20	5~10	<5
面积(hm²)	51.33	404.91	520.90	126.10	0.00
占一等地比例(%)	4.65	36.70	47.22	11.43	0.00

6. 缓效钾含量及其分布状况

一等地缓效钾平均含量 227 mg/kg；含量≥于 500 mg/kg 的耕地面积 73.16 hm²，占一等地面积的 6.63%；含量在 330~500 mg/kg 的耕地占 15.82%；含量在 170~330 mg/kg 的耕地占 37.74%；含量在 70~170 mg/kg 的耕地占 38.32%；含量 <70 mg/kg 的耕地占一等地面积的 1.48%（表5-28）。

表5-28 一等地缓效钾含量的等级面积及比例统计情况表

缓效钾含量指标(mg/kg)	≥500	330~500	170~330	70~170	<70
面积(hm²)	73.16	174.57	416.41	422.81	16.29
占一等地比例(%)	6.63	15.82	37.74	38.32	1.48

7. 速效钾含量及其分布状况

一等地速效钾平均含量 184 mg/kg；含量≥200 mg/kg 的耕地面积 427.52 hm²，占一等地面积的 38.75%；含量在 150~200 mg/kg 的耕地占 18.77%；含量 <100~150 mg/kg 的耕地占 22.29%；含量 <100 mg/kg 的耕地占一等地面积的 20.19%（表5-29）。

表5-29 一等地速效钾含量的等级面积及比例统计情况表

速效钾含量指标(mg/kg)	≥200	150~200	100~150	<100
面积(hm²)	427.52	207.04	245.88	222.79
占一等地比例(%)	38.75	18.77	22.29	20.19

（七）主要属性

一等地水田的剖面构型主要为 Aa-Ap-W-C，大部分属于潴育型水稻土，由河流沉积物、老风化壳/页岩/泥页岩坡残积物等成土母质发育而来。一等地旱地的剖面构型主要为 A-P-B-C，属于油黄砂泥土和油黄泥土，主要分布在地势较低盆地和中丘坡脚。

一等地水田的土层厚度基本在 60~100 cm，平均土层厚度为 80 cm；一等地水田的耕层厚度在 21.60~25 cm 之间，平均值为 22.45 cm，大多数厚度在 21~24.5 cm 之间。一等地旱地的土层厚度在 60~100 cm 之间，平均值为 80 cm，耕层厚度在 21.6~25 cm 之间，平均值为 23.32 cm；一等地的土层厚度大，耕层厚度适宜，适宜农作物种植。

一等地土壤质地以粘壤土为主，这与长期的水耕熟化作用有关，粘壤土的保水、保肥，供水、供肥性能都比较适宜。

（八）生产性能及管理

一等地是龙里县耕地综合生产能力最高的耕地，土壤发育熟化程度好，生产性能好，灌溉排涝能力强，属于旱涝保收的高产稳产田土。农业生产耕作制度以一年二熟的油—稻、油—玉、稻—菜、菜—菜等多熟间套种栽培以及单季蔬菜、水稻、玉米为主。一等地的 pH 中性偏弱酸和弱碱，养分含量普遍较高，除缓效钾处于中等偏上水平外，其余养分含量均处于较丰富至丰富水平。综合来看，一等地的各种指标均比较好，具有良好的生产性能，作物产量水平高，施肥和管理水平也相对较高，同时在生产过程中比较注意加强耕地用地与养地的协调管理。

二、二等地

(一)等级描述

龙里县二等地综合评价指数在 0.67~0.76 之间，农业生产耕作制度以油—稻、薯—稻、稻—菜、菜—菜、水稻、玉米、马铃薯为主。常年产量水稻在 6.0~6.6 t/hm² 之间，油菜在 1.5~2.1 t/hm² 之间，马铃薯约 15 t/hm²。

(二)面积分布

龙里县二等地面积为 5120.46 hm²，占全县耕地面积的 17.12%，水田面积为 4075.82 hm²，旱地面积为 1044.64 hm²。二等地分布面积最大的是湾滩河镇，依次为洗马镇、冠山街道办事处、醒狮镇、龙山镇、谷脚镇，面积分别为：1349.63、1096.37、869.66、757.65、591.41、455.77 hm²。

二等地中，水田面积共有 4075.81 hm²，占全县水田面积的 33.12%；其中面积最大的是湾滩河镇，依次为冠山街道办事处、洗马镇、龙山镇、醒狮镇、谷脚镇，面积分别为 1313.27、797.28、641.33、571.17、420.87、331.9 hm²。旱地面积 1044.65 hm²，占全县旱地面积的 5.94%，主要分布在龙里县北部的洗马镇和西北部的醒狮镇，面积分别为 455.04 hm² 和 336.78 hm²，占二等地面积的 8.89% 和 6.58%；其次是谷脚镇，面积为 123.87 hm²；依次是冠山街道办事处、湾滩河镇、龙山镇，面积分别为 72.38、36.36、20.24 hm²（表 5-30）。

表 5-30　龙里县二等地面积分布统计表

镇(街道)	面积(hm²)	占全县耕地面积比例(%)	水田 面积(hm²)	水田 占二等地比例(%)	水田 占本镇(街道)耕地比例(%)	旱地 面积(hm²)	旱地 占二等地比例(%)	旱地 占本镇(街道)耕地比例(%)
谷脚镇	455.77	1.52	331.9	6.48	72.82	123.87	2.42	27.18
冠山街道办事处	869.66	2.91	797.28	15.57	91.68	72.38	1.41	8.32
龙山镇	591.41	1.98	571.17	11.15	96.58	20.24	0.40	3.42
湾滩河镇	1349.63	4.51	1313.27	25.65	97.31	36.36	0.71	2.69
洗马镇	1096.37	3.67	641.33	12.52	58.50	455.04	8.89	41.50
醒狮镇	757.65	2.53	420.87	8.22	55.55	336.78	6.58	44.45
龙里县	5120.46	17.12	4075.82	79.6	—	1044.64	20.4	—

(三)耕地土壤类型

龙里县二等地土壤类型有黄壤、石灰土、水稻土等3个土类,分黄壤、黄色石灰土、漂洗型水稻土、潜育型水稻土、渗育型水稻土、潴育型水稻土等6个亚类。若按土属分,主要有大黄泥土、黄泥土、黄砂泥土、黄砂土、大泥土、白鳝泥田、青黄泥田、潮砂泥田、大泥田、黄泥田、斑潮泥田、斑黄泥田、大眼泥田等13个土属。

耕地土种以斑潮砂泥田为主,面积为888.98 hm²,占二等耕地面积的17.36%;其次是砂大眼泥田、小黄泥田和大眼泥田,面积为800.89、623.26和623.03 hm²,占二等耕地面积的15.64%、12.17%和12.17%;复钙黄泥土、黄泥土、复钙黄砂泥土、黄砂泥土、大泥土、大泥田、砂大泥田、黄泥田、斑黄泥田、斑黄砂泥田10个土种面积在100~300 hm²之间;土种面积在10~100 hm²之间的有大黄泥土、油黄泥土、油黄砂泥土、大砂泥土、砾大泥土、熟白鳝泥田、中白鳝泥田、重白鳝泥田、青黄泥田、黄砂泥田、斑黄胶泥田、胶大眼泥田等;面积<10 hm²的有斑潮泥田、潮砂田、油大泥土、黄砂土等4个土种(表5-31)。

表5-31 龙里县二等地土种构成统计表

土 属	土 种	面积(hm²)	占全县耕地面积比例(%)	占二等地面积比例(%)
大黄泥土	大黄泥土	23.02	0.08	0.45
黄泥土	复钙黄泥土	104.21	0.35	2.04
	黄泥土	117.39	0.39	2.29
	油黄泥土	32.18	0.11	0.63
黄砂泥土	复钙黄砂泥土	133.53	0.45	2.61
	黄砂泥土	289.76	0.97	5.66
	油黄砂泥土	17.98	0.06	0.35
黄砂土	黄砂土	1.52	0.01	0.03
大泥土	大泥土	270.61	0.90	5.28
	大砂泥土	27.21	0.09	0.53
	砾大泥土	23.20	0.08	0.45
	油大泥土	4.05	0.01	0.08
白鳝泥田	熟白鳝泥田	14.63	0.05	0.29
	中白鳝泥田	12.78	0.04	0.25
	重白鳝泥田	70.78	0.24	1.38
青黄泥田	青黄泥田	39.20	0.13	0.77
潮砂泥田	潮砂田	2.28	0.01	0.04
大泥田	大泥田	113.27	0.38	2.21
	砂大泥田	153.34	0.51	2.99
黄泥田	黄泥田	106.01	0.35	2.07
	黄砂泥田	97.02	0.32	1.89

续表 5-31

土 属	土 种	面积(hm²)	占全县耕地面积比例(%)	占二等地面积比例(%)
斑潮泥田	斑潮泥田	5.16	0.02	0.10
	斑潮砂泥田	888.98	2.97	17.36
斑黄泥田	斑黄胶泥田	45.92	0.15	0.90
	斑黄泥田	294.49	0.98	5.75
	斑黄砂泥田	159.60	0.53	3.12
	小黄泥田	623.26	2.08	12.17
大眼泥田	大眼泥田	623.03	2.08	12.17
	胶大眼泥田	25.20	0.08	0.49
	砂大眼泥田	800.89	2.68	15.64
合 计	—	5120.46	17.12	100.00

(四)立地条件

二等地中,水田和旱地分别占全县耕地面积的 13.63% 和 3.49%,主要分布在盆地、中丘坡脚等地形部位上,面积分别为 1809.75 hm² 和 1589.02 hm²,占二等地面积的 35.34% 和 31.03%;其次是中丘坡腰和山原坡脚,面积分别为 656.20 hm² 和 347.69 hm²,占二等地面积的 12.82% 和 6.79%;位于山地坡脚、山原坝地、中丘坝地 3 种地形的面积在 100~300 hm² 之间;其余山地坡腰、山原冲沟、山原坡腰、台地、中丘冲沟、中丘坡顶 6 种地形的二等地面积 <100 hm²,尤以中丘坡顶的二等地分布最少,仅 1.12 hm²,占二等地面积不到 0.02%。

二等地海拔多集中在 1000~1400 m 之间,最高海拔为 1454.32 m,最低海拔为 902.13 m,平均海拔为 1180.24 m。

坡度在 0°~16° 之间,其中 0°~5° 耕地面积最大,为 1947.43 hm²,仅占二等地面积的 38.03%;5°~10° 耕地面积为 1716.82 hm²,占二等地面积的 33.53%;10°~16° 耕地面积为 1456.21 hm²,占二等地面积的 28.44%。

二等地耕地 ≥10 ℃ 积温均在 3400 ℃ 以上,年降水量在 1100~1200 mm 之间,平均值为 1112.75 mm。

(五)农田基础设施

二等地保灌面积为 3466.53 hm²,占二等地面积的 67.70%;能灌面积为 762.73 hm²,占二等地面积的 14.90%。排水能力较强的耕地面积为 1819.39 hm²,占二等地面积的 35.53%。排水能力强的耕地面积为 3109.07 hm²,占二等地面积的 60.72%。其余中和弱排水能力,面积分别为 152.80 hm² 和 39.20 hm²,依次占二等地面积的 2.98% 和 0.77%。

(六)养分状况

二等地土壤 pH 值在 4.49~7.99 之间,平均为 6.85,标准偏差为 0.72,变异系数为 10.46%。有机质含量在 20.93~80.91 g/kg 之间,平均含量为 49.58 g/kg,标准偏差为

10.42 g/kg,变异系数为21.01%。从平均含量看,二等地的有机质含量较为丰富。全氮含量处于适宜水平,在1.1~5.55 g/kg之间,平均含量为2.74 g/kg,标准偏差为0.69 g/kg,变异系数为25.07%。碱解氮含量丰富,在98~388 mg/kg之间,平均含量为210 mg/kg,标准偏差为48 mg/kg,变异系数为23.04%。有效磷含量较丰富,在2.30~56.40 mg/kg之间,平均含量为16.03 mg/kg,标准偏差为8.87 mg/kg,变异系数为55.3%。缓效钾含量较为丰富,在43~630 mg/kg之间,平均含量为218 mg/kg,标准偏差为125 mg/kg,变异系数为57.42%。速效钾含量较丰富,在32~460 mg/kg之间,平均含量为165 mg/kg,标准偏差为83 mg/kg,变异系数为50.29%。从总体来看,二等地各项养分指标(有机质、全氮、碱解氮、速效磷、缓效钾和速效钾等)都处于中等水平以上,其中有机质、碱解氮、有效磷和速效钾4项处于丰富水平,土壤养分状况较好(表5-32)。

表5-32 二等地土壤养分含量统计表

项 目	平均值	变 幅	标准偏差	变异系数(%)
pH值	6.85	4.49~7.99	0.72	10.46
有机质(g/kg)	49.58	20.93~80.91	10.42	21.01
全 氮(g/kg)	2.74	1.10~5.55	0.69	25.07
碱解氮(mg/kg)	210	98~388	48	23.04
有效磷(mg/kg)	16.03	2.30~56.40	8.87	55.3
缓效钾(mg/kg)	218	43~630	125	57.42
速效钾(mg/kg)	165	32~460	83	50.29

1. pH值及其分布状况

二等地土壤平均pH值为6.85;pH值≥7.5的耕地面积1333.58 hm²,占二等地面积的26.04%;pH值6.5~7.5的耕地占42.07%;pH值5.5~6.5的耕地占29.99%;pH值<5.5的耕地占1.89%(表5-33)。

表5-33 二等地土壤pH值的等级面积及比例统计情况表

含量等级	酸 性	微酸性	中 性	微碱性
pH值	<5.5	5.5~6.5	6.5~7.5	≥7.5
面积(hm²)	96.74	1535.85	2154.29	1333.58
占二等地比例(%)	1.89	29.99	42.07	26.04

2. 有机质含量及其分布状况

二等地有机质平均含量49.58 g/kg;含量≥40 g/kg的耕地面积4110.31 hm²,占二等地面积的80.27%;含量在30~40 g/kg的耕地占17.07%;含量在20~30 g/kg的耕地占2.66%;二等地内无有机质含量<20 g/kg的耕地土壤(表5-34)。

表5-34　二等地有机质含量的等级面积及比例统计情况表

有机质含量指标(g/kg)	≥40	30~40	20~30	<20
面积(hm²)	4110.31	873.81	136.34	0
占二等地比例(%)	80.27	17.07	2.66	0

3. 全氮含量及其分布状况

二等地全氮平均含量2.74 g/kg；含量≥2.00 g/kg的耕地面积4449.21 hm²，占二等地面积的86.89%；含量在1.50~2.00 g/kg的耕地占12.72%；含量在1.00~1.50 g/kg的耕地仅占0.39%；二等地内无全氮含量<1.0 g/kg的耕地土壤(表5-35)。

表5-35　二等地全氮含量的等级面积及比例统计情况表

全氮含量指标(g/kg)	≥2.00	1.50~2.00	1.00~1.50	<1.00
面积(hm²)	4449.21	651.21	20.04	0
占二等地比例(%)	86.89	12.72	0.39	0

4. 碱解氮含量及其分布状况

二等地碱解氮平均含量210 mg/kg；含量≥150 mg/kg的耕地面积4748.77 hm²，占二等地面积的92.74%；含量在120~150 mg/kg的耕地占6.45%；含量在90~120 mg/kg的耕地最少，仅占0.80%；二等地内无碱解氮含量<90 mg/kg的耕地土壤(表5-36)。

表5-36　二等地碱解氮含量的等级面积及比例统计情况表

碱解氮含量指标(mg/kg)	≥150	120~150	90~120	<90
面积(hm²)	4748.77	330.48	41.21	0
占二等地比例(%)	92.74	6.45	0.80	0

5. 有效磷含量及其分布状况

二等地有效磷平均含量16.03 mg/kg；含量≥40 mg/kg的耕地面积51.33 hm²，占二等地面积的4.65%；含量在20~40 mg/kg的耕地面积404.91 hm²，占二等地面积的36.70%；含量在10~20 mg/kg的耕地面积最大，占二等地面积的47.70%；含量在5~10 mg/kg的耕地占11.43%；二等地内无有效磷含量<5 mg/kg的耕地土壤(表5-37)。

表5-37　二等地有效磷含量的等级面积及比例统计情况表

有效磷含量指标(mg/kg)	≥40	20~40	10~20	5~10	<5
面积(hm²)	43.98	1185.82	2677.60	1146.87	66.19
占二等地比例(%)	0.86	23.16	52.29	22.40	1.29

6. 缓效钾含量及其分布状况

二等地缓效钾平均含量218 mg/kg;含量≥500 mg/kg的耕地面积为145.10 hm^2,占二等地面积的2.83%;含量在330～500 mg/kg的耕地面积为830.52 hm^2,占二等地面积的16.22%;含量在170～330 mg/kg的耕地占24.62%;含量在70～170 mg/kg的耕地面积2551.83 hm^2,占二等地面积的49.84%;含量<70 mg/kg的耕地占二等地面积的6.49%(表5-38)。

表5-38　二等地缓效钾含量的等级面积及比例统计情况表

缓效钾含量指标(mg/kg)	≥500	330～500	170～330	70～170	<70
面积(hm^2)	145.10	830.52	1260.78	2551.83	332.23
占二等地比例(%)	2.83	16.22	24.62	49.84	6.49

7. 速效钾含量及其分布状况

二等地速效钾平均含量218 mg/kg;含量≥200 mg/kg的耕地面积1383.58 hm^2,占二等地面积的27.02%;含量在150～200 mg/kg的耕地占15.19%;含量<100～150 mg/kg的耕地占22.82%;含量<100 mg/kg的耕地占二等地面积的34.97%(表5-39)。

表5-39　二等地速效钾含量的等级面积及比例统计情况表

速效钾含量指标(mg/kg)	≥200	150～200	100～150	<100
面积(hm^2)	1383.58	777.71	1168.61	1790.56
占二等地比例(%)	27.02	15.19	22.82	34.97

(七)主要属性

二等地水田的剖面构型主要为Aa-Ap-W-C和Aa-Ap-P-C,二等地旱地的剖面构型主要为A-P-B-C和A-B-C,A-P-B-C和A-B-C的剖面发育较好,有明显的淋溶淀积层(B层)。二等地水田的土层厚度绝大多数在40～100 cm,平均土层厚度为75 cm。二等地水田的耕层厚度在15～25 cm之间,平均值为20.86 cm。土层厚度与耕层厚度相对一等地较薄,但仍比较适宜。二等地旱地的土层厚度大多为50～100 cm,多数在60～100 cm,其平均土层厚度为79.22 cm;耕层厚度在15.0～25.0 cm之间,平均值为21.93 cm,其土层厚度和耕层厚度也比较适宜。

土壤质地方面,二等水田质地以粘壤土为主,其次是壤土和粉砂质粘壤土;旱地土壤质地以粘壤土为主,其次是壤质粘土。水田土壤质地较好,为作物根层的伸展发育提供了良好的基础,旱地质地则偏粘重。

(八)生产性能及管理

二等地是龙里县综合生产力较好的耕地,占全县耕地面积的 17.12%。主要由白云灰岩/白云岩坡残积物、泥页岩坡残积物、河流沉积物等发育而来。主要分布在盆地、山地坡脚、山地坡腰和山原坝地等地形部位上,土种以斑潮砂泥田、砂大眼泥田、小黄泥田和大眼泥田为主,排灌能力较强,基本能旱涝保收。农业生产耕作制度以油—稻、油—玉、稻—菜、辣椒、玉米、马铃薯、豌豆尖为主。养分分析结果表明,二等地土壤 pH 值在 4.49~7.99 之间,土壤有机质和有效钾含量较高,有效磷含量处于中等水平。总体来看,二等地土壤的养分状况较好,作物产量水平较高。

二等地的不足之处在于水田灌溉能力稍弱,旱地的排水能力较强。在用地过程中应注意合理利用,适宜种植中性、偏酸性的作物。实施秸秆还田和增施有机肥,以保证土壤养分的均衡,确保二等地综合生产能力的稳步提高。

三、三等地

(一)等级描述

龙里县三等地综合评价指数在 0.58~0.67 之间,农业生产耕作制度以油—稻、稻—菜、水稻、玉米、蔬菜为主。常年产量水稻在 5.0~5.7 t/hm² 之间,油菜 1.2~1.5 t/hm² 之间,马铃薯约 12 t/hm²。

(二)面积分布

龙里县三等地面积为 8771.29 hm²,占全县耕地面积的 29.33%,旱地比水田稍多,面积分别为 4559.18 hm² 和 4212.11 hm²。三等地分布最多的是洗马镇,面积 1980.62 hm²;其次是湾滩河镇,面积 1594.27 hm²;醒狮镇与龙山镇三等地面积相当,分别为 1363.66 hm² 和 1360.05 hm²;谷脚镇三等地面积为 1259.40 hm²;冠山街道办事处三等地面积 1213.28 hm²。

三等地水田面积有 4212.11 hm²,占全县水田面积的 34.23%。主要分布在湾滩河镇,面积为 1343.79 hm²,占三等地面积的 15.32%;其次是龙山镇,面积为 934.73 hm²,占三等地面积的 10.66%;冠山街道办事处、谷脚镇、洗马镇、醒狮镇最少,面积分别为 658.08、602.84、340.39 和 332.28 hm²。旱地面积 4559.18 hm²,占全县旱地面积的 25.90%。主要分布在洗马镇,面积为 1640.23 hm²,占三等地面积的 18.70%;其次是西北部的醒狮镇,三等地面积为 1031.38 hm²,占三等地面积的 11.76%;依次是谷脚镇、冠山街道办事处、龙山镇,面积分别为 656.56、555.2、425.32 hm²;湾滩河镇三等地最少,面积为 250.48 hm²(表 5-40)。

表 5-40 龙里县三等地面积分布统计表

镇（街道）	面积 (hm²)	占全县耕地面积比例(%)	水田 面积 (hm²)	水田 占三等地比例(%)	水田 占本镇(街道)耕地比例(%)	旱地 面积 (hm²)	旱地 占三等地比例(%)	旱地 占本镇(街道)耕地比例(%)
谷脚镇	1259.4	4.21	602.84	6.87	47.87	656.56	7.49	52.13
冠山街道办事处	1213.28	4.06	658.08	7.50	54.24	555.2	6.33	45.76
龙山镇	1360.05	4.55	934.73	10.66	68.73	425.32	4.85	31.27
湾滩河镇	1594.27	5.33	1343.79	15.32	84.29	250.48	2.86	15.71
洗马镇	1980.62	6.62	340.39	3.88	17.19	1640.23	18.70	82.81
醒狮镇	1363.66	4.56	332.28	3.79	24.37	1031.38	11.76	75.63
龙里县	8771.29	29.33	4212.11	48.02	—	4559.18	51.98	—

（三）耕地土壤类型

三等地土壤类型为潮土、粗骨土、黄壤、石灰土、水稻土等 5 个土类，分潮土、钙质粗骨土、酸性粗骨土、黄壤、黄壤性土、漂洗黄壤、黄色石灰土、黑色石灰土、漂洗型水稻土、潜育型水稻土、渗育型水稻土、脱潜型水稻土和潴育型水稻土等 13 个亚类。

按土属分，主要有潮砂泥土、白云砂土、砾石黄泥土、大黄泥土、黄泥土、黄砂泥土、黄砂土、幼大黄泥土、白鳝泥土、黑岩泥土、大泥土、白鳝泥田、烂锈田、冷浸田、马粪田、青黄泥田、鸭屎泥田、大泥田、黄泥田、干鸭屎泥田、斑潮泥田、斑黄泥田、大眼泥田、冷水田等 24 个土属。

土种以大泥土和黄砂泥土为主，面积为 1545.18 hm² 和 731.19 hm²，占三等耕地面积的 17.62% 和 8.34%；其次是小黄泥田，面积为 593.24 hm²，占三等耕地面积的 6.76%；砾石黄砂泥土、复钙黄泥土、黄泥土、大砂泥土、大泥田、砂大泥田、黄砂泥田、斑潮砂泥田、斑黄泥田、斑黄砂泥田、大眼泥田、砂大眼泥田 12 个土种的面积在 200~550 hm² 之间；中白鳝泥田、黄泥田、胶大眼泥田 3 个土种的面积在 100~200 hm² 之间；大黄泥土、油黄泥土、砾大泥土 3 个土种的面积在 50~100 hm² 之间；潮砂土、砾石黄泥土、油黄砂泥土、幼大黄泥土、白鳝泥土、岩泥土、油大泥土、熟白鳝泥田、浅脚烂泥田、深脚烂泥田、冷浸田、高位马粪田、青黄泥田、鸭屎泥田、黄扁砂泥田、斑潮泥田、斑黄胶泥田、冷水田 18 个土种的面积在 10~50 hm² 之间；而干鸭屎泥田、重白鳝泥田、黄砂土、砾石黄砂土、砾石大黄泥土、白云砂土 6 个土种的面积小于 10 hm²，尤以白云砂土的面积最小，仅 2.06 hm²，仅占三等耕地面积的 0.02%。（表 5-41）。

表5-41 龙里县三等地土种构成统计表

土 属	土 种	面积(hm²)	占全县耕地面积比例(%)	占三等地面积比例(%)
潮砂泥土	潮砂土	17.04	0.06	0.19
白云砂土	白云砂土	2.06	0.01	0.02
砾石黄泥土	砾石大黄泥土	3.91	0.01	0.04
	砾石黄泥土	26.42	0.09	0.30
	砾石黄砂泥土	492.60	1.65	5.62
	砾石黄砂土	2.34	0.01	0.03
大黄泥土	大黄泥土	82.62	0.28	0.94
黄泥土	复钙黄泥土	235.12	0.79	2.68
	黄泥土	422.47	1.41	4.82
	油黄泥土	71.42	0.24	0.81
黄砂泥土	复钙黄砂泥土	165.03	0.55	1.88
	黄砂泥土	731.19	2.44	8.34
	油黄砂泥土	22.29	0.07	0.25
黄砂土	黄砂土	5.38	0.02	0.06
幼大黄泥土	幼大黄泥土	38.38	0.13	0.44
白鳝泥土	白鳝泥土	12.54	0.04	0.14
黑岩泥土	岩泥土	40.99	0.14	0.47
大泥土	大泥土	1545.18	5.17	17.62
	大砂泥土	510.05	1.71	5.81
	砾大泥土	93.52	0.31	1.07
	油大泥土	38.64	0.13	0.44
白鳝泥田	熟白鳝泥田	20.72	0.07	0.24
	中白鳝泥田	110.52	0.37	1.26
	重白鳝泥田	3.72	0.01	0.04
烂锈田	浅脚烂泥田	24.17	0.08	0.28
	深脚烂泥田	16.72	0.06	0.19
冷浸田	冷浸田	14.86	0.05	0.17
马粪田	高位马粪田	15.99	0.05	0.18
青黄泥田	青黄泥田	12.28	0.04	0.14
鸭屎泥田	鸭屎泥田	30.70	0.10	0.35
大泥田	大泥田	221.74	0.74	2.53
	砂大泥田	292.62	0.98	3.34

续表 5-41

土 属	土 种	面积(hm^2)	占全县耕地面积比例(%)	占三等地面积比例(%)
黄泥田	黄扁砂泥田	10.51	0.04	0.12
	黄泥田	110.86	0.37	1.26
	黄砂泥田	467.10	1.56	5.33
干鸭屎泥田	干鸭屎泥田	8.44	0.03	0.10
斑潮泥田	斑潮泥田	27.95	0.09	0.32
	斑潮砂泥田	240.62	0.80	2.74
斑黄泥田	斑黄胶泥田	11.48	0.04	0.13
	斑黄泥田	439.52	1.47	5.01
	斑黄砂泥田	535.90	1.79	6.11
	小黄泥田	593.24	1.98	6.76
大眼泥田	大眼泥田	480.91	1.61	5.48
	胶大眼泥田	136.18	0.46	1.55
	砂大眼泥田	375.34	1.26	4.28
冷水田	冷水田	10.03	0.03	0.11
合 计	—	8771.29	29.33	100.00

(四)立地条件

三等地旱地比水田多,面积分别为4559.18 hm^2 和4212.11 hm^2。三等地主要分布在中丘坡脚、中丘坡腰、山原坡脚3种地形上,面积分别为2177.56、1781.89和1429.48 hm^2,占三等地面积的24.83%、20.31%和16.30%;其次是盆地、山原坡腰、山地坡脚3种地形上,面积在500~1000 hm^2之间,分别为962.35、737.78和563.26 hm^2,占三等地面积的10.97%、8.41%和6.42%;分布在山地坡腰、山原坝地、台地、中丘坝地的面积在200~300 hm^2;其余地形如山原冲沟、中丘冲沟、中丘坡顶等的三等地面积小于100 hm^2,尤以中丘坡顶三等地分布最少,面积为14.75 hm^2,仅占三等地面积的0.17%。

三等地海拔多集中在1060~1460 m之间,最高海拔为1604.68 m,最低海拔为855.62 m,平均海拔为1213.61 m。

坡度大多在0°~17°之间,其中0°~5°耕地面积为2709.31 hm^2,仅占三等地面积的30.89%;5°~10°耕地面积为2955.74 hm^2,占三等地面积的33.70%;10°~15°耕地面积为2583.77 hm^2,占三等地面积的29.46%;≥15°耕地面积为522.46 hm^2,占三等地面积的5.95%。

三等地耕地≥10 ℃积温均在3400 ℃以上,年降水量在1100~1200 mm之间,平均值为1107.71 mm。

(五)农田基础设施

三等地无灌(不具备条件或不计划发展灌溉)面积为 4266.94 hm², 占三等地面积的 48.65%; 能灌面积为 1407.22 hm², 占三等地面积的 16.04%; 保灌面积为 2851.17 hm², 占三等地面积的 32.51%; 不需灌溉面积为 114.72 hm², 仅占三等地面积的 1.31%; 可灌(将来可发展)面积为 131.24 hm², 仅占三等地面积的 1.50%。

三等地综合排水能力较强的面积为 2229.53 hm², 占三等地面积的 25.42%; 其余强、中、弱排水能力, 面积分别为 5975.86 hm²、451.18 hm² 和 114.72 hm², 依次占三等地面积的 68.13%、5.14% 和 1.31%。

(六)养分状况

龙里县三等地在各镇(街道)均有分布, 三等地土壤 pH 值在 4.47~8.00 之间, 平均为 6.76, 标准偏差为 0.93, 变异系数为 13.77。有机质含量在 13.68~86.50 g/kg 之间, 平均含量为 45.3 g/kg, 标准偏差为 10.67 g/kg, 变异系数为 23.56%, 从平均含量看, 三等地的有机质含量较为丰富。全氮含量处于适宜水平, 在 0.79~5.55 g/kg 之间, 平均含量为 2.52 g/kg, 标准偏差为 0.64 g/kg, 变异系数为 25.34%。碱解氮含量丰富, 在 67~388 mg/kg 之间, 平均含量为 197 mg/kg, 标准偏差为 46 mg/kg, 变异系数为 23.50%。有效磷含量处于适宜状态, 在 2.30~58.60 mg/kg 之间, 平均含量为 16.04 mg/kg, 标准偏差为 9.54 mg/kg, 变异系数为 59.46%。缓效钾的含量丰富, 在 30~695 mg/kg 之间, 平均含量为 213 mg/kg, 标准偏差为 127 mg/kg, 变异系数为 59.49%。速效钾的含量处于适宜状态, 在 407~4607 mg/kg 之间, 平均含量为 1587 mg/kg, 标准偏差为 697 mg/kg, 变异系数为 43.69%。从总体来看, 三等地各项养分指标(有机质、全氮、碱解氮、有效磷、缓效钾和速效钾等)都处于中等水平以上, 其中有机质和缓效钾含量丰富, 土壤养分状况较好(表 5-42)。

表 5-42 三等地土壤养分含量统计表

项 目	平均值	变 幅	标准偏差	变异系数(%)
pH 值	6.76	4.47~8.00	0.93	13.78
有机质(g/kg)	45.30	13.68~86.50	10.67	23.56
全 氮(g/kg)	2.52	0.79~5.55	0.64	25.37
碱解氮(mg/kg)	197	67~388	46	23.50
有效磷(mg/kg)	16.04	2.30~58.60	9.54	59.44
缓效钾(mg/kg)	213	30~695	127	59.49
速效钾(mg/kg)	158.06	40~460	69	43.69

1. pH 值及其分布状况

三等地土壤平均 pH 值 6.76; pH 值 ≥7.5 的耕地面积 3077.49 hm², 占三等地面积的 35.09%; pH 值 6.5~7.5 的耕地占三等地面积的 28.27%; pH 值 5.5~6.5 的耕地占三等地面积的 27.80%；pH 值 <5.5 的耕地占三等地面积的 8.84%（表 5-43）。

表 5-43 三等地土壤 pH 值的等级面积及比例统计情况表

含量等级	酸 性	微酸性	中 性	微碱性
pH 值	<5.5	5.5~6.5	6.5~7.5	≥7.5
面积（hm²）	1493.29	2603.39	1725.11	4486.27
占三等地比例（%）	8.84	27.80	28.27	35.09

2. 有机质含量及其分布状况

三等地有机质平均含量 45.30 g/kg；含量≥40 g/kg 的耕地面积 5683.25 hm²，占三等地面积的 64.79%；含量在 30~40 g/kg 的耕地占三等地面积的 26.16%；含量在 20~30 g/kg 的耕地占三等地面积的 8.24%；有机质含量 <20 g/kg 的耕地占三等地面积的 0.80%（表 5-44）。

表 5-44 三等地有机质含量的等级面积及比例统计情况表

有机质含量指标（g/kg）	≥40	30~40	20~30	<20
面积（hm²）	5683.25	2294.55	723.05	70.43
占三等地比例（%）	64.79	26.16	8.24	0.80

3. 全氮含量及其分布状况

三等地全氮平均含量 2.52 g/kg；含量≥2.00 g/kg 的耕地面积 4449.21 hm²，占三等地面积的 86.89%；含量在 1.50~2.00 g/kg 的耕地占三等地面积的 12.72%；含量在 1.00~1.50 g/kg 的耕地仅占三等地面积的 0.39%；三等地内无含量 <0.75 g/kg 的耕地土壤（表 5-45）。

表 5-45 三等地全氮含量的等级面积及比例统计情况表

全氮含量指标（g/kg）	≥2.00	1.50~2.00	1.00~1.50	<1.00
面积（hm²）	6663.94	1749.74	292.78	64.82
占三等地比例（%）	75.97	19.95	3.34	0.74

4. 碱解氮含量及其分布状况

三等地碱解氮平均含量 197 mg/kg；含量≥150 mg/kg 的耕地面积 7399.11 hm²，占三等地面积的 84.36%；含量在 120~150 mg/kg 的耕地占三等地面积的 12.44%；含量在 90~120 mg/kg 的耕地占三等地面积的 2.31%；含量 <90 mg/kg 的耕地最少，仅占三等地面积的 0.90%（表 5-46）。

表 5-46 三等地碱解氮含量的等级面积及比例统计情况表

碱解氮含量指标（mg/kg）	≥150	120~150	90~120	<90
面积（hm²）	7399.11	1091.14	202.33	78.7
占三等地比例（%）	84.36	12.44	2.31	0.90

5. 有效磷含量及其分布状况

三等地有效磷平均含量 16.04 mg/kg；含量≥40 mg/kg 的耕地面积 246.33 hm²，占三等地面积的 2.81%；含量在 20~40 mg/kg 的耕地面积 1997.37 hm²，占三等地面积的 22.77%；含量在 10~20 mg/kg 的耕地面积最大，占三等地面积的 49.68%；含量在 5~10 mg/kg 的耕地占三等地面积的 21.60%，含量<5 mg/kg 的耕地占三等地面积的 3.13%（表 5-47）。

表 5-47 三等地有效磷含量的等级面积及比例统计情况表

有效磷含量指标(mg/kg)	≥40	20~40	10~20	5~10	<5
面积(hm²)	246.33	1997.37	4357.98	1894.97	274.63
占三等地比例(%)	2.81	22.77	49.68	21.60	3.13

6. 缓效钾含量及其分布状况

三等地缓效钾平均含量 213 mg/kg；含量≥500 mg/kg 的耕地面积为 209.36 hm²，占三等地的 2.39%；含量在 330~500 mg/kg 的耕地占三等地面积的 19.38%；含量在 170~330 mg/kg 的耕地占三等地面积的 27.56%；含量在 70~170 mg/kg 的耕地面积最大，为 3886.48 hm²，占三等地面积的 44.31%；含量<70 mg/kg 的耕地占三等地面积的 6.36%（表 5-48）。

表 5-48 三等地缓效钾含量的等级面积及比例统计情况表

缓效钾含量指标(mg/kg)	≥500	330~500	170~330	70~170	<70
面积(hm²)	209.36	1700.29	2417.15	3886.48	558
占三等地比例(%)	2.39	19.38	27.56	44.31	6.36

7. 速效钾含量及其分布状况

三等地速效钾平均含量 1587 mg/kg；含量≥200 mg/kg 的耕地面积 1835.83 hm²，占三等地面积的 35.85%；含量在 150~200 mg/kg 的耕地占三等地面积的 15.51%；含量在 100~150 mg/kg 的耕地占三等地面积的 31.08%；含量<100 mg/kg 的耕地占三等地面积的 17.56%（表 5-49）。

表 5-49 三等地速效钾含量的等级面积及比例统计情况表

速效钾含量指标(mg/kg)	≥200	150~200	100~150	<100
面积(hm²)	2583.25	1831.03	2229.54	2127.46
占三等地比例(%)	29.45	20.88	25.42	24.25

（七）主要属性

三等地水田土壤的剖面构型主要为 Aa-Ap-W-C 和 Aa-Ap-P-C。旱地土壤的剖面构型主要为 A-B-C、A-C 和 A-AC-C。A-B-C 构型的土壤发育程度最低，没有淀积层形成。水田土壤的有效土层厚度为 40.00~100.00 cm,平均为 74.00 cm;耕层厚度为 13.00~18.00 cm,平均值为 14.50 cm,质地以壤土和粉砂质壤土为主。旱地土壤的有效土层在 30.00~100.00 cm 之间,平均有效土层厚度为 70.71 cm,耕层厚度在 15.00~25.00 cm,平均值为 11.63 cm,质地以砂质粘土和壤质粘土为主。

(八)生产性能及管理

三等地是龙里县综合生产力中等偏上耕地,占全县耕地面积的 29.33%。主要是由砂质岩坡残积物、泥页岩坡残积物、白云岩坡残积物、石灰岩溪坡残积物、砂页岩风化坡残积物等发育而来,土种以大泥土和黄砂泥土为主。主要分布在龙里县的中丘坡脚、中丘坡腰、山原坡脚上。农业生产耕作制度以油—玉、稻—菜、辣椒、玉米、豌豆尖为主。养分分析结果表明,三等地土壤中性偏酸,有机质和速效钾含量较高,有效磷含量在中等水平。总体上来看,三等地土壤的养分状况中等偏上,作物产量水平较高,基本上能保证粮食的生产。

三等耕地的不足之处在于:耕地土壤缓效钾和碱解氮含量稍低,对于作物产量的提高和品质的改善有较大影响。对于三等耕地应加强土壤培肥措施,科学管理经营,确保三等地综合生产能力的逐渐提高。

四、四等地

(一)等级描述

龙里县四等地,综合评价指数在 0.49~0.58 之间,农业生产耕作制度以油—稻、油—玉、菜—菜、玉米、水稻为主。常年产量水稻在 5.0~5.4 t/hm² 之间,油菜 0.8~1.2 t/hm² 之间,马铃薯约 9.0 t/hm²。

(二)面积分布

龙里县四等地面积为 10 308.07 hm²,占全县耕地面积的 34.47%,利用类型绝大多数为旱地,面积为 7776.03 hm²,水田面积为 2532.02 hm²。四等地面积最大的是洗马镇,共 3099.52 hm²,其次是龙山镇,面积 2145.04 hm²,第三是谷脚镇,依次是湾滩河镇、冠山街道办事处、醒狮镇,面积分别为 1677.28、1364.57、1121.23 和 900.41 hm²。

四等地中水田面积为 2532.03 hm²,仅占全县水田面积的 20.58%,集中分布在龙山镇和湾滩河镇,面积为 1257.75、612.64 hm²。依次是谷脚镇、洗马镇、冠山街道办事处、醒狮镇,面积分别为 261.22、159.62、123.95、116.84 hm²。旱地面积共有 7776.04 hm²,占全县旱地面积的 44.18%,主要分布在洗马镇和谷脚镇,面积分别为 2939.90、1416.06 hm²,占四等地面积的 33.52% 和 16.14%;其次是冠山街道办事处、龙山镇、醒狮镇、湾滩河镇,面积分别为 997.28、887.29、783.57、751.93 hm²(表 5-50)。

表 5–50　龙里县四等地面积分布统计表

镇(街道)	面积(hm²)	占全县耕地面积比例(%)	水田 面积(hm²)	水田 占四等地比例(%)	水田 占本镇(街道)耕地比例(%)	旱地 面积(hm²)	旱地 占四等地比例(%)	旱地 占本镇(街道)耕地比例(%)
谷脚镇	1677.28	5.61	261.22	2.98	15.57	1416.06	16.14	84.43
冠山街道办事处	1121.23	3.75	123.95	1.41	11.05	997.28	11.37	88.95
龙山镇	2145.04	7.17	1257.75	14.34	58.64	887.29	10.12	41.36
湾滩河镇	1364.57	4.56	612.64	6.98	44.90	751.93	8.57	55.10
洗马镇	3099.52	10.36	159.62	1.82	5.15	2939.9	33.52	94.85
醒狮镇	900.41	3.01	116.84	1.33	12.98	783.57	8.93	87.02
龙里县	10308.05	34.47	2532.02	28.87	—	7776.03	88.65	—

(三)耕地土壤类型

四等地土壤类型为粗骨土、黄壤、石灰土、水稻土 4 个土类,分钙质粗骨土、酸性粗骨土、黄壤、黄壤性土、漂洗黄壤、黑色石灰土、黄色石灰土、漂洗型水稻土、潜育型水稻土、渗育型水稻土、潴育型水稻土等 11 个亚类。

按土属分,主要有白云砂土、砾石黄泥土、大黄泥土、黄泥土、黄砂泥土、黄砂土、幼大黄泥土、白鳝泥土、黑岩泥土、大泥土、白砂田、白鳝泥田、烂锈田、冷浸田、马粪田、青黄泥田、鸭屎泥田、大泥田、黄泥田、斑黄泥田、大眼泥田、冷水田等 22 个土属。

土种以大泥土为主,面积为 2032.62 hm²,占四等地面积的 19.72%;其次是黄砂泥土和大砂泥土,面积为 1613.18 hm² 和 1208.58 hm²,占四等地面积的 15.65% 和 11.72%。大黄泥土、黄泥土、黄砂土、岩泥土、砾大泥土、大泥田、黄砂泥田、斑黄砂泥田、大眼泥田和砂大眼泥田 10 个土种面积在 200~600 hm² 之间;小黄泥田、斑黄泥田、砂大泥田、中白鳝泥田、复钙黄砂泥土、复钙黄泥土、砾石黄泥土 7 个土种面积在 100~200 hm² 之间;白云砂土、白鳝泥土、重白鳝泥田、黄扁砂泥田、斑黄胶泥田 5 个土种面积在 50~100 hm² 之间;砾石大黄泥土、油黄泥土、幼大黄泥土、油大泥土、熟白鳝泥田、青黄泥田、黄泥田、冷水田 8 个土种面积在 10~50 hm² 之间;而鸭屎泥田、青黄砂泥田、高位马粪田、浅脚烂泥田、油黄砂泥土、砾石黄砂土 6 个土种面积小于 10 hm²,尤以高位马粪田面积最小,仅 0.62 hm²,比例不到四等地面积的 0.01%(表 5–51)。

表 5-51 龙里县四等地土种构成统计表

土 属	土 种	面积（hm²）	占全县耕地面积比例(%)	占四等地面积比例(%)
白云砂土	白云砂土	90.56	0.30	0.88
砾石黄泥土	砾石大黄泥土	13.08	0.04	0.13
	砾石黄泥土	194.33	0.65	1.89
	砾石黄砂泥土	616.86	2.06	5.98
	砾石黄砂土	3.03	0.01	0.03
大黄泥土	大黄泥土	296.83	0.99	2.88
黄泥土	复钙黄泥土	193.13	0.65	1.87
	黄泥土	377.56	1.26	3.66
	油黄泥土	16.87	0.06	0.16
黄砂泥土	复钙黄砂泥土	180.54	0.60	1.75
黄砂泥土	黄砂泥土	1613.18	5.39	15.65
	油黄砂泥土	8.61	0.03	0.08
黄砂土	黄砂土	261.48	0.87	2.54
幼大黄泥土	幼大黄泥土	31.81	0.11	0.31
白鳝泥土	白鳝泥土	71.54	0.24	0.69
黑岩泥土	岩泥土	230.86	0.77	2.24
大泥土	大泥土	2032.62	6.80	19.72
	大砂泥土	1208.58	4.04	11.72
	砾大泥土	323.32	1.08	3.14
	油大泥土	11.24	0.04	0.11
白砂田	白砂田	150.71	0.50	1.46
白鳝泥田	熟白鳝泥田	19.21	0.06	0.19
	中白鳝泥田	113.87	0.38	1.10
	重白鳝泥田	62.91	0.21	0.61
烂锈田	浅脚烂泥田	9.46	0.03	0.09
冷浸田	冷浸田	22.26	0.07	0.22
马粪田	高位马粪田	0.62	0.002	0.01
青黄泥田	青黄泥田	19.36	0.06	0.19
	青黄砂泥田	7.54	0.03	0.07
鸭屎泥田	鸭屎泥田	6.46	0.02	0.06
大泥田	大泥田	210.31	0.70	2.04
	砂大泥田	133.20	0.45	1.29

续表 5-51

土 属	土 种	面积（hm²）	占全县耕地面积比例(%)	占四等地面积比例(%)
黄泥田	黄扁砂泥田	52.81	0.18	0.51
	黄泥田	31.82	0.11	0.31
	黄砂泥田	279.30	0.93	2.71
斑黄泥田	斑黄胶泥田	65.07	0.22	0.63
	斑黄泥田	173.57	0.58	1.68
	斑黄砂泥田	349.77	1.17	3.39
	小黄泥田	112.12	0.37	1.09
大眼泥田	大眼泥田	458.00	1.53	4.44
	砂大眼泥田	228.80	0.77	2.22
冷水田	冷水田	24.86	0.08	0.24
合 计	—	10 308.07	34.47	100.00

(四)立地条件

龙里县四等地中,水田面积为 2532.03 hm²,仅占全县耕地面积的 8.47%。旱地面积共有 7776.04 hm²,占全县耕地面积的 26.00%。四等地主要分布在中丘坡腰、山原坡脚等地形部位,其分布面积都在 2000 hm² 以上,尤以中丘坡腰最多,面积分别为 2196.70 hm² 和 2022.31 hm²,占四等地面积的 21.31% 和 19.62%;其次是山原坡腰、中丘坡脚和山地坡腰 3 种地形部位的,面积在 1000~1500 hm² 之间;山地坡脚、台地 2 种地形部位的面积在 600~1000 hm² 之间;盆地、山原坝地及山原冲沟 3 种地形部位的,面积在 100~200 hm² 之间。其余地形如中丘坝地、中丘冲沟、中丘坡顶 3 种中丘地形的面积在 100 hm² 以下,所占面积分别为 83.06 hm²、66.00 hm² 和 15.00 hm²。

四等地海拔多集中在 1000.00~1420.00 m 之间,最高海拔为 1628.86 m,最低海拔为 900.01 m,平均海拔为 1976.00 m。

四等地分布坡度大多在 0°~24° 之间,其中 0°~5° 耕地面积为 3282.25 hm²,仅占四等地面积的 31.84%;5°~10° 耕地面积为 2131.11 hm²,占四等地面积的 20.67%;10°~15° 耕地面积为 2670.17 hm²,占四等地面积的 25.91%;15°~20° 耕地面积为 1573.93 hm²,占四等地面积的 15.27%;≥20° 坡地面积为 650.61 hm²,占四等地面积的 6.31%。

四等地耕地 ≥10 ℃ 积温均在 3400 ℃ 以上,年降水量在 1100~1200 mm 之间,平均值为 1103.89 mm。

(五)农田基础设施

四等地保灌面积为 1412.18 hm²,占四等地面积的 13.70%;不需灌溉面积为 65.71 hm²,占四等地面积的 0.64%;可灌(将来可发展)面积为 297.64 hm²,占四等地面积的 2.89%;能灌面积为854.18 hm²，占四等地面积的8.29%；无灌（不具备条件或不计划发展灌溉）面积为7678.36 hm²，占四等地面积的74.49%。

四等地综合排水能力较强和强的面积分别为1965.13 hm²和7584.20 hm²，占四等地面积的19.06%和73.58%。其余中、弱排水能力，面积分别为693.03 hm²和65.71 hm²，依次占四等地面积的6.72%和0.64%。

（六）养分状况

四等地土壤pH值在4.41～9.09之间，平均为6.67，标准偏差为1.05，变异系数为15.70%。土壤有机质含量在7.12～78.98 g/kg之间，平均含量为41.63 g/kg，标准偏差为10.61 g/kg，变异系数为25.48%，从平均含量看，四等地的有机质含量较为丰富。全氮含量在0.79～4.59 g/kg之间，平均含量为2.34 g/kg，标准偏差为0.60 g/kg，变异系数为25.74%。碱解氮含量处于适宜状态，在30～369 mg/kg之间，平均含量为185 mg/kg，标准偏差为43.4 mg/kg，变异系数为23.48%。有效磷含量处于适宜状态，在2.00～57.70 mg/kg之间，平均含量为13.87 mg/kg，标准偏差为7.46 mg/kg，变异系数为53.75%。缓效钾含量丰富，在30～631 mg/kg之间，平均含量为176 mg/kg，标准偏差为104 mg/kg，变异系数为59.18%。速效钾含量处于适宜状态，在40～430 mg/kg之间，平均含量为142 mg/kg，标准偏差为55 mg/kg，变异系数为38.73%。从总体来看，四等地各项养分指标（有机质、有效磷、缓效钾和速效钾等）都处于中等水平以上，其中有机质和缓效钾含量丰富，土壤养分状况好（表5-52）。

表5-52　四等地土壤养分含量统计表

项　目	平均值	变　幅	标准偏差	变异系数(%)
pH值	6.67	4.41～8.09	1.05	15.70
有机质(g/kg)	41.63	7.12～78.98	10.61	25.48
全　氮(g/kg)	2.34	0.79～4.59	0.60	25.74
碱解氮(mg/kg)	185	30～369	43.4	23.48
有效磷(mg/kg)	13.87	2.00～57.70	7.46	53.75
缓效钾(mg/kg)	176	30～631	104	59.18
速效钾(mg/kg)	142	40～430	55	38.73

1. pH值及其分布状况

四等地土壤平均pH值为6.67；pH值≥7.5的耕地面积3077.49 hm²，占四等地面积的43.52%；pH值6.5～7.5的耕地占四等地面积的16.74%；pH值5.5～6.5的耕地占四等地面积的25.26%；pH值<5.5的耕地占四等地面积的14.49%（表5-53）。

表 5-53　四等地土壤 pH 值的等级面积及比例统计情况表

含量等级	酸性	微酸性	中性	微碱性
pH 值	<5.5	5.5~6.5	6.5~7.5	≥7.5
面积(hm²)	775.42	2438.39	2479.98	3077.49
占四等地比例(%)	14.49	25.26	16.74	43.52

2. 有机质含量及其分布状况

四等地有机质平均含量 41.63 g/kg；含量≥40 g/kg 的耕地面积 4706.10 hm²，占四等地面积的 45.65%；含量在 30~40 g/kg 的耕地占四等地面积的 31.73%；含量在 20~30 g/kg 的耕地占四等地面积的 20.84%；有机质含量<20 g/kg 的耕地占四等地面积的 1.78%（表 5-54）。

表 5-54　四等地有机质含量的等级面积及比例统计情况表

有机质含量指标(g/kg)	≥40	30~40	20~30	<20
面积(hm²)	4706.10	3270.30	2148.54	183.13
占四等地比例(%)	45.65	31.73	20.84	1.78

3. 全氮含量及其分布状况

四等地全氮平均含量 2.34 g/kg；含量≥2.00 g/kg 的耕地面积 6041.71 hm²，占四等地面积的 58.61%；含量在 1.50~2.00 g/kg 的耕地占四等地面积的 32.95%；含量在 1.00~1.50 g/kg 的耕地占四等地面积的 7.27%；含量<1.00 g/kg 的耕地占四等地面积的 1.17%（表 5-55）。

表 5-55　四等地全氮含量的等级面积及比例统计情况表

全氮含量指标(g/kg)	≥2.00	1.50~2.00	1.00~1.50	<1.00
面积(hm²)	6041.71	3396.57	749.53	120.26
占四等地比例(%)	58.61	32.95	7.27	1.17

4. 碱解氮含量及其分布状况

四等地碱解氮平均含量 185 mg/kg；含量≥150 mg/kg 的耕地面积 7194.33 hm²，占四等地面积的 69.79%；含量在 120~150 mg/kg 的耕地占四等地面积的 22.07%；含量在 90~120 mg/kg 的耕地占四等地面积的 6.48%；含量<90 mg/kg 的耕地最少，仅占四等地面积的 1.66%（表 5-56）。

表 5-56　四等地碱解氮含量的等级面积及比例统计情况表

碱解氮含量指标(mg/kg)	≥150	120~150	90~120	<90
面积(hm²)	7194.33	2275.25	667.63	170.86
占四等地比例(%)	69.79	22.07	6.48	1.66

5. 有效磷含量及其分布状况

四等地有效磷平均含量 13.87 mg/kg；含量≥40 mg/kg 的耕地面积 64.43 hm²，占四等地面积的 0.63%；含量在 20~40 mg/kg 的耕地面积 1637.25 hm²，占四等地面积的 15.88%；含量在 10~20 mg/kg 的耕地面积最大，占四等地面积的 51.15%；含量在 5~10 mg/kg 的耕地占四等地面积的 25.02%，含量 <5 mg/kg 的耕地占四等地面积的 7.32%（表5-57）。

表5-57 四等地有效磷含量的等级面积及比例统计情况表

有效磷含量指标（mg/kg）	≥40	20~40	10~20	5~10	<5
面积（hm²）	64.43	1637.25	5272.42	2579.39	754.58
占四等地比例（%）	0.63	15.88	51.15	25.02	7.32

6. 缓效钾含量及其分布状况

四等地缓效钾平均含量 176 mg/kg；含量≥500 mg/kg 的耕地面积为 197.02 hm²，占四等地面积的 1.91%；含量在 330~500 mg/kg 的耕地占四等地面积的 10.43%；含量在 170~330 mg/kg 的耕地占四等地面积的 24.79%；含量在 70~170 mg/kg 的耕地面积最大，为 5785.5 hm²，占四等地面积的 56.13%；含量 <70 mg/kg 的耕地占四等地面积的 6.74%（表5-58）。

表5-58 四等地缓效钾含量的等级面积及比例统计情况表

缓效钾含量指标（mg/kg）	≥500	330~500	170~330	70~170	<70
面积（hm²）	197.02	1074.65	2555.8	5785.5	695.1
占四等地比例（%）	1.91	10.43	24.79	56.13	6.74

7. 速效钾含量及其分布状况

四等地速效钾平均含量 142 mg/kg；含量≥200 mg/kg 的耕地面积 1958.55 hm²，占四等地面积的 19.00%；含量在 150~200 mg/kg 的耕地占四等地面积的 26.46%；含量在 100~150 mg/kg 的耕地占四等地面积的 32.63%；含量 <100 mg/kg 的耕地占四等地面积的 21.91%（表5-59）。

表5-59 四等地速效钾含量的等级面积及比例统计情况表

速效钾含量指标（mg/kg）	≥200	150~200	100~150	<100
面积（hm²）	1958.55	2727.45	3363.55	2258.52
占四等地比例（%）	19.00	26.46	32.63	21.91

（七）主要属性

四等地水田的剖面构型主要为 Aa-AP-W-C 和 Aa-AP-P-C，旱地的剖面构型主要为 A-B-C 和 A-AC-C，主要由石灰岩坡残积物、砂页岩风化坡残积物、白云灰岩/白云岩残坡积物、砂页岩坡残积物等发育而成。水田的有效土层厚度在 40.00~100.00 cm 之间，平均有效土层厚度为 63.00 cm，耕层厚度平均为 13.30 cm，质地以壤质粘土、粘壤土和壤土为主。旱地的有效土层厚度为 30.00~100.00 cm 之间，平均有效土层厚度为 67.68 cm，耕层厚度在 13.00~20.00 cm 之间，平均值为 18.59 cm，质地以砂质壤土、壤质粘土、砂质粘壤土、粘壤土和壤土为主。

(八)生产性能及管理

四等地是龙里县综合生产力中等偏下的耕地，占全县耕地面积的 34.47%。主要由石灰岩坡残积物、砂页岩风化坡残积物、白云灰岩/白云岩残坡积物、砂页岩坡残积物等发育而成。四等地主要分布在中丘坡腰、山原坡脚、山原坡腰、中丘坡脚和山地坡腰上，土种以大泥土、黄砂泥土和大砂泥土为主。排灌能力强和较强。农业生产耕作制度以油—稻、油—玉、菜—菜、豌豆尖、辣椒、水稻、玉米为主。养分分析结果表明，四等地土壤有机质和速效钾含量均在中等偏上水平。总体上来看，四等地土壤的保肥能力一般，作物产量水平较差，粮食产量不稳定。

对于四等地应加强土壤培肥措施，科学管理经营，生产上应重点防止土壤肥力的衰退，做到用、养结合，增加有机肥的施用比例。

五、五等地

(一)等级描述

龙里县五等地综合评价指数在 0.40~0.49 之间，单季以水稻、玉米为主，常年产量水稻在 4.0~4.5 t/hm² 之间，玉米在 3.0~3.5 t/hm² 之间，马铃薯约 7.5 t/hm²。

(二)面积分布

龙里县五等地面积为 3704.09 hm²，占全县耕地面积的 12.39%。利用类型绝大多数为旱地，面积为 3388.62 hm²，水田面积仅 315.47 hm²。五等地主要分布在西南部龙山镇原草原乡片区、龙里县东部洗马镇原哪嗙乡片区、湾滩河镇原摆省乡片区、谷脚镇的高新、谷冰片区，以龙山镇分布面积最大，其次是洗马镇，再次是湾滩河镇、谷脚镇、醒狮镇、冠山街道办事处，面积分别为 919.64、839.52、785.4、766.57、227.74、165.23 hm²。

五等地中水田面积有 315.47 hm²，仅占全县水田面积的 2.56%，除冠山街道办事处外，其余各镇均有分布，龙山镇分布最广，面积为 191.47 hm²，其次是湾滩河镇，面积为 69.08 hm²，其他镇分布在 50 hm² 以下，醒狮镇的面积分布最少，面积为 5.68 hm²。

五等地中旱地共有 3388.62 hm²，占全县旱地面积的 19.25%，主要分布在洗马镇、龙山镇、谷脚镇、湾滩河镇，面积为 829.00、728.17、727.10、716.32 hm²，而醒狮镇、冠山街道办事处分布较少，面积为 222.06、165.23 hm²，仅占五等地面积的 2.53% 和 1.88%(表 5-60)。

表 5-60　龙里县五等地面积分布统计表

镇(街道)	面积(hm²)	占全县耕地面积比例(%)	水田 面积(hm²)	水田 占五等地比例(%)	水田 占本镇(街道)耕地比例(%)	旱地 面积(hm²)	旱地 占五等地比例(%)	旱地 占本镇(街道)耕地比例(%)
谷脚镇	766.57	2.56	39.47	0.45	5.15	727.1	8.29	94.85
冠山街道办事处	165.23	0.55	0	0.00	0.00	165.23	1.88	100.00
龙山镇	919.64	3.08	191.47	2.18	20.82	728.17	8.30	79.18
湾滩河镇	785.4	2.63	69.08	0.79	8.80	716.32	8.17	91.20
洗马镇	839.52	2.81	9.77	0.11	1.16	829.75	9.46	98.84
醒狮镇	227.74	0.76	5.68	0.06	2.49	222.06	2.53	97.51
龙里县	3704.09	12.39	315.47	8.52	—	3388.62	91.48	—

(三)耕地土壤类型

五等地土壤类型主要以黄壤、石灰土为主,土种以大泥土为主,面积为 676.21 hm²,占五等地面积的 18.26%;其次是砾石黄砂泥土,面积为 629.32 hm²,占五等地面积的 16.99%;黄砂泥土面积位于第三,为 573.87 hm²,占五等地面积的 15.49%;大黄泥土、黄砂土、岩泥土、大砂泥土 4 个土种面积在 250~350 hm² 之间;除黄泥土面积在 100 hm² 以上,为 107.96 hm² 外,其余的土种面积均在 100 hm² 以下。其中的砾石大黄泥土、白砂田、大泥田、黄砂泥田 4 个土种面积在 50~100 hm² 之间;白云砂土、砾石黄泥土、砾石黄砂土、复钙黄泥土、复钙黄砂泥土、白鳝泥土、砾大泥土、中白鳝泥田、重白鳝泥田、浅脚烂泥田、深脚烂泥田、砂大泥田 12 个土种面积在 10~50 hm² 之间;黄泥田、黄扁砂泥田、青黄砂泥田、青黄泥田、幼大黄泥土、黄胶泥土 5 个土种面积在 10 hm² 以下,尤其以黄胶泥土面积最小,为 0.81 hm²,仅占五等地面积的 0.02%(表 5-61)。

表 5-61　龙里县五等地土种构成统计表

土 属	土 种	面积(hm²)	占全县耕地面积比例(%)	占五等地面积比例(%)
白云砂土	白云砂土	25.87	0.09	0.70
砾石黄泥土	砾石大黄泥土	32.06	0.11	0.87
砾石黄泥土	砾石黄泥土	16.04	0.05	0.43
砾石黄泥土	砾石黄砂泥土	629.32	2.10	16.99
砾石黄泥土	砾石黄砂土	52.26	0.17	1.41
大黄泥土	大黄泥土	293.05	0.98	7.91

续表 5-61

土属	土种	面积（hm²）	占全县耕地面积比例(%)	占五等地面积比例(%)
黄泥土	复钙黄泥土	26.35	0.09	0.71
	黄胶泥土	0.81	0.00	0.02
黄泥土	黄泥土	107.96	0.36	2.91
黄砂泥土	复钙黄砂泥土	47.07	0.16	1.27
	黄砂泥土	573.87	1.92	15.49
黄砂土	黄砂土	265.55	0.89	7.17
幼大黄泥土	幼大黄泥土	7.68	0.03	0.21
白鳝泥土	白鳝泥土	34.98	0.12	0.94
黑岩泥土	岩泥土	313.97	1.05	8.48
大泥土	大泥土	676.21	2.26	18.26
	大砂泥土	238.68	0.80	6.44
	砾大泥土	46.89	0.16	1.27
白砂田	白砂田	61.72	0.21	1.67
白鳝泥田	中白鳝泥田	19.13	0.06	0.52
	重白鳝泥田	39.74	0.13	1.07
烂锈田	浅脚烂泥田	12.21	0.04	0.33
	深脚烂泥田	29.14	0.10	0.79
青黄泥田	青黄泥田	2.52	0.01	0.07
	青黄砂泥田	5.68	0.02	0.15
大泥田	大泥田	53.63	0.18	1.45
	砂大泥田	21.93	0.07	0.59
黄泥田	黄扁砂泥田	1.56	0.01	0.04
	黄泥田	4.39	0.01	0.12
	黄砂泥田	63.81	0.21	1.72
合计	—	3704.09	12.39	100.00

(四)立地条件

龙里县五等地中,旱地共有3388.62 hm²,占全县耕地面积的11.33%,占五等地面积的91.48%;而水田面积极小,为315.47 hm²,仅占全县耕地面积的1.06%。五等地主要分布在山原坡脚,面积为1404.07 hm²,占五等地面积的37.91%;其次是山原坡腰地形部位,面积为960.68 hm²,占五等地面积的25.94%;再次就是台地、中丘坡腰、中丘坡脚和山地坡腰4种地形部位,面积在100～600 hm²之间,分别为532.61、368.49、205.30和107.13 hm²。其余地形如盆地、山地坡脚、山原冲沟、中丘坡顶4种地形的五等地面积在10～50 hm²之间;而山原坝地、中丘冲沟2种地形的五等地分布小于10 hm²,依次为1.29 hm²和1.90 hm²,仅占五等地面积的0.03%、0.05%。

五等地海拔多集中在1100.00~1540.00 m之间,最高海拔为1646.71 m,最低海拔为980.00 m,平均海拔为1363.63 m。

五等地分布坡度大多在0°~27°之间,其中0°~5°耕地面积为920.11 hm²,占五等地面积的24.84%;5°~10°耕地面积为875.45 hm²,占五等地面积的23.63%;10°~15°耕地面积为856.82 hm²,占五等地面积的23.13%;15°~20°耕地面积为594.54 hm²,占五等地面积的16.06%;20°~25°耕地面积为259.05 hm²,占五等地面积的6.99%;≥25°坡地面积为198.12 hm²,占五等地面积的5.35%。

五等地耕地≥10 ℃积温均在3400 ℃以上,年降水量在1100~1200 mm之间,平均值为1107.46 mm。

(五)农田基础设施

五等地无灌(不具备条件或不计划发展灌溉)面积为3379.12 hm²,占五等地面积的91.23%;能灌面积为154.82 hm²,占五等地面积的4.18%;可灌(将来可发展)的面积为120.60 hm²,占五等地面积的3.26%;而不需灌溉面积仅49.55 hm²,仅占五等地面积的1.34%。

五等地综合排水能力较强的面积为531.13 hm²,占五等地面积的14.34%;综合排水能力强的面积为2958.92 hm²,占五等地面积的79.88%;其余为中和弱,面积分别为164.50 hm²和49.55 hm²,依次占五等地面积的4.44%和1.34%。

(六)养分状况

五等地土壤pH值在4.32~7.99之间,平均6.48,标准偏差为1.10,变异系数为169.96%。土壤有机质含量在11.90~74.44 g/kg之间,平均含量为38.12 g/kg,标准偏差为9.43 g/kg,变异系数为24.73%,从平均含量看,五等地的有机质含量偏低。全氮含量在0.70~4.56 g/kg之间,处于一般水平,平均含量为2.16 g/kg,标准偏差为0.52 g/kg,变异系数为24.24%。碱解氮含量中等偏下,在72~353 mg/kg之间,平均含量为179 mg/kg,标准偏差为39 mg/kg,变异系数为22.03%。有效磷含量处于适宜状态,在1.80~47.33 mg/kg之间,平均含量为11.88 mg/kg,标准偏差为6.95 mg/kg,变异系数为58.53%。缓效钾含量丰富,在35~470 mg/kg之间,平均含量为159 mg/kg,标准偏差为68 mg/kg,变异系数为42.81%。速效钾含量处于适宜状态,在38~260 mg/kg之间,平均含量为128 mg/kg,标准偏差为39 mg/kg,变异系数为30.23%(表5-62)。

表5-62 五等地土壤养分含量统计表

项 目	平均值	变 幅	标准偏差	变异系数(%)
pH值	6.48	4.47~8.00	1.10	16.96
有机质(g/kg)	38.12	13.68~86.50	9.43	24.73

续表 5－62

项　目	平均值	变　幅	标准偏差	变异系数（%）
全　氮（g/kg）	2.16	0.79～5.55	0.52	24.24
碱解氮（mg/kg）	179	67～388	39	22.03
有效磷（mg/kg）	11.88	2.30～58.60	6.95	58.53
缓效钾（mg/kg）	159	30～695	68	42.81
速效钾（mg/kg）	128	40～460	39	30.23

1. pH 值及其分布状况

五等地土壤平均 pH 值为 6.48；pH 值≥7.5 的耕地面积 1369.56 hm²，占五等地面积的 36.97%；pH 值 6.5～7.5 的耕地占五等地面积的 9.29%；pH 值 5.5～6.5 的耕地占五等地面积的 30.07%；pH 值<5.5 的耕地占五等地面积的 23.67%（表 5－63）。

表 5－63　五等地土壤 pH 值的等级面积及比例统计情况表

含量等级	酸性	微酸性	中性	微碱性
pH 值	<5.5	5.5～6.5	6.5～7.5	≥7.5
面积（hm²）	876.72	1113.75	344.06	1369.56
占五等地比例（%）	23.67	30.07	9.29	36.97

2. 有机质含量及其分布状况

五等地有机质平均含量 38.12 g/kg；含量≥40 g/kg 的耕地面积 1480.63 hm²，占五等地面积的 39.97%；含量在 30～40 g/kg 的耕地占五等地面积的 38.56%；含量在 20～30 g/kg 的耕地占五等地面积的 19.46%；有机质含量<20 g/kg 的耕地占五等地面积的 2.01%（表 5－64）。

表 5－64　五等地有机质含量的等级面积及比例统计情况表

有机质含量指标（g/kg）	≥40	30～40	20～30	<20
面积（hm²）	1480.65	1428.27	720.69	74.48
占五等地比例（%）	39.97	38.56	19.46	2.01

3. 全氮含量及其分布状况

五等地全氮平均含量 2.16 g/kg；含量≥2.00 g/kg 的耕地面积 2087.24 hm²，占五等地面积的 56.35%；含量在 1.50～2.00 g/kg 的耕地占五等地面积的 35.27%；含量在 1.00～1.50 g/kg的耕地占五等地面积的 8.08%；含量<1.00 g/kg 的耕地仅占五等地面积的 0.03%（表 5－65）。

表 5-65　五等地全氮含量的等级面积及比例统计情况表

全氮含量指标(g/kg)	≥2.00	1.50~2.00	1.00~1.50	<1.00
面积(hm²)	2087.24	1306.56	299.27	11.01
占五等地比例(%)	56.35	35.27	8.08	0.30

4. 碱解氮含量及其分布状况

五等地碱解氮平均含量 179 mg/kg；含量≥150 mg/kg 的耕地面积 2886.72 hm²，占五等地面积的 77.93%；含量在 120~150 mg/kg 的耕地占五等地面积的 16.25%；含量在 90~120 mg/kg 的耕地占五等地面积的 4.24%；含量<90 mg/kg 的耕地最少，仅占五等地面积的 1.58%（表 5-66）。

表 5-66　五等地碱解氮含量的等级面积及比例统计情况表

碱解氮含量指标(mg/kg)	≥150	120~150	90~120	<90
面积(hm²)	2886.72	602.00	156.92	58.45
占五等地比例(%)	77.93	16.25	4.24	1.58

5. 有效磷含量及其分布状况

五等地有效磷平均含量 11.88 mg/kg；含量≥40 mg/kg 的耕地面积最少，仅占五等地面积的 0.11%；含量在 20~40 mg/kg 的耕地占五等地面积的 9.90%；含量在 10~20 mg/kg 的耕地面积最大，有 1618.61 hm²，占五等地面积的 43.70%；含量在 5~10 mg/kg 的耕地占五等地面积的 35.98%，含量<5 mg/kg 的耕地占五等地面积的 10.32%（表 5-67）。

表 5-67　五等地有效磷含量的等级面积及比例统计情况表

有效磷含量指标	≥40	20~40	10~20	5~10	<5
面积(hm²)	3.90	366.89	1618.61	1332.55	382.13
占五等地比例(%)	0.11	9.90	43.70	35.98	10.32

6. 缓效钾含量及其分布状况

五等地缓效钾平均含量 159 mg/kg；无含量≥500 mg/kg 的耕地土壤；含量在 330~500 mg/kg 的耕地占五等地面积的 4.31%；含量在 170~330 mg/kg 的耕地占五等地面积的 28.85%；含量在 70~170 mg/kg 的耕地面积最大，为 1068.46 hm²，占五等地面积的 62.19%；含量<70 mg/kg 的耕地占五等地面积的 4.65%（表 5-68）。

表 5-68　五等地缓效钾含量的等级面积及比例统计情况表

缓效钾含量指标(mg/kg)	≥500	330~500	170~330	70~170	<70
面积(hm²)	0	159.74	1068.46	2303.60	172.28
占五等地比例(%)	0	4.31	28.85	62.19	4.65

7. 速效钾含量及其分布状况

五等地速效钾平均含量 128 mg/kg；含量≥200 mg/kg 的耕地面积 237.46 hm²，占五等地面积的 6.41%；含量在 150～200 mg/kg 的耕地占五等地面积的 21.04%；含量在 100～150 mg/kg 的耕地占五等地面积的 52.62%；含量＜100 mg/kg 的耕地占五等地面积的 19.93%（表 5-69）。

表 5-69　五等地速效钾含量的等级面积及比例统计情况表

速效钾含量指标（mg/kg）	≥200	150～200	100～150	＜100
面积（hm²）	237.46	779.46	1949.07	738.10
占五等地比例（%）	6.41	21.04	52.62	19.93

（七）主要属性

五等地水田的剖面构型主要为 Aa-Ap-P-C 和 Aa-AP-E，旱地的剖面构型主要为 A-B-C 和 A-C，主要由石灰岩残积物、砂页岩坡残积物、砂页岩风化坡残积物、白云岩/白云灰岩残坡积物和变余砂岩/砂岩/石英砂岩等风化残积物发育而成。水田的有效土层厚度在 40.00～100.00 cm 之间，平均有效土层厚度为 63.00 cm，耕层厚度平均为 13.64 cm，质地以砂质粘土、粘壤土和壤土为主。旱地的有效土层厚度在 30.00～100.00 cm 之间，平均有效土层厚度为 67.68 cm，耕层平均值为 14.60 cm，质地以砂质壤土、壤质粘土、砂质粘壤土为主。

（八）生产性能及管理

五等地是龙里县综合生产力较差的耕地，占全县耕地面积的 12.39%。主要由石灰岩残积物、砂页岩坡残积物、砂页岩风化坡残积物、白云岩/白云灰岩残坡积物和变余砂岩/砂岩/石英砂岩等风化残积物等发育而成。五等地主要分布在山原坡脚、山原坡腰等地形部位，土种主要以大泥土、砾石黄砂泥土、黄砂泥土为主，绝大部分为旱地。农业生产耕作制度以单季的水稻、玉米、豌豆尖、辣椒为主。养分分析结果表明，五等地土壤平均 pH 值为 6.41，偏酸，土壤养分含量均处于中等偏下水平。

五等地的不足之处在于灌溉能力差，耕地土壤养分含量偏低，对于作物产量的提高和品质的改善有较大影响。对于五等地在生产管理上，应重点抓好培肥地力，防止重用轻养，注意增施有机肥和氮、磷、钾的合理配比施用，要完善和健全灌溉排涝设施，提高抗灾能力。

六、六等地

(一)等级描述

龙里县六等地在全县分布面积最小,综合评价指数<0.40,单季以水稻、玉米、马铃薯为主,常年产量水稻在 3.0~3.5 t/hm² 之间,玉米 1.4~1.8 t/hm²,马铃薯约 4.5 t/hm²。

(二)面积分布

龙里县六等地面积为 899.56 hm²,仅占全县耕地面积的 3.01%。六等地在龙山镇分布面积最大,占六等地面积的 47.55%,集中分布在龙山镇(原草原乡)片区;其次是洗马镇、湾滩河镇、谷脚镇,面积分别为 172.32、136.29、131.66 hm²,醒狮镇和冠山街道办事处六等地较少,面积为 26.46、5.11 hm²。

龙里县六等地中,水田面积有 72.37 hm²,仅占全县水田面积的 0.59%,主要分布在龙山镇和湾滩河镇,面积为 48.6 hm² 和 23.78 hm²,其他镇(街道)没有分布。旱地共有 827.19 hm²,占全县旱地面积的 4.70%,龙山镇面积最大,有 379.12 hm²,洗马镇、谷脚镇、湾滩河镇面积相当,分别为 172.32、131.66、112.51 hm²,醒狮镇、冠山街道办事处面积较少,分别为 26.46、5.11 hm²,仅占六等地面积的 0.30% 和 0.06%(表 5-70)。

表 5-70 龙里县六等地面积分布统计表

镇(街道)	面积(hm²)	占全县耕地面积比例(%)	水田 面积(hm²)	水田 占六等地比例(%)	水田 占本镇(街道)耕地比例(%)	旱地 面积(hm²)	旱地 占六等地比例(%)	旱地 占本镇(街道)耕地比例(%)
谷脚镇	131.66	0.44	0	0	0	131.66	1.50	100
冠山街道办事处	5.11	0.02	0	0	0	5.11	0.06	100
龙山镇	427.72	1.43	48.6	0.55	11.36	379.12	4.32	88.64
湾滩河镇	136.29	0.46	23.78	0.27	17.45	112.51	1.28	82.55
洗马镇	172.32	0.58	0	0	0	172.32	1.96	100
醒狮镇	26.46	0.09	0	0	0	26.46	0.30	100
龙里县	899.56	3.01	72.37	8.05	—	827.19	91.95	—

(三)耕地土壤类型

六等地土壤类型以黄壤土类为主,土种以黄砂土为主,面积为 181.82 hm²,占六等地面积的 20.21%;其次是大黄泥土、黄砂泥土和砾石黄砂土;大泥土面积在 80~100 hm² 之间,白砂田、砾石黄泥土、复钙黄砂泥土、岩泥土、大砂泥土、砾大泥土、青黄泥田 7 个土种的面积在 50 hm² 以下;其中砾石大黄泥土、砾石黄砂泥土土种的面积均在 10 hm² 以下,尤其以砾石大黄泥土面积最小,面积为 2.38 hm²,仅占六等地面积的 0.26%(表 5-71)。

表5-71　龙里县六等地土种构成统计表

土　属	土　种	面积（hm²）	占全县耕地面积比例(%)	占六等地面积比例(%)
白云砂土	白云砂土	29.61	0.10	3.29
砾石黄泥土	砾石大黄泥土	2.38	0.01	0.26
	砾石黄泥土	28.95	0.10	3.22
	砾石黄砂泥土	9.12	0.03	1.01
	砾石黄砂土	111.73	0.37	12.42
大黄泥土	大黄泥土	145.58	0.49	16.18
黄砂泥土	复钙黄砂泥土	27.92	0.09	3.10
	黄砂泥土	120.89	0.40	13.44
黄砂土	黄砂土	181.82	0.61	20.21
黑岩泥土	岩泥土	39.78	0.13	4.42
大泥土	大泥土	80.16	0.27	8.91
	大砂泥土	21.65	0.07	2.41
	砾大泥土	27.59	0.09	3.07
白砂田	白砂田	48.60	0.16	5.40
青黄泥田	青黄泥田	23.78	0.08	2.64
合　计	—	899.56	3.01	100

(四)立地条件

六等地91.96%的面积为旱地，为827.19 hm²，占全县耕地面积的2.77%。六等地旱地主要分布在山原坡腰和台地，面积分别为294.04 hm²和243.01 hm²，占六等地面积的32.69%和27.01%；其次是山原坡脚和山地坡腰，面积分别为180.13 hm²和85.09 hm²，占六级耕地面积的20.02%和9.46%；其余地形如盆地、山原冲沟、中丘冲沟、中丘坡腰的面积在50 hm²以下，尤其是砂中丘冲沟仅0.75 hm²，占六等地面积的0.08%。

六等地水田面积为72.37 hm²，占全县耕地面积的0.24%。六等地水田主要分布在山原坡腰和台地，面积分别为23.77 hm²和48.60 hm²，占六等地面积的2.64%和5.40%。

六等地海拔多集中在1100.00~1580.00 m之间，最高海拔为1620.08 m，最低海拔为1045.16 m，平均海拔为1422.02 m。

坡度大多在0°~27°之间，其中0°~5°耕地面积为230.06 hm²，仅占六等地面积的25.57%；5°~10°耕地面积为119.78 hm²，占六等地面积的13.32%；10°~15°耕地面积为170.91 hm²，占六等地面积的19.00%；15°~20°耕地面积为218.13 hm²，占六等地面积的24.25%；20°~25°耕地面积为68.85 hm²，占六等地面积的57.65%；≥25°坡地面积为91.83 hm²，占六等地面积的10.21%。

六等地耕地≥10 ℃积温均在3400 ℃以上,年降水量在1100.00~1200.00 mm之间,平均值为1134.02 mm。

(五)农田基础设施

六等地大都处于陡坡,827.19 hm² 六等地都没有灌溉条件。由于坡度较大,六等地综合排水能力强,面积为781.72 hm²,占六等地面积的86.90%;其余为较强、中、弱,面积分别为58.50 hm²、35.56 hm² 和23.78 hm²,依次占六等地面积的6.50%、3.95%和2.65%。

(六)养分状况

六等地土壤pH值在4.32~7.94之间,平均值为6.03,标准偏差为1.09,变异系数为18.10%。土壤有机质含量在15.92~62.06 g/kg之间,平均含量为34.93 g/kg,标准偏差为10.64 g/kg,变异系数为30.47%,从平均含量看,六等地的有机质含量低。全氮含量在0.87~3.80 g/kg之间,平均含量为1.95 g/kg,标准偏差为0.53 g/kg,变异系数为28.63%。碱解氮含量偏下,在75~262 mg/kg之间,平均含量为161 mg/kg,标准偏差为42 mg/kg,变异系数为26.19%。有效磷含量较缺,在2.90~25.00 mg/kg之间,平均含量为7.80 mg/kg,标准偏差为4.79 mg/kg,变异系数为61.46%。缓效钾含量丰富,在40~443 mg/kg之间,平均含量为139 mg/kg,标准偏差为56.957 mg/kg,变异系数为41.06%。速效钾含量处于适宜状态,在40~188 mg/kg之间,平均含量为107 mg/kg,标准偏差为32 mg/kg,变异系数为29.51%(表5-72)。

表5-72 六等地土壤养分含量统计表

项　目	平均值	变　幅	标准偏差	变异系数(%)
pH值	6.03	4.32~7.94	1.09	18.10
有机质(g/kg)	34.93	15.92~62.06	10.64	30.47
全　氮(g/kg)	1.95	0.87~3.80	0.56	28.63
碱解氮(mg/kg)	161	75~262	42	26.19
有效磷(mg/kg)	7.80	2.90~25.00	4.79	61.46
缓效钾(mg/kg)	139	40~443	57	41.06
速效钾(mg/kg)	107	40~188	32	29.51

1. pH值及其分布状况

六等地土壤平均pH值为6.03;pH值≥7.5的耕地面积386.50 hm²,占六等地面积的42.97%;pH值6.5~7.5的耕地占六等地面积的12.39%;pH值5.5~6.5的耕地占六等地面积的22.55%;pH值<5.5的耕地占六等地面积的42.97%(表5-73)。

表 5-73　六等地土壤 pH 值的等级面积及比例统计情况表

含量等级	酸性	微酸性	中性	微碱性
pH 值	<5.5	5.5~6.5	6.5~7.5	≥7.5
面积(hm^2)	386.50	202.82	111.44	198.80
占六等地比例(%)	42.97	22.55	12.39	22.10

2. 有机质含量及其分布状况

六等地有机质平均含量 34.93 g/kg；含量≥40 g/kg 的耕地面积 259.99 hm^2，占六等地面积的 28.90%；含量在 30~40 g/kg 的耕地占六等地面积的 37.39%；含量在 20~30 g/kg 的耕地占六等地面积的 20.67%；有机质含量<20 g/kg 的耕地占六等地面积的 13.04%（表 5-74）。

表 5-74　六等地有机质含量的等级面积及比例统计情况表

有机质含量指标(g/kg)	≥40	30~40	20~30	<20
面积(hm^2)	259.99	336.35	185.93	117.29
占六等地比例(%)	28.90	37.39	20.67	13.04

3. 全氮含量及其分布状况

六等地全氮平均含量 1.95 g/kg；含量≥2.00 g/kg 的耕地面积 438.35 hm^2，占六等地面积的 48.73%；含量在 1.50~2.00 g/kg 的耕地占六等地面积的 33.24%；含量在 1.00~1.50 g/kg 的耕地占六等地面积的 8.51%；含量<1.00 g/kg 的耕地占六等地面积的 9.52%（表 5-75）。

表 5-75　六等地全氮含量的等级面积及比例统计情况表

全氮含量指标(g/kg)	≥2.00	1.50~2.00	1.00~1.50	<1.00
面积(hm^2)	438.35	298.98	76.58	85.65
占六等地比例(%)	48.73	33.24	8.51	9.52

4. 碱解氮含量及其分布状况

六等地碱解氮平均含量 161 mg/kg；含量≥150 mg/kg 的耕地面积 376.98 hm^2，占六等地面积的 74.92%；含量在 120~150 mg/kg 的耕地占六等地面积的 8.52%；含量在 90~120 mg/kg 的耕地占六等地面积的 4.07%；含量<90 mg/kg 的耕地占六等地面积的 12.49%（表 5-76）。

表 5-76　六等地碱解氮含量的等级面积及比例统计情况表

碱解氮含量指标(mg/kg)	≥150	120~150	90~120	<90
面积(hm²)	673.98	76.66	36.59	112.33
占六等地比例(%)	74.92	8.52	4.07	12.49

5. 有效磷含量及其分布状况

六等地有效磷平均含量 7.80 mg/kg；无≥40 mg/kg 的耕地土壤；含量在 20~40 mg/kg 的耕地占六等地面积的 0.34%；含量在 10~20 mg/kg 的耕地占六等地面积的 26.44%；含量在 5~10 mg/kg 的耕地占六等地面积的 39.62%，含量<5 mg/kg 的耕地占六等地面积的 33.63%（表 5-77）。

表 5-77　六等地有效磷含量的等级面积及比例统计情况表

有效磷含量指标(mg/kg)	≥40	20~40	10~20	5~10	<5
面积(hm²)	0	3.05	237.84	356.45	302.52
占六等地比例(%)	0.00	0.34	26.44	39.62	33.63

6. 缓效钾含量及其分布状况

六等地缓效钾平均含量 139 mg/kg；无含量≥500 mg/kg 的耕地土壤；含量在 330~500 mg/kg 的耕地占六等地面积的 0.84%；含量在 170~330 mg/kg 的耕地占六等地面积的 10.32%；含量在 70~170 mg/kg 的耕地面积最大，为 685.06 hm²，占六等地面积的 76.16%；含量<70 mg/kg 的耕地占六等地面积的 12.69%（表 5-78）。

表 5-78　六等地缓效钾含量的等级面积及比例统计情况表

缓效钾含量指标(mg/kg)	≥500	330~500	170~330	70~170	<70
面积(hm²)	0	7.56	92.83	685.06	114.11
占六等地比例(%)	0	0.84	10.32	76.16	12.69

7. 速效钾含量及其分布状况

六等地速效钾平均含量 107 mg/kg；无含量≥200 mg/kg 的耕地分布；含量在 150~200 mg/kg 的耕地占六等地面积的 11.14%；含量在 100~150 mg/kg 的耕地占六等地面积的 32.61%；含量<100 mg/kg 的耕地占六等地面积的 56.25%（表 5-79）。

表 5-79　六等地速效钾含量的等级面积及比例统计情况表

速效钾含量指标(mg/kg)	≥200	150~200	100~150	<100
面积(hm²)	0	100.23	293.33	506.00
占六等地比例(%)	0	11.14	32.61	56.25

(七)主要属性

六等地旱地的剖面构型主要为 A – B – C 和 A – C,水田的剖面构型主要为 Aa – Ap – E 和 Aa – Apg – G。主要由石灰岩/泥灰岩坡残积物、砂页岩坡残积物、砂页岩风化残积物等发育而成。六等地水田的土层厚度为 30.00 ~ 100.00 cm 之间,平均土层厚度为 67.12 cm,耕层厚度在 15.00 ~ 20.00 cm 之间,平均值为 18.22 cm,质地以砂土及壤质砂土、砂质壤土为主。旱地的有效土层厚度在 40.00 ~ 60.00 cm 之间,平均土层厚度为 50.00 cm,耕层厚度平均为 15.00 cm,质地以砂质壤土和粘壤土为主。

(八)生产性能及管理

六等地是龙里县综合生产力最差的耕地,且此类耕地所占比例也较大,占全县耕地面积的 24.92%。主要由变余砂岩/砂岩/石英砂岩等风化残积物、石灰岩/泥灰岩坡残积物、砂页岩风化坡残积物、砂岩坡残积物等发育而成。

六等地的不足之处在于耕地土壤养分含量都较低,对于作物产量的提高和品质的改善有极大影响。对于六等地,在生产管理上,应强调适当的退耕还林还草,重点抓好培肥地力,重视生态治理,防止重用轻养,开展围绕林业经济的开发,发展特色果树及经济作物等种植;在保证生态不受破坏的情况下,发展适当的畜牧业生产等。

第六章 龙里耕地利用与改良

第一节 耕地利用现状

根据第二次土地资源详查结果(2010年),龙里县国土面积 1521 km²,现有耕地面积 29 906.71 hm²,占国土面积的 19.7%,其中水田 12 305.07 hm²、旱地 17 601.64 hm²(其中水浇地 653.13 hm²、旱地 16 948.51 hm²),分别占全县耕地面积的 41.14%、58.86%(其中水浇地和旱地各占 2.18% 和 56.67%)。

一、耕地利用方式

根据种植作物种类不同,龙里县耕地可分为种植粮食作物、经济作物和其他作物三种利用方式,其中以种植粮食作物的利用方式为主。粮食作物主要有水稻、玉米、马铃薯、小麦、大豆等,其中水稻种植面积最大;经济作物主要有油菜、烤烟、蔬菜等,其中油菜种植面积最大。其他作物主要有茶叶、水果等。近十年来,随着市场经济发展及农业产业结构调整,耕地复种指数提高,水稻、小麦、杂粮、烤烟种植面积虽有减少,但蔬菜、水果种植面积逐年增长,农作物总播种面积仍在增加,耕地利用率呈上升趋势。

按播种面积计算,2005 年全县农作物播种面积 24 325 hm²,粮食作物播种面积 15 813 hm²,占全年农作物播种面积的 65.01%;经济作物播种面积 7656 hm²,占全年农作物播种面积的 31.47%;其他作物播种面积 856 hm²,占全年农作物播种面积的 3.52%;各类作物播种面积之比为粮食作物:经济作物:其他作物 = 2.4 : 1 : 0.13。2015 年全县农作物播种面积 31 979 hm²,粮食作物播种面积 14 355 hm²,占全年农作物播种面积的 44.89%;经济作物播种面积 11 541 hm²,占全年农作物播种面积的 36.09%;其他作物播种面积 6083 hm²,占全年农作物播种面积的 19.02%;各类作物播种面积之比为粮食作物:经济作物:其他作物 = 1.4 : 1 : 0.53(表 6-1)。

表6-1 主要农作物的播种面积及产量统计表

指标	2004年 播种面积(hm²)	2004年 产量(t)	2005年 播种面积(hm²)	2005年 产量(t)	2014年 播种面积(hm²)	2014年 产量(t)	2015年 播种面积(hm²)	2015年 产量(t)
农作物	23 053	—	24 325	—	25 561	—	31 979	—
粮食作物	15 679	78 866	15 813	81 844	14 308	70 360	14 355	70 890
水稻	6671	43 953	6638	42 241	6050	36 330	6400	37 515
玉米	3548	22 501	3766	26 601	3533	21 980	3600	22 392
小麦	2851	4884	2712	4897	1735	3912	1735	3912
薯类	1391	6163	1544	6972	1687	6666	1395	5752
豆类	538	579	614	463	1105	1091	1130	1092
杂粮	580	786	539	670	198	381	95	227
油菜	3653	4895	4080	5299	4300	6775	4300	6770
烤烟	967	1295	1104	1839	626	825	400	755
蔬菜	1877	80 348	2438	105 644	4690	211 350	5050	216 350

二、耕地利用存在的问题

自改革开放以来,龙里县在耕地利用方面进行了不懈的努力,特别是国家农业综合开发项目的实施,农业基础设施建设得到很大的改善,耕地利用能力得到明显提高。但由于受自然条件的限制和社会经济的发展、人类活动的不断加强,在耕地利用上也出现不少新问题,主要有以下几方面。

(一)耕地综合利用率低

龙里县地处苗岭山脉中段,长江流域乌江水系与珠江流域红河水系的支流分水岭地区,属黔中南缘。地势西南高,东北低,中部隆起。境内台地、丘陵、山地、山原、盆地等地貌类型都有分布。海拔在770~1775 m之间,最高点位于龙山镇平山村岩脚寨南山峰,海拔为1775 m,最低点位于洗马镇平坡村洛旺河出界处,海拔为770 m,最大高差1005 m。由于地势高低分异较多,导致耕地在海拔850~1650 m之间都有分布,且集中分布在海拔1000~1400 m之间,耕地立地条件差异较大,不利于耕地综合利用,以致耕地利用率不高。

(二)耕地土壤有效养分偏低,地带性差异较大

据全县1558个典型土壤样品的检测数据和统计结果表明,龙里县土壤全氮、碱解氮、有效磷、速效钾含量平均值分别为2.41 g/kg、190.50 mg/kg、17.32 mg/kg、147 mg/kg;有效磷含量居于5~20 mg/kg之间的耕地土壤占全县耕地面积的74.14%,含量在5~10 mg/kg之间的耕地面积占全县耕地面积的24.90%;土壤速效钾含量在50~150 mg/kg的面积最大,占全县耕地面积的55.90%,含量50~100 mg/kg的面积占全县耕地的24.97%。总体来讲,龙里县耕地土壤氮养分较高,磷、钾有效养分不足,且地带性土壤养分含量差异较大。

(三)灌溉保障率低,望天田和旱耕地面积比例高

由于受地理条件限制,加之季节性干旱严重,耕地土壤保灌能力差,望天田和旱耕地面积大。全县不具备灌溉条件的旱地面积 16 948.51 hm²,占全县耕作土面积的 56.67%;水田面积 3884.98 hm²,占全县耕作土面积的 12.99%,占水田面积的 31.57%。灌溉能力不足,极大地限制了农业的产业化发展。

(四)农田基础设施不足,中低产田土面积大

龙里县有中低产耕地(即三至六等地)23 683.01 hm²,占全县耕地面积的 79.2%。其中水田 8467.75 hm²,占全县水田面积的 64.1%;旱地 15 215.26 hm²,占全县旱地面积的 91.1%。虽随着农业综合开发项目的实施,机耕道、水渠、山塘、水库、蓄水池等农业基础设施得到了较快的发展,但由于地理因素的原因,使地势较差地区国家农业综合开发项目难以覆盖,地区间国家农业综合开发项目发展不平衡,许多中低产田农田灌溉、交通运输等基本问题仍没有得到根本解决。

(五)耕地集约化水平较低,与现代农业发展要求不相适应

集约化生产是现代农业的标志,也是农业发展的方向。但由于受经济效益的影响,农民对农业的重视程度和集约化利用程度不高,真正实现高效开发、集约经营的耕地不多。对耕地的利用仍然是分户经营、人工劳作方式占主导,机械化水平不高,存在经营分散、粗放管理和现代化水平低的问题。耕地潜力没有被充分挖掘和发挥,耕地的生产水平与发达地区相比还有很大的差距,耕地的生产水平与开发效益上有较大的提升空间。

第二节 耕地利用主要障碍因素与分型

一、耕地利用主要障碍因素

龙里县地处苗岭山脉中段,境内丘陵、低山、中山与河谷槽地南北相间排列,呈波状起伏。地形地貌组合复杂,地势高,起伏较大。在不同的地形、地势影响下,温度的地域差异显著,雨水分布不均,中低产田土面积较大,耕地利用障碍因素多。根据测土配方施肥项目获得的数据资料分析,龙里县中低产田土耕地利用障碍因素总体可以归结为旱、陡、瘦、酸、碱。

(一)季节性干旱,保灌能力弱

龙里县雨水分布不均,夏旱和春旱现象较重。耕地中不具备灌溉条件的旱地面积 16 948.51 hm²,占全县耕地面积的 56.67%;不具备灌溉条件的水田面积 3884.98 hm²,占全县耕地面积的 12.99%,占水田面积的 31.57%,各镇(街道)均有分布。灌溉条件的不足造成作物易受旱灾,极大地限制了今后农业的产业化发展。

龙里县耕地抗旱能力在 20~30 天的耕地土壤面积为 16 977.55 hm²,占全县耕地面积的

56.77%,其中水田面积 11 163.30 hm²,占水田面积的 90.72%,旱地面积 5814.25 hm²,占旱地面积的 33.03%;抗旱能力<15 天的耕地土壤面积为 1939.16 hm²,占全县耕地面积的 6.48%,其中水田面积 263.30 hm²,占水田面积的 2.14%,旱地面积 1675.86 hm²,占旱地面积的 9.52%;抗旱能力在 15~20 天的耕地土壤面积为 10 990.00 hm²,占全县耕地面积的 36.75%,其中水田 878.47 hm²,占水田面积的 7.14%,旱地面积 10 111.53 hm²,占旱地面积的 57.45%(表 6-2)。

表 6-2 龙里县抗旱能力耕地面积统计情况

抗旱能力	面积(hm²)	占全县耕地比例(%)	水田面积(hm²)	占全县耕地比例(%)	占全县水田比例(%)	旱地面积(hm²)	占全县耕地比例(%)	占全县旱地比例(%)
30~20 天	16 977.55	56.77	11 163.30	37.33	90.72	5814.25	19.44	33.03
20~15 天	10 990	36.75	878.47	2.94	7.14	10 111.53	33.81	57.45
<15 天	1939.16	6.48	263.30	0.88	2.14	1675.86	5.60	9.52
合 计	29 906.71	100.00	12 305.07	41.14	100.00	17 601.64	58.86	100.00

(二)地形复杂,旱坡地面积占比大

龙里县地形地貌复杂,耕地所处地形部位多样,分布于盆地、山地(坡脚、坡腰)、山原(坝地、冲沟、坡脚、坡腰)、台地、中丘(坝地、冲沟、坡顶、坡脚、坡腰)等 13 种地形部位上。全县耕地绝大多数地处 6°~15°之间,面积为 14 573.95 hm²,占全县耕地面积的 48.73%;坡度<2°的耕地面积为 6049.70 hm²,占全县耕地面积的 20.23%;2°~6°的耕地面积为 5232.52 hm²,占全县耕地面积的 17.50%。分布在 6°~15°的旱地面积为 8233.70 hm²,占全县旱地面积的 46.78%;分布在 15°~25°旱地面积为 3696.22 hm²,占全县旱地面积的 21.00%;分布在≥25°旱地面积为 289.95 hm²,占全县旱地面积的 1.65%。因水土流失较严重,致使土壤耕层薄、土壤养分含量低,肥力差(表 6-3)。

表 6-3 不同坡度面积统计表

坡 度	面积(hm²)	占全县耕地面积比例(%)	旱地面积(hm²)	占全县旱地面积比例(%)
<2°	6049.70	20.23	2959.93	16.82
2°~6°	5232.52	17.50	2421.84	13.76
6°~15°	14 573.95	48.73	8233.70	46.78
15°~25°	3760.60	12.57	3696.22	21.00
≥25°	289.95	0.97	289.95	1.65
合 计	29 906.71	100.00	17 601.64	100.00

（三）土壤贫瘠，养分不均衡

龙里县耕地中瘦土较多、有效养分不平衡。耕地有机质含量≤30 g/kg 的土壤面积为 4366.84 hm²，占全县耕地面积的 14.60%，其中水田面积 666.71 hm²，占全县水田面积的 5.42%，旱地面积 3700.13 hm²，占全县旱地面积的 21.02%。土壤有效磷总体上含量偏低，≤20 mg/kg 的耕地面积为 23 962.95 hm²，占全县耕地面积的 80.13%，有效磷含量 <15 mg/kg 的耕地面积为 17 599.49 hm²，占全县耕地面积的 58.85%，其中水田面积 7967.33 hm²，占全县水田面积的 64.75%，旱地面积 9632.16 hm²，占全县旱地面积的 54.72%；含量 <10 mg/kg 的耕地面积为 9216.10 hm²，占全县耕地面积的 30.82%，其中水田面积 4279.51 hm²，占全县水田面积的 34.78%，旱地面积 4936.59 hm²，占全县旱地面积的 28.05%。龙里县耕地土壤钾素含量大部分属于稍缺乏的范围，部分土壤速效钾含量 <40 mg/kg，对这些土壤应施用钾肥，以补充土壤钾素，满足作物的需要。

（四）土壤酸性或碱性大

土壤酸碱性对土壤中养分的有效性和结构有很大的影响，在中性范围内土壤中的有机态氮和磷素养分的有效性较高，土壤过酸会加剧土壤营养元素的淋溶，抑制土壤有益微生物的生长和活动，从而影响土壤有机质的分解。土壤胶体只有在中性范围才具有良好的性能，形成团粒结构，过酸易形成氢胶体，分散性增加，结构破坏，土壤板结。

龙里县耕地中 pH 值 <6.5 的耕地面积有 11 837.94 hm²，占全县耕地面积的 39.58%，其中 pH 值 5.5~6.5 之间微酸性土壤面积为 8209.27 hm²，占全县耕地面积的 27.45%，pH 值 <5.5 的酸性土壤面积为 3628.67 hm²，占全县耕地面积的 12.13%。

龙里县耕地中 pH 最大值为 8.09，pH 值≥7.5 的碱性土面积 10 632.09 hm²，占全县耕地面积的 35.55%；其中水田面积 991.15 hm²，占全县水田面积的 8.05%，旱地面积 342.43 hm²，占全县旱地面积的 1.95%。

二、中低产耕地类型

按照全国中、低产地单产划分指标，中产地年单产 6000~9000 kg/hm²，对应龙里县三、四等地；低产地年单产 4500~6000 kg/hm²，对应龙里县五、六等地。龙里县有中低产耕地（即三至六等地）23 683.01 hm²，占全县耕地面积的 79.2%，其中水田面积 8467.75 hm²、占全县水田面积的 64.1%，旱地面积 15 215.26 hm²，占全县旱地面积的 91.1%。

中产地是耕地质量一般的土地，面积 19 079.35 hm²，占全县耕地面积的 63.8%，其中水田面积 5890.215 hm²、占中产地面积的 30.9%，旱地面积 13 189.2 hm²、占中产地面积 69.1%。其常年产量水稻在 5.25~6.75 t/hm² 之间，玉米在 3.5~6.0 t/hm² 之间，油菜在 1.25~2.25 t/hm² 之间，马铃薯在 15.00~30.00 t/hm² 之间。中产地多分布在丘陵坡腰、低中山坡腰等地形部位上，灌溉能力较弱，部分无排水设施。土壤类型主要有水稻土、黄壤、石灰等，土种以大泥田、大眼泥田、黄泥田、黄砂泥田及大泥土、黄砂泥土为主，土壤发育熟化程度较好，土壤养分基本处于中等偏上水平，增产潜力较大。

低产地是耕地质量最差的土地,面积4603.66 hm²,占全县耕地面积的15.4%;水田面积2577.6 hm²、占低产地面积的56%,旱地面积2026.06 hm²、占低产地面积的44%。单季种植,以水稻、玉米为主,常年产量水稻在5.25 t/hm²以下、玉米在3.5 t/hm²以下、马铃薯在15 t/hm²以下。多分布在丘陵坡腰、低中山坡腰、中山坡腰和低中山坡顶等地形部位上,季节性干旱缺水,灌溉能力弱。土壤类型有水稻土、石灰土和黄壤,土种有白砂田、青黄泥田、砾石黄泥土、复钙黄砂泥土、岩泥土、大砂泥土、砾大泥土,土壤发育熟化程度不高,土壤养分含量不高(表6-4)。

表6-4 龙里县高、中、低产耕地面积统计表

类别	县级等级	面积(hm²)	占全县耕地面积比例(%)	水田面积(hm²)	占全县耕地面积比例(%)	占本等级耕地面积比例(%)	占全县水田面积比例(%)	旱地面积(hm²)	占全县耕地面积比例(%)	占本等级耕地面积比例(%)	占全县旱地面积比例(%)
高产地	一等地	1103.24	3.69	1097.26	3.67	99.46	8.92	5.98	0.02	0.54	0.03
	二等地	5120.46	17.12	4075.82	13.63	79.60	33.12	1044.64	3.49	20.40	5.93
小 计		6223.7	20.81	5173.08	17.30	83.12	42.04	1050.62	3.51	16.88	5.97
中产地	三等地	8771.29	29.33	4212.11	14.08	48.02	34.23	4559.18	15.24	51.98	25.90
	四等地	10308.07	34.47	2532.03	8.47	24.56	20.58	7776.04	26.00	75.44	44.18
小 计		19079.36	63.80	6744.14	22.55	35.35	54.81	12335.22	41.25	64.65	70.08
低产地	五等地	3704.09	12.39	315.47	1.05	8.52	2.56	3388.62	11.33	91.48	19.25
	六等地	899.56	3.01	72.37	0.24	8.05	0.59	827.19	2.77	91.95	4.70
小 计		4603.65	15.39	387.84	1.30	8.42	3.15	4215.81	14.10	91.58	23.95
合 计		29906.71	100	12305.06	41.14	—	100	17601.65	58.86	—	100

第三节 耕地利用改良分区

一、分区依据

(一)分区原则

耕地改良利用分区的基本原则:从耕地自然条件出发,主导性、综合性、实用性和可操作性相结合;按照因地制宜、因土适用、合理利用和配置耕地资源,充分发挥各类耕地的生产潜力;坚持用地与养地相结合、近期与长远相结合的原则进行;以土壤组合类型、肥力水平、改良方向和主要改良措施的一致性为主要依据,同时考虑地貌、气候、水文和生态等条件以及植被类型,参照历史与现状等因素综合考虑进行分区。

(1)有利于合理利用和保护土壤资源,充分发挥土地的生产潜力。

(2)充分利用光热和水分,促进区域农业生态系统循环的平衡和稳定。

(3)因地制宜,进行合理的利用与改良。

(4)力求使耕地改良利用分区与土壤的发生及地理分布规律相一致。

(5)尽量使耕地适宜性、生产能力与农业特点、农业发展方向需要一致。

(6)耕地的利用方向与改良措施相一致。

(二)分区因子的确定

根据耕地改良利用分区原则,依据耕地地力评价,遵循主要因素原则、差异性原则、稳定性原则、敏感性原则,进行限制主导因素的选取。考虑与耕地地力评价中评价因素的一致性、各土壤养分的丰缺状况及其相关要素的变异情况,选取耕地土壤 pH 值、有机质含量、有效磷含量、速效钾含量作为耕地土壤养分状况的限制性主导因子;选取灌溉能力、地形坡度、土层厚度、排水能力、抗旱能力作为耕地自然环境状况的限制性主导因子;选取耕层质地条件和土体构型作为耕地土壤物理状况的限制性主导因子。

(三)分区标准

依据农业部《全国中低产田类型划分与改良技术规范》、《贵州省中低产田土类型划分与改良技术规范》,针对影响龙里县耕地利用水平的主要因素,综合分析目前全省各耕地改良利用因素的现状水平,同时邀请具有土壤管理经验的相关专家进行分析,制订耕地改良利用各主导因子的分区及其耕地改良利用类型的确定标准。具体分区标准见表6-5。

表6-5 龙里县耕地改良利用主导因子分区标准

耕地改良利用区划	限制因子	分区标准
坡地梯改型	地面坡度	>15°
瘠薄培肥型	有机质	<30 g/kg
	土体厚度	<60 cm
干旱灌溉型	灌溉能力	无灌条件
	抗旱能力	<15 天
培肥型	有机质	<30 g/kg
	有效磷	<20 mg/kg
	速效钾	<100 mg/kg

二、分区方法

以区域耕地利用方式、耕地主要障碍因素、生产问题、生产潜力、改良利用措施的相似性,参考气候条件、地貌组合类型来划分,并针对其存在的问题,分别提出相适应的改良利用意见和措施。在 GIS 支持下,利用耕地地力评价单元图,根据耕地改良利用各主导因子分区标准在其相应的属性库中进行检索分析,确定各单元相应的耕地改良利用类型,通过图面编辑生成耕地改良利用分区图,并统计各类型面积比例。命名方法采用分层连续命名方式,即"地理位置—障碍因子组合"二联命名法。

三、分区结果

根据上述分区原则和依据,龙里县共分为四个区:①西北部中丘山地坡地梯改型改良区;②中北山原瘠薄培肥型改良区;③中南部山原台地干旱灌溉型改良区;④南部盆地培肥型改良区(表6-6、彩插图18)。

表6-6 各改良利用分区类型土壤面积

土 类	西北部中丘山地坡地梯改型改良区		中北山原瘠薄培肥型改良区		中南部山原台地干旱灌溉型改良区		南部盆地培肥型改良区	
	面积(hm^2)	比例(%)	面积(hm^2)	比例(%)	面积(hm^2)	比例(%)	面积(hm^2)	比例(%)
潮 土	17.04	0.06	0	0	0	0	0	0
粗骨土	1295.20	4.33	615.73	2.06	464.28	1.55	12.07	0.04
黄 壤	4560.04	15.25	1097.30	3.67	1388.84	4.64	138.30	0.46
石灰土	4674.30	15.63	878.89	2.94	2059.65	6.89	165.28	0.55
水稻土	4142.94	13.85	1198.94	4.01	4069.12	13.61	2689.21	8.99
总 计	14 689.53	49.12	3790.86	12.68	7981.86	26.69	3004.86	10.05

(一)西北部中丘山地坡地梯改型改良区

本区位于龙里县西北部,与福泉市、贵定县、开阳县、乌当区、花溪区交界,含洗马镇的巴江村、乐湾村、平坡村、羊昌村(不含岩底)、落掌村(不含白泥田)、台上村(不含大坪)、花京村、猫寨村、龙场村、洗马河村,醒狮镇(不含谷龙村的大谷龙、林安),谷脚镇(不含高堡村、高新村、谷冰村及茶香村的茶香),龙山镇的莲花村(不含纸厂)、龙山社区、余下村(不含朵花),冠山街道办事处(不含大新村的大新、光坡以及凤凰村的凤凰、合安)等,涉及3个镇1个街道43个村(社区)。呈L形分布,面积15 648.38 hm²,占全县土地面积的52.32%,其中水田面积4666.77 hm²,占全县水田面积的37.93%,占全县耕地面积的15.60%,旱地面积10981.61 hm²,占全县旱地面积的62.39%,占全县耕地面积的36.72%。

本区耕地资源丰富,海拔855.62~1548.98 m,平均海拔1189.41 m,属中丘、山地、盆地、山原地貌。≥10℃积温3600~4400 ℃,平均4163.08 ℃。年降水量1100~1158.75 mm,平均为1105.39 mm。

土壤以石灰土与黄壤和石灰土为主,其次为水稻土,面积分别为4843.10、4799.07、4666.77 hm²,分别占全县耕地面积的16.19%、16.05%、15.60%,粗骨土和潮土分别占4.42%和0.06%;地形部位主要以中丘坡脚和中丘坡腰为主,面积分别为5432.04 hm²和5081.83 hm²,分别占全县耕地面积的18.16%和16.99%,盆地、山地坡腰、山地坡脚、中丘坝地、山原坡脚、山原坡腰等占全县耕地面积的1.12%~4.99%,而中丘冲沟、中丘坡顶、山原坝地、山原坡顶、山原冲沟等占全县耕地面积不到1%。本区耕地坡度在0°~26.95°之间,平均8.86°,耕地坡度>15°的土壤面积为2068.40 hm²,占全县耕地土壤面积的6.92%,占本区耕地面积的13.22%,占本区域旱地面积的18.84%。土壤耕层质地以粘壤土、壤质粘土和砂质壤土为主,面积分别为3864.97、3833.20和3140.32 hm²,分别占全县耕地面积的12.92%、12.82%和10.50%。

本区耕地土体厚度在40~100 cm之间,平均73.63 cm,土体厚度<60 cm的土壤面积为1128.46 hm²。耕层厚度在15~25 cm之间,平均20.85 cm,耕层厚度<20 cm的土壤面积为4679.86 hm²,占全县耕地土壤面积的15.65%,占本区耕地面积的29.91%。土壤瘠薄不利于作物的生长发育,抗旱能力弱。耕地坡度在0°~26.95°之间,平均8.86°,耕地坡度>15°的土壤面积为2068.40 hm²,占全县耕地土壤面积的6.92%,占本区耕地面积的13.22%。水田无灌溉条件的面积为1173.23 hm²,占本区水田面积的25.14%。

本区有机质含量为7.12~86.5 g/kg,平均41.71 g/kg,有机质含量<30 g/kg的水田面积278.84 hm²,占全县水田面积的2.27%,旱地面积2848.41 hm²,占全县旱地面积的16.18%;含量<20 g/kg的水田面积2.34 hm²,占全县水田面积的0.02%,旱地面积251.42 hm²,占全县旱地面积的1.43%。有效磷含量为1.8~58.6 mg/kg,平均15.96 mg/kg,含量<15 mg/kg的水田面积2773.69 hm²,占全县水田面积的22.54%,旱地面积4901.73 hm²,占全县旱地面积的27.85%。速效钾含量为40~465 mg/kg,平均168.07 mg/kg,含量<150 mg/kg的面积5883.91 hm²,占全县耕地面积的37.60%。pH值4.4~8.1,平均6.6,pH值>7.5的水田面积 970.44 hm²,占全县水田面积的 7.89%,旱地面积 4894.41 hm²,占全县旱地面积的 27.81%。

本区高产田土面积为 4152.52 hm²,占全县总耕地面积的 13.88%,中产田土面积为 10 636.10 hm²,占全县耕地面积的 35.56%,低产田土面积为 859.77 hm²,占全县耕地面积的 2.87%,中低产田面积较大。

(二)中北山原瘠薄培肥型改良区

本区位于县中部偏北,东部与贵定县交界,北部和西部接洗马镇、醒狮镇、谷脚镇,中部接龙山镇和冠山街道办事处,包含洗马镇哪嗙村、金溪村、田箐村、乐宝村以及台上村的大坪、落掌村的白泥田和羊昌村的岩底,谷脚镇的茶香村、高堡村,冠山街道办事处凤凰村的合安,涉及 2 个镇 1 个街道 10 个村(社区)。土地面积 3516.30 hm²,占全县耕地面积的 11.76%,其中水田面积 1104.06 hm²,占全县水田面积的 8.97%,占全县耕地面积的3.69%,旱地 2412.24 hm²,占全县旱地面积的 13.70%,占全县耕地面积的 8.07%。

本区地势较高,海拔 1099.4～1646.71 m,平均海拔 1381.42 m,属山原、台地、盆地、中丘地貌。≥16℃积温 3400～4149.72℃,平均 3803.15℃。年降水量 1100～1133.02 mm,平均为 1112.50 mm。

土壤以水稻土和黄壤为主,面积为 1104.06 hm² 和 1031.64 hm²,占全县耕地面积的 3.69%和3.45%;其次是石灰土,面积 788.69 hm²,占全县耕地面积的 2.64%;粗骨土面积最小,占全县耕地面积的 1.98%。地形部位主要以山原坡脚和山原坡腰为主,面积分别为 1238.21 hm² 和 1234.51 hm²,分别占全县耕地面积的 4.14%和4.13%,其次是台地,面积为 358.16 hm²,占全县耕地面积的 1.20%,其他地形部位如盆地、山原坝地、山原冲沟、中丘坡脚、中丘坡腰、中丘冲沟和中丘坝地等占全县耕地面积比例均不到 1%。旱地坡度 >15°的土壤面积为 698.73 hm²。

土壤耕层质地主要以壤土、砂质壤土、壤质粘土为主,面积分别为 1188.30 hm²、733.47 hm² 和 606.62 hm²,分别占全县耕地面积的 3.97%、2.45%和 2.03%,砂质粘壤土和粘壤土占 1.06%～1.22%,其他如砂质粘土、砂土及壤质砂土、粘土、粉砂质壤土和粉砂质粘壤土等占全县耕地面积比例不到 1%。

本区耕地土壤的耕层比较浅薄,厚度在 15～25 cm 之间,平均 18.06 cm,其中厚度 <20 cm 的土壤面积为 2132.45 hm²,占本区耕地土壤面积的 60.64%。本区耕地土体厚度在 40～100 cm 之间,平均 73.28 cm,土体厚度 <60 cm 的土壤面积为 250.13 hm²,占全县耕地土壤面积的 0.84%,占本区耕地面积的 7.11%。本区耕地坡度稍高,在 0°～26.86°之间,平均 10.07°,耕地坡度 >15°的土壤面积为 699.21 hm²,占本区耕地面积的 19.88%。

本区有机质含量在 16.22～75.30 g/kg 之间,平均 41.88 g/kg,有机质含量 <30 g/kg 的耕地面积为 430.1 hm²,占本区耕地面积的 12.23%。有效磷含量 2.3～57.3 mg/kg,平均 16.34 mg/kg,含量 <15 mg/kg 的水田面积 647.96 hm²,占本区水田面积的 58.69%,旱地面积 1279.05 hm²,占本区旱地面积的 53.02%。速效钾含量 55～307.33 mg/kg,平均

137.09 mg/kg,含量<150 mg/kg 的水田面积 776.96 hm²,占本区水田面积的 70.38%,旱地面积 1695.51 hm²,占本区旱地面积的 70.29%。本区 pH 值 4.4～8.0,平均 6.5,pH 值>7.5 的水田面积 216.60 hm²,占本区水田面积的 19.62%,旱地面积 817.04 hm²,占本区旱地面积的 33.87%。

本区高产田土面积为 237.98 hm²,占全县耕地面积的 0.80%,中产田土面积为 1857.51 hm²,占全县耕地面积的 6.21%,低产田土面积为 1420.81 hm²,占全县耕地面积的 4.75%。本区高产田土面积最小,中低产田土较多,粮食生产水平中偏低,亟待改良。

(三)中南部山原台地干旱灌溉型改良区

本区位于龙里县中部、南部,西与贵阳市花溪区、东与贵定县、南与惠水县交界,包括龙山镇水场社区、比孟村、中坝村、平山村及莲花村的纸厂,冠山街道办事处大新村的大新、光坡,龙山镇草原村、金星村、团结村、中排村、水苔村、湾滩河镇桂花村、石头村、六广村、摆主村、新龙村、果里村、摆省村、金星村、渔洞村及营盘村的木马,涉及 3 个镇 1 个街道 21 个村(社区)。土地面积 7880.69 hm²,占全县土地面积的 26.35%,其中水田面积 3962.76 hm²,占全县水田面积的 32.20%,占全县耕地面积的 13.25%,旱地面积 3917.93 hm²,占全县旱地面积的 22.26%,占全县耕地面积的 13.10%。

本区海拔 1100～1615.95 m,平均海拔 1350.87 m,属山原、台地、山地和盆地地貌。区内气候温和,≥10 ℃积温 3400～4400 ℃,平均为 3970.44 ℃。年降水量 1100～1200 mm,平均为 1151.37 mm。

本区土壤以水稻土为主,面积 3962.76 hm²,占全县耕地面积的 13.25%;其次是石灰土和黄壤,面积分别为 2067.97 hm² 和 1393.81 hm²,占全县耕地面积的 6.91% 和 4.66%;粗骨土面积最小,为 456.16 hm²,占全县耕地面积的 1.53%。地形部位主要以山原坡脚为主,面积为 3111.52 hm²,占全县耕地面积的 10.40%;其次是台地和山原坡腰,面积分别为 1660.36 hm² 和 1634.26 hm²,分别占全县耕地面积的 5.55% 和 5.46%;山地坡脚和山地坡腰分别占全县耕地面积的 2.00% 和 1.63%;其他盆地、山原坝地、中丘坡脚和中丘坡腰等占全县耕地面积不到 1%。旱地坡度>15°的土壤面积为 1163.36 hm²,占本区域旱地面积的 29.69%。

本区土壤质地主要以壤质粘土、粘壤土和壤土为主,面积分别为 2216.16、2190.90 和 1434.61 hm²,分别占全县耕地面积的 7.41%、7.33% 和 4.80%;砂质壤土和粉砂质粘壤土分别占全县耕地面积的 2.61% 和 1.11%;其他砂质粘壤土、砂质粘土、砂土及壤质砂土、粉砂质壤土和粘土占全县耕地面积不到 1%。

本区耕地土体厚度在 40～100 cm 之间,平均 70.25 cm,土体厚度<60 cm 的土壤面积为 1174.88 hm²,占全县耕地面积的 3.93%,占本区耕地面积的 14.91%。耕层厚度在 15～25 cm 之间,平均 20.34 cm,耕层厚度<20 cm 的土壤面积为 2804.46 hm²,占全县耕地面积的 9.38%,占本区耕地面积的 35.59%。土壤瘠薄不利于作物的生长发育,抗旱能力弱。耕地坡度>15° 的土壤面积为 1227.27 hm²,占全县耕地土壤面积的 4.10%,占本区耕地面积的 15.57%。

本区有机质含量在 16.39～78.98 g/kg 之间,平均 46.32 g/kg,有机质含量<30 g/kg 的水田面积 74.57 hm², 占全县水田面积的 0.61%, 旱地面积 385.63 hm², 占全县旱地面积的 2.19%。有效磷含量 2.0～39.3 mg/kg, 平均 10.43 mg/kg, 含量<15 mg/kg 的水田面积 3435.80 hm², 占全县水田面积的 27.92%, 旱地面积 3202.44 hm², 占全县旱地面积的 18.19%。速效钾含量 40～340 mg/kg, 平均 125.59 mg/kg, 含量<150 mg/kg 的水田面积 2986.23 hm², 占全县水田面积的 24.27%, 旱地面积 2953.19 hm², 占全县旱地面积的 16.78%。本区 pH 值 4.3～8.0, 平均 6.8, pH 值>7.5 的水田面积 902.99 hm², 占全县水田面积的 7.34%, 旱地面积 2100.32 hm², 占全县旱地面积的 11.93%。

本区水田能灌和可灌(将来可发展)面积分别为 750.91 hm² 和 519.82 hm², 分别占本区水田面积的 18.95% 和 13.12%。耕地抗旱能力稍弱,在 8～30 天之间,平均 19.69 天,抗旱能力<15 天的水田面积 232.09 hm², 占全县水田面积的 1.89%, 旱地面积 810.39 hm², 占全县旱地面积的 4.60%。

本区高产田土面积为 432.45 hm², 占总耕地面积的 1.45%; 中产田土面积为 5254.98 hm², 占全县耕地面积的 17.57%; 低产田土面积为 2193.27 hm², 占全县耕地面积的 7.33%, 中低产田土面积大。

(四)南部盆地培肥型改良区

本区位于龙里县南部,南与惠水县、东与贵定县交界,包括湾滩河镇湾寨村、园区村、羊场村、岱林村、云雾村、营盘村(不含木马)、走马村、翠微村、金批村等 9 个村。耕地面积 2861.34 hm², 占全县土地面积的 9.57%, 本区域大部分耕地为水田,面积为 2571.48 hm², 占全县水田面积的 20.90%, 占全县耕地面积的 8.60%, 旱地面积 289.86 hm², 占全县旱地面积的 1.65%, 占全县耕地面积的 0.97%。

本区海拔在 1070.51～1515.38 m 之间,平均海拔 1174.62 m, 属盆地、山原和台地地貌,谷宽坡缓,地势开阔。本区气候温暖, ≥10℃ 积温 4200～4400 ℃, 平均 4365.79 ℃; 年降水量 1189.56～1200 mm, 平均为 1199.23 mm。

本区土壤以水稻土为主,面积 2571.48 hm², 占全县耕地面积的 8.60%; 其他石灰土、黄壤和粗骨土 3 类土壤,面积分别为 152.00、125.79 和 12.07 hm², 占全县耕地的面积均不到 1%。地形部位主要以盆地和山原坡脚为主,面积为 1648.92 hm² 和 686.51 hm², 占全县耕地面积的 5.51% 和 2.30%; 其他山原坝地、山原坡腰、台地、山原冲沟等占全县耕地面积均不到 1%。质地以粘壤土、粉砂质粘壤土为主,面积 1038.36 hm² 和 638.80 hm², 粉砂质壤土和砂质粘壤土占全县耕地面积的 1.09%～1.58%, 其他壤质粘土、壤土、砂土及壤质砂土、粘土、砂质壤土、砂质粘土占全县耕地面积比例均不到 1%。旱地坡度>15° 的土壤面积为 55.67 hm², 占本区域旱地面积的 19.21%。本区耕地坡度较平缓,在 0°～23.89° 之间,平均 6.50°, 耕地坡度>15° 的土壤仅 55.67 hm², 占全县耕地面积的 0.19%, 占本区耕地面积的 1.95%, 占本区域旱地面积的 19.21%。

本区耕地的土体厚度在 40～100 cm 之间,平均 82.96 cm, 土体厚度<60 cm 的土壤面积

为93.97 hm²,占全县耕地土壤面积的0.31%,占本区耕地面积的3.28%。耕层厚度适宜,最高25.00 cm,最低15.00 cm,平均21.54 cm,耕层厚度<20 cm的土壤面积为421.16 hm²,占全县耕地土壤面积的1.41%,占本区耕地面积的14.72%。耕地坡度较平缓,平均6.50°,耕地坡度>15°的土壤面积不大,仅55.67 hm²,占全县耕地土壤面积的0.19%,占本区耕地面积的1.95%。耕地抗旱能力稍好,在10~30天之间,平均24.09天,旱地抗旱能力均大于15天,旱地抗旱能力<15天的面积93.97 hm²,占全县旱地面积的0.53%。

本区有机质含量稍高,在11.90~76.64 g/kg之间,平均41.08 g/kg,有机质含量<30 g/kg的水田面积349.48 hm²,占全县水田面积的2.84%,旱地面积60.88 hm²,占全县旱地面积的0.35%;含量<20 g/kg的水田面积6.21 hm²,占全县水田面积的0.05%,旱地面积1.56 hm²,占全县旱地面积的0.01%。有效磷含量2.8~47.8 mg/kg,平均14.64 mg/kg,含量<15 mg/kg的水田面积1484.26 hm²,占全县水田面积的12.06%,旱地面积159.03 hm²,占全县旱地面积的0.90%。速效钾含量较低,在32~181.67 mg/kg之间,平均86.01 mg/kg,含量<150 mg/kg的水田面积2334.15 hm²,占全县水田面积的18.97%,旱地面积263.47 hm²,占全县旱地面积的1.50%。本区pH值5.0~8.0,平均6.9,pH值>7.5的水田面积539.15 hm²,占全县水田面积的4.38%,旱地面积150.57 hm²,占全县旱地面积的0.86%。

本区高产田土面积为1528.67 hm²,占全县耕地面积的5.11%;中产田土面积为1208.69 hm²,占全县耕地面积的4.04%;低产田土面积为123.98 hm²,占全县耕地面积的0.41%。高产田土分布较多。

第四节 耕地质量建设与改良对策

耕地质量建设与改良对策既注重当前,更注重长远。根据龙里县农作物生产布局、自然条件和耕地特点,合理利用现有耕地,在稳定粮食生产的基础上,进行合理轮作套种,积极发展多种经济作物,是合理利用耕地的重要途径和主要方向。因各区的地形地貌、土壤类型、气候特征和地理位置不同,各改良利用分区的改良措施不同,现将各区的改良措施分述如下。

一、西北部中丘山地坡地梯改型改良区

本区地貌以中丘为主,坡耕地多,坡度大,抗旱能力差,易导致严重水土流失,造成旱坡地的砂薄化和养分贫瘠化,是区域主导性限制因子。改良利用方向和措施如下。

(1)修筑石埂或土埂以及拦山沟、蓄水池窖等田间工程配套措施治理改造旱坡地,增加植被覆盖,减缓地面坡度和保持水土。缓坡地进行坡改梯,横坡种植,建立稳产高产基本农田。对于坡度>25°的耕地,要以保持水土为主,严禁陡坡开荒、毁林开荒,动员农民退耕还林还果,以涵养水源,促进生态平衡。

(2)用养结合,提高地力。对于低产土选择耐旱、耐瘠的绿肥和豆科作物品种,通过种植绿肥改良和培肥土壤,提高地力,保护土壤,养地作物占耕地面积的1/3,并实行间套轮作。

(3)合理施肥。对于中低产田土,改进化肥施用方法,提高化肥利用率。有针对性地补充施用化肥,校正土壤缺素,提高土壤养分含量。推广秸秆还田,大力发展绿肥,增施有机肥,有机肥与无机肥结合,提高土壤肥力。全面提高土壤养分含量,改善土壤结构,熟化土壤,为作物生长创造良好的土壤条件。配套实施农业实用技术,促进作物增产增收,发挥改土培肥的效果。

(4)兴修水利,加强农田基础设施建设,充分开发利用地下水资源,发展灌溉。有条件的地方实行蓄、引、提相结合,增加抗旱设施,改善灌溉条件,保证稻田用水、防旱防涝。

二、中北山原瘠薄培肥型改良区

本区域耕层厚度<20 cm的土壤面积占本区耕地面积的60.64%。土壤瘠薄不利于作物的生长发育,抗旱能力弱。有机质含量不丰富,磷钾含量较低,养分不平衡,是影响产量的主导因子。改良利用方向和措施如下。

(1)加厚耕作层。针对土层浅薄耕地,可采取聚垄作、深耕等措施加深耕层,改良土壤结构性能,提高土壤保肥供肥能力。

(2)培肥土壤。①改进施肥方法是培肥地力、促进增产的重要措施。以有机肥为主,化肥为辅,采取"养、种、积、造、还"的方法,广辟有机肥源,积极发展绿肥,大积农家肥,制造腐殖酸类肥料;科学施用磷钾肥,引进推广微肥,以改善土壤物理性状和养分状况。②扩大绿肥种植面积。③秸秆还田,水稻、油菜等作物秸秆粉碎还田或秸秆整秆覆盖还田。

(3)根据本区实际情况,配套实施农业实用技术,改革耕作制度,发展特色农业,提高复种指数,增加小季作物,实现多熟高产,提高土地利用率和经济效益。

(4)搞好农田基本建设。把坡土改成梯土,实行环坡种植,逐步增厚活土层。修好拦山沟、排水沟。防止水土流失,变"三跑土"为"三保土"。

三、中南部山原台地干旱灌溉型改良区

本区山高田低,水源缺乏。地广人稀,耕作落后又粗放。由于降雨季节分配不合理,缺少必要的调蓄工程,水田不具备灌溉能力条件的面积大,抗旱能力弱,干旱缺水是本区域产量低的主导障碍因素。改良利用方向和措施如下。

(1)田间工程。①充分开发河流与地下水资源和天然降雨,修建完善的动力提灌或塘库蓄水设施,配置完善的主、干、支渠,提高水源保证率。②修建完善的农、毛、斗渠田间水利设施,充分利用水资源。③加高加厚田埂,轮流蓄积天然降雨。

(2)缓坡地进行坡改梯,横坡种植,建立稳产高产基本农田。坡改梯时最低标准土层厚度也应大于50 cm,耕作熟化层厚度大于15 cm。深耕改土,3年内深耕1~2次,加深耕层3~5 cm。这样可减少水土流失,将底层粘土翻到上层,调节砂粘比例,改善土壤结构。

（3）耕作培肥。连续3年实行粮肥、粮油、粮豆轮作；实行油菜秸秆或稻草还田，增施化肥和有机肥，适当增施过磷酸钙和硫酸亚铁。改进施肥方法，减少养分缺失，提高肥料利用率。推广种植绿肥，促使土壤结构得到改良，从而改善土壤物理性状和养分状况，提高农作物产量。

四、南部盆地培肥型改良区

本区多为盆地，稻田资源具有较大的气候优势和生产优势，素有"龙里粮仓""万亩大坝""鱼米之乡"的美称。复种指数高，但是土壤肥力下降，磷钾含量低，养分不均匀，是制约本区域产量潜力的主导因子。改良利用方向和措施如下。

（1）以用为主、用养结合。在积极种植绿肥，施用氮、磷、钾肥的同时加大钾肥施用量，并增施有机肥，促使土壤结构得到改良，从而改善土壤物理性状和养分状况；加大秸秆还田力度，增加土壤有机质积累，改良土壤结构，保持土壤肥力，稳定农作物产量。

（2）精耕细作、因土配方施肥。根据土壤的养分含量情况优化平衡施肥，合理搭配有机肥和氮、磷、钾肥及微肥的比例，减少养分损失，提高经济效益。

（3）以农为主，粮、油、蔬、肥合理轮作，因地制宜，合理布局；同时发展多种经营，农、工、商相结合。提高科学种田水平，尽快建成县的蔬菜、粮食、油料商品基地。首先是抓好中、低产田改造为中心的农田基本建设，改良土壤、培肥地力，逐步改善农田的生产条件。对低产田改造，重点是加强肥料建设，提高施肥水平，尽可能增加农家肥和有机肥的施用量，其次是壮大蔬菜产业发展，最后是稳定以水稻为主的粮食生产，扩大油菜种植面积，提高产量质量，让农民真正得到实惠，有效提高经济效益。

第七章　龙里特色作物适宜性评价

近年来,随着种植结构调整,龙里县蔬菜产业蓬勃发展,全年蔬菜播种面积从2008年的2653 hm² 增加到2015年的20 993 hm²,2015年全县无公害蔬菜面积8290 hm²,占全县蔬菜播种面积的39.49%,商品蔬菜6881 hm²,占无公害蔬菜面积的80%以上。实现了蔬菜生产向蔬菜产业的转型,产业化、标准化、市场化蔬菜生产初步形成,产品质量和种植效益不断提高,蔬菜产业已成为龙里县助民增收的优势产业,是农业经济的重要增长点。

龙里县地貌复杂,气候多样,农业生产限制因子较多,为科学开展种植业规划,指导农业生产,特别是特色蔬菜作物辣椒、豌豆尖的生产种植,利用耕地地力调查数据和资料,应用"耕地资源管理信息系统"软件(功能),对龙里县辣椒、豌豆尖种植的适宜性进行评价,得出龙里县辣椒、豌豆尖种植用地适宜等级、数量,质量及其空间分布,为龙里县辣椒、豌豆尖两种特色蔬菜种植区划以及耕地资源可持续利用提供科学依据(彩插图19)。

第一节　耕地作物适宜性评价概述

一、耕地作物适宜性及其相关概念

耕地作物适宜性评价是土地适宜性评价的深入,是区域作物布局、农业结构调整的依据,是对具体作物在具体地域是否适宜生长做出定性、定量和定位的结论性评价,不仅能充分利用资源、开发土地潜力、实现作物优质高产,使区域经济结构和生态环境可持续发展,而且能够避免盲目追随市场。其基本原理是在现有生产力经营水平和农业耕作利用方式条件下,选取耕地自然要素与社会经济要素等作为评价因子,采用科学方法综合分析耕地各构成要素对作物生长的适应性与限制性,以此反映耕地对作物生长的适宜程度、质量高低及其限制强度,从而对作物耕地进行适宜区域划分。

耕地作物适宜性评价是在耕地地力评价的基础上进行的,主要方法流程也相似,但两者又有很大的区别,主要表现在:①耕地作物适宜性评价的对象针对某种具体作物,而耕地地力评价则以耕地的生产潜力为评价对象;②作物适宜性评价解决的问题是所要评价耕地适合哪些作物生长,适宜性区域如何划分;③作物适宜性评价是在现有的耕地利用状况下,哪种作物最适于生长,哪种作物需要采取措施后适于生长,哪种作物经济效益最高;④作物适宜性评价需要判定目前的利用方式是否利于耕地的可持续利用。

二、耕地作物适宜性研究现状与发展趋势

(一)耕地作物适宜性评价的研究现状

1. 耕地作物适宜性评价研究概况

20世纪90年代,随着现代土壤科学的发展,越来越多的人接受作物"适地适种"的理念,在宏观的土地利用大类适宜性评价(如宜林、宜耕、宜牧等)的基础上,国内外有关作物适宜性评价研究迅速广泛开展。1993年,在"全国名特优农产品与土壤环境条件"研讨会上,强调应改变土地适宜性评价重视"量"忽视"质"的做法,应重视具体作物对土地的生态条件要求。到了21世纪,作物适宜性评价的研究持续开展,并逐渐引入数学方法,在地理信息系统(GIS)技术的支持下迅速发展起来。如唐嘉平等(2002)以ArcView建立了基于多元线性回归算法的种植适宜性评价系统,对橡胶、甘蔗、茶树、咖啡、胡椒、砂仁等14种热带特色经济作物进行适宜性评价,并分析种植适宜性的空间分布规律。王飞(2006)基于地理信息系统和数学模型集成技术,利用模糊隶属函数、层次分析、修正的加权指数和及动态聚类分析等模型对福建省主要经济作物花生、烤烟和甘蔗适宜用地数量及质量进行评价,并利用线性规划及专家辅助决策模型和方法进行科学区划。周福红(2011)针对安徽省明光市三大耕地类型(北部平原潮土耕地类型区、稻田耕地类型区、山地丘陵耕地类型区)特点分别对小麦、水稻进行了适宜性评价,以及根据评价结果和明光市生产实际情况,提出种植业发展方向和生产布局,并就种植业结构调整提出建议。黄伟娇(2011)在ArcGIS软件的支持下,采用模糊综合评价法对杭州市茶叶、山核桃和香榧的土地适宜性进行了评价。

2. GIS技术在耕地作物适宜性评价中的应用

近年来,GIS技术在作物适宜性评价中得到普遍应用,GIS是一种多维、多要素、时空结合、定性与定量相结合的综合分析技术。通过GIS平台,既能利用计算机对评价结果进行地理信息可视化表达及空间查询,还能进行空间分析和模拟。耕地作物适宜性评价借助GIS技术使得评价操作更方便、评价结果更科学、成图效果更好。王桂芝等(1997)以Arc/Info为工具建立了海南省三亚市的热带作物土地适宜性评价模型。Seffino L. A.等(1999)利用GIS的作业流式空间决策支持系统(Workflow-based Spatial Decision Support System)对巴西圣保罗州的甘蔗种植进行适宜性评价。唐嘉平等(2002)利用ArcView平台的种植适宜性评价系统对澜沧江下游热带特色经济作物进行适宜性评价。黄河(2004)借助GIS和数学模型集成技术对荔城区蔬菜地适宜性进行评价。郭亚东等(2006)借助ArcIMS平台研制杭州市特色农作物适宜性评价WebGIS咨询系统。

3. 耕地作物适宜性评价因子

评价因子的选取直接关系到评价的科学性和精确性,是适宜性评价过程中的关键,要求科学、完整地选择评价因子并构建合理评价因子体系。农作物的生长发育与气候、地形、土

壤等自然环境条件密切相关,在不同自然环境条件下的农作物产量及其品质有明显差异。国内外主要根据作物的生理生态特性,选取影响作物产量、品质和效益的气候、地形、地貌、土壤等作为评价因子。如 Ogunkunle A. O. (1993)选择土壤结构、质地、交换性钾、阳离子交换容量(Cation Exchange Capacity, CEC)等作为评价因子,对尼日利亚中西部地区油椰子适宜性进行了评价;张红旗(1998)选择极端最低气温、土层厚度、土壤质地、土壤有机质、土壤酸碱度、水源保证率、海拔、坡度、坡向作为评价因子,对泰和县柑橘适宜性进行了评价;Tamgadge D. B. 等(2002)选择降雨量、温度、母岩、地形、坡度、排滞条件等作为评价因子,进行水稻耕地适宜性评价;黄河(2004)在对荔城区蔬菜耕地适宜性进行评价中,选择有机质、CEC、速效磷、耕层厚度、坡度和全盐量等作为评价因子;Satyavathi P. L. A 等(2004)选择土壤质地、有机质、pH 值、耕层厚度、盐分、CEC、排灌条件等作为评价因子,对鹰嘴豆、玉米、高粱、棉花和花生等作物适宜性进行了评价。

以往较普遍采用定性(专家经验法)方法来确定评价因子,而现在是采用数学方法定量(数理统计)优化筛选出评价因子,再结合专家经验判断分析得出评价因子,并构建评价因子体系。前者如 Ranst E. V. (1996)、尹君等(1998)、史舟等(2002)、Satyavathi P. L. A 等(2004)对橡胶、水稻、小麦、玉米、谷子、花生、棉花、柑橘、鹰嘴豆和高粱耕地适宜性进行了评价;后者如彭补拙等(1994)、王桂芝(1997)采用逐步回归分析法与多元回归模型确定青梅、三亚热带作物的评价因子权重。张红旗(1998)采用排列成对比较的数学定量方法确定柑橘耕地适宜性评价因子的权重。邱炳文等(2002)将 BP 网络模型应用于蔬菜、果树用地适宜性动态评价研究。Tamgadge D. B.等(2002)在选择水稻耕地适宜性评价因子的基础上,采用专家咨询法分别对各评价因子的影响程度进行经验分级,但专家咨询法确定临界指标受主观因素影响较大,故已较少应用。而 Ng'etich W. K. (2003)、Kamunya S. M. 等(2004)均采用层次分析法(AHP)确定茶树适宜性评价因子的权重,做到巧妙地将定性与定量分析结合确定因子权重。模糊数学原理的隶属函数模型法在作物耕地适宜性评价研究中得到广泛应用。如宋于洋等(2001)、Li Hong 等(2002)运用模糊综合评判法分别对新疆晚红葡萄和北京西部山麓杏子、胡桃等 7 种果树进行适宜性评价。黄河(2004)在进行荔城区蔬菜耕地适宜性评价中,采用隶属函数模型法对评价因子分别建立不同类型的模糊隶属方程,进而确定评价因子的权重。

4. 耕地作物适宜性评价方法

至于适宜性评价方法,国内外通常采用加权指数和法、加权指数乘积开方法、模糊聚类法以及动态模拟法等,其中,加权指数和法的应用较为普遍和成熟,不过此法在确定适宜区域划分界限时通常比较机械,易受人为主观因素影响,而耕地构成要素却比较复杂,其适宜区域之间的划分界限是模糊的,致使该方法的应用存在一定缺陷。为此,近年来国内外学者将主成分分析、模糊聚类分析、灰色关联分析和神经网络模型等方法引入耕地作物适宜性评价中。如盛建东(1997)采用高维降维技术——投影寻踪回归技术(PPR)对新疆石河子棉花适宜性进行评价。朱德兰等(2003)采用灰色关联分析法评价陕西榆林风沙区乔灌木树种的适宜性。这些数学方法的引用，使得评价过程更加客观，评价结果更加准确。探索不同数学方法在农用地评价中的合理应用可以有效地减少人为主观因素的影响，是今后作物适宜性评价研究的重要任务。

(二) 耕地作物适宜性评价的发展方向

1. 向定量化、综合化、动态化、信息化、具体化的方向发展

综观国内外耕地作物适宜性评价的研究现状，耕地作物适宜性评价的研究正朝着定量化、综合化、动态化、信息化、具体化的方向发展。定量化可以克服作物适宜性评价中主观因素的影响。综合化是综合评价因子或多目标、多约束因子，从而保证作物适宜性评价的科学性、准确性和实用性。随着时间的推移，采用新信息代替旧信息，在一个时间序列上对因子进行动态处理就是动态化。信息化则是通过GIS软件的二次开发，生成适合耕地作物适宜性评价的软件环境，既能加快评价工作的进展，又能保证评价结果的科学性与准确性。具体化指在原有宜耕、宜林、宜牧等宏观土地适宜性评价的基础上，发展为针对具体作物，以及落实到具体耕地空间的区域评价布局。

2. 现代技术对耕地作物适宜性评价的作用突显

随着耕地作物适宜性评价中引入GIS技术的日臻成熟、网络的迅速发展，网络地理信息系统(WebGIS)应运而生并成为发展的热点与前沿，将现有的农业信息GIS系统向网络移植也成为趋势和必然。耕地作物适宜性评价将会综合运用WebGIS、网络编程等现代信息系统开发技术，建立耕地作物适宜性评价与决策咨询系统。评价成果将为农业生产提供自然资源情况、作物适应性条件及气候变化对作物生长影响等信息，且为作物布局区划和调整农业结构提供建议，同时也能为政府有关部门分类指导农业生产，发挥区域气候优势，推进农产品区域布局，促进耕地资源开发提供理论支撑。

3. GIS技术与数学模型结合对作物适宜性评价应用意义重大

将GIS技术与数学模型结合起来，建立作物耕地信息系统和适宜性评价模型，促进作物适宜性评价的研究和耕地资源的可持续利用。GIS与数学模型的结合是当前GIS研究的一个主要方向，耕地作物适宜性评价模型如何与GIS相结合，实现评价过程的自动化，方便用户查询和检索，对耕地作物适宜性评价成果的应用具有重要意义。

4. 模型构建指标的优选将会得到重视

目前，耕地作物适宜性评价主要集中于适宜性评价模型的构建与完善上，但往往忽视掉模型构建指标的优选。耕地作物适宜性评价中选择的因子多是静态性和单一型因子，如气候、土壤和地形等，缺少动态性和社会经济因子，如交通区位、作物市场需求及农业政策等。因此，在今后的耕地作物适宜性评价中，模型构建指标的优选将会得到重视，指标体系也将会进一步得到完善。

第二节 基于 GIS 的龙里耕地作物适宜性评价

一、耕地作物适宜性评价技术路线

龙里县耕地作物适宜性评价的技术路线如图 7-1 所示。

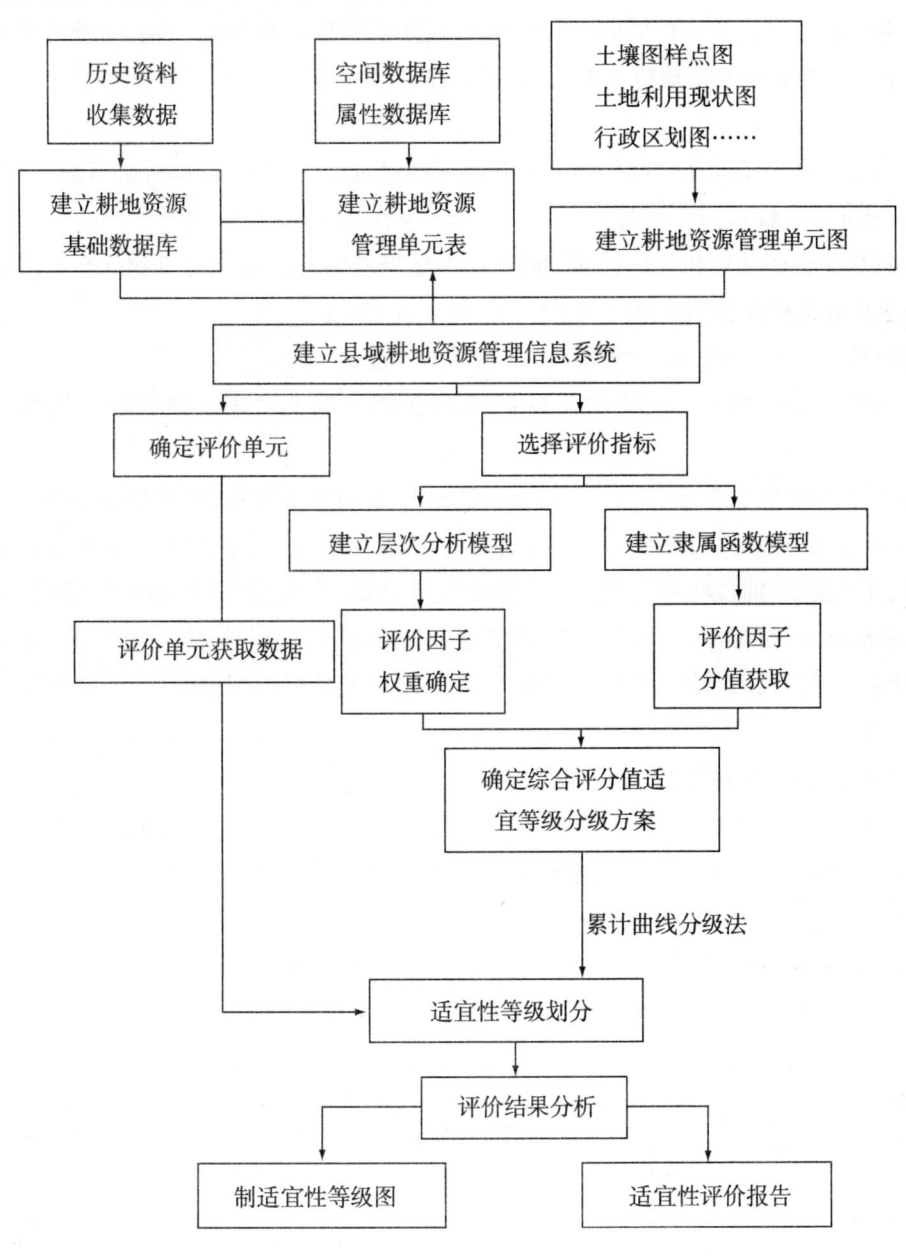

图 7-1 龙里县耕地作物适宜性评价技术路线

二、耕地作物适宜性评价方法与步骤

龙里县作物适宜性评价是在耕地资源管理信息系统的基础上实现的。评价单元和单元属性数据与龙里县耕地地力评价相同。

(一)评价因子的确定

选取作物适宜性评价因子主要有6个原则:

(1)选择的因子对作物生产有比较大的影响。

(2)选取的因子应在评价区域内的变异较大,便于划分土地等级。如排水能力对于作物生产影响很大,但龙里县耕地排水能力均较强,难以划分等级,故不选择排水能力作为参评因子。

(3)选取的评价指标在时间序列上具有相对的稳定性。如土壤的质地、有机质含量等,评价的结果能够有较长的有效期。

(4)评价指标的选择和评价标准的确定要考虑当地的自然地理特点和社会经济发展水平,必须有很好的操作性和实际意义。

(5)评价因子要定性与定量相结合。

(6)选择的评价因子之间的相关性要弱,评价因子相关度越小则分析结果的可信度越高。

本次评价参照作物栽培学、土壤学、生态学知识,并咨询有关专家,根据贵州省共用的耕地地力评价指标体系,针对龙里县的耕地资源特点,根据地力评价指标的选择和作物优质高产的生长环境要求,通过特尔斐法选取了速效钾、有效磷、全氮、有机质、pH值、耕层厚度、剖面构型、耕层质地、抗旱能力、地形部位、灌溉能力等单项因子参与评价。这些评价因子对作物适宜性影响比较大、区域内的变异明显、在时间序列上具有相对稳定性、与农业生产有密切关系,由此选择其为龙里县作物适宜性评价的评价因子,建立评价因子指标体系。

(二)评价指标的权重的确定

采用与耕地地力评价相同的方法和程序:建立层次结构→建立判别矩阵→进行判别矩阵的一次性检验→层次总排序一次性检验。通过分析,得出辣椒、豌豆尖各评价因子权重。

1.辣椒适宜性评价指标及权重

各评价因子对辣椒适宜性的影响程度综合排序如下:速效钾 > 有效磷 > 全氮 > 有机质 > 耕层质地 > 灌溉能力 > 耕层厚度 > 抗旱能力 > 地形部位(表7-1)。

表7-1 辣椒评价各个因素的组合权重计算结果

辣椒适宜性 A	立地条件 B_1	耕作条件 B_2	理化性状 B_3	组合权重 ($\Sigma C_i A_i$)
	0.2460	0.2316	0.5224	
地形部位 C_1	0.5556			0.1367

续表 7-1

辣椒适宜性 A	立地条件 B_1 0.2460	耕作条件 B_2 0.2316	理化性状 B_3 0.5224	组合权重 ($\Sigma C_i A_i$)
抗旱能力 C_2	0.4444			0.1094
耕层厚度 C_3		0.5556		0.1286
灌溉能力 C_4		0.4444		0.1029
耕层质地 C_5			0.2684	0.1402
有机质 C_6			0.1717	0.0897
全氮 C_7			0.1336	0.0698
有效磷 C_8			0.1805	0.0943
速效钾 C_9			0.2458	0.1284

2. 豌豆尖适宜性评价指标及权重

各评价因子对豌豆尖适宜性的影响程度综合排序如下：速效钾＞有效磷＞有机质＞pH 值＞耕层质地＞灌溉能力＞耕层厚度＞剖面构型＞地形部位（表 7-2）。

表 7-2 豌豆尖评价各个因素的组合权重计算结果

豌豆尖适宜性 A	立地条件 B_1 0.2429	耕作条件 B_2 0.2391	理化性状 B_3 0.5180	组合权重 ($\Sigma C_i A_i$)
地形部位 C_1	0.5263			0.1278
剖面构型 C_2	0.4737			0.1150
耕层厚度 C_3		0.5556		0.1329
灌溉能力 C_4		0.4444		0.1063
耕层质地 C_5			0.2327	0.1205
pH 值 C_6			0.1883	0.0976
有机质 C_7			0.2341	0.1213
有效磷 C_8			0.1692	0.0876
速效钾 C_9			0.1758	0.0910

第三节 辣椒、豌豆尖适宜性分述

一、辣 椒

(一)评价结果分析

1. 评价等级的划分

根据各评价单元的适宜性指数，用累计曲线分级法确定辣椒适宜性，分为高度适宜、适宜、勉强适宜和不适宜四个等级(表7-3)。运用县域耕地资源管理信息系统(ArcGIS 9.3)进行辣椒适宜性评价结果专题图的绘制(彩插图20),使评价结果能够更加直观、有效地指导农业生产实践。

表7-3 龙里县辣椒适宜性分级标准

适宜性	辣椒适宜性综合指数
高度适宜	≥0.70
适 宜	0.60~0.70
勉强适宜	0.50~0.60
不适宜	<0.50

2.适宜性程度面积统计

利用ArcGIS 9.3软件,对龙里县辣椒适宜性评价结果图属性表中各适宜等级评价单元的面积进行汇总,统计得到辣椒各适宜性等级面积。龙里县辣椒适宜性评价结果见表7-4、图7-2、图7-3。

龙里县耕地面积29 906.71 hm^2,高度适宜种植辣椒的面积为10 400.26 hm^2,占全县耕地面积的34.78%;适宜种植辣椒的面积为12 940.29 hm^2,占全县耕地面积的43.27%,勉强适宜种植辣椒的面积为5595.42 hm^2,占全县耕地面积的18.70%;不适宜种植辣椒的面积为970.74 hm^2,占全县耕地面积的3.25%。从表7-4中可以看出龙里县大部分地区是高度适宜或适宜辣椒生长的。

表7-4 龙里县辣椒适宜性评价结果面积统计

适宜性	面积(hm^2)	占全县耕地面积比例(%)	其中:水田 面积(hm^2)	其中:水田 占全县水田面积比例(%)	其中:旱地 面积(hm^2)	其中:旱地 占全县旱地面积比例(%)
高度适宜	10400.26	34.78	7719.28	62.73	2680.97	15.23
适 宜	12940.29	43.27	3804.58	30.92	9135.71	51.90
勉强适宜	5595.42	18.71	712.15	5.79	4883.28	27.74
不适宜	970.74	3.25	69.06	0.56	901.68	5.12
合 计	29 906.71	100.00	12 305.07	100.00	17 601.64	100.00

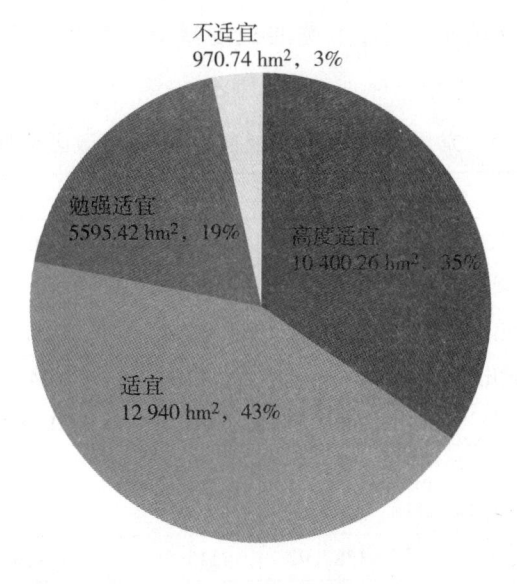

图7-2 龙里县辣椒适宜性评价各等级面积及所占比例饼状图

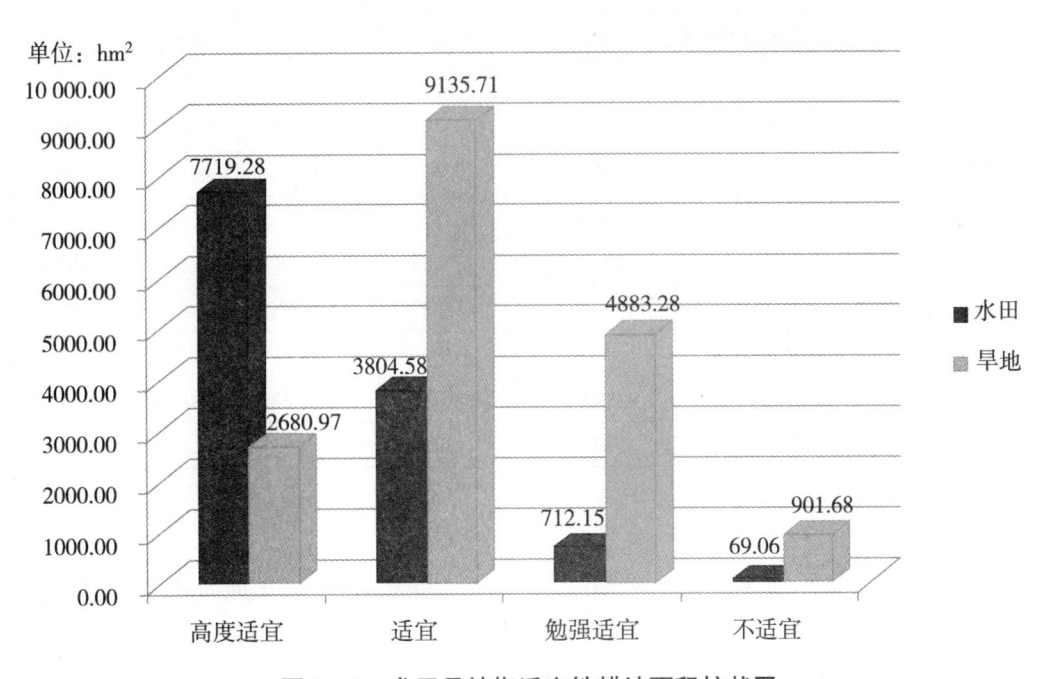

图7-3 龙里县辣椒适宜性耕地面积柱状图

(二)适宜区域分布

将龙里县辣椒适宜性评价图和龙里县行政区划图进行叠置分析,得到不同的辣椒适宜程度在行政区域中的分布状况。从彩插图20看,辣椒高度适宜种植区集中在湾滩河镇和洗马镇,尤其是洗马镇的花京村分布最广,面积为460.96 hm²;适宜种植区集中分布在龙里县洗马镇和龙山镇,这些区域土层厚,土壤酸碱度适宜,养分含量高,排水、灌溉条件好(表7-5)。

表7-5 龙里县辣椒适宜性评价程度的行政区域分布

镇(街道)	等级	高度适宜	适宜	勉强适宜	不适宜	合计
	综合指数	≥0.70	0.60~0.70	0.50~0.60	<0.50	
谷脚镇	面积(hm²)	1278.22	2121.15	818.33	188.65	4406.35
	占本镇耕地面积比例(%)	29.01	48.14	18.57	4.28	100
	占全县耕地面积比例(%)	4.27	7.09	2.74	0.63	14.73
冠山街道办事处	面积(hm²)	1396.34	1493.61	600.48	12.89	3503.32
	占本街道耕地面积比例(%)	39.86	42.63	17.14	0.37	100
	占全县耕地面积比例(%)	4.67	4.99	2.01	0.04	11.71
龙山镇	面积(hm²)	1387.92	2515.58	1310.74	286.12	5500.36
	占本镇耕地面积比例(%)	25.23	45.73	23.83	5.20	100
	占全县耕地面积比例(%)	4.64	8.41	4.38	0.96	18.39
湾滩河镇	面积(hm²)	2593.75	1890.51	968.62	165.96	5618.84
	占本镇耕地面积比例(%)	46.16	33.65	17.24	2.95	100
	占全县耕地面积比例(%)	8.67	6.32	3.24	0.55	18.79
洗马镇	面积(hm²)	2251.76	3446.91	1459.00	257.15	7414.82
	占本镇耕地面积比例(%)	30.37	46.49	19.68	3.47	100
	占全县耕地面积比例(%)	7.53	11.53	4.88	0.86	24.79
醒狮镇	面积(hm²)	1492.27	1472.54	438.25	59.97	3463.03
	占本镇耕地面积比例(%)	43.09	42.52	12.66	1.73	100
	占全县耕地面积比例(%)	4.99	4.92	1.47	0.20	11.58
龙里县	面积(hm²)	10400.26	12940.29	5595.42	970.74	29906.71
	占全县耕地面积比例(%)	34.78	43.27	18.71	3.25	100

1.高度适宜种植区

龙里县辣椒种植高度适宜区耕地面积为10 400.26 hm²,占全县耕地面积的34.78%,主要分布在湾滩河镇和洗马镇,面积分别占全县耕地面积的8.67%、7.53%,占本镇耕地面积的比例为46.14%、30.37%。根据分布所属行政村来看,分布面积较多的是洗马镇的花京村和湾滩河镇的羊场村。该分布区域海拔1060.00~1337.27 m,平均海拔为1242.94 m。≥10 ℃积温3400~4400 ℃,平均积温4040.92 ℃;降水量1100.0~1200.0 mm,平均值1135.8 mm(图7-4)。

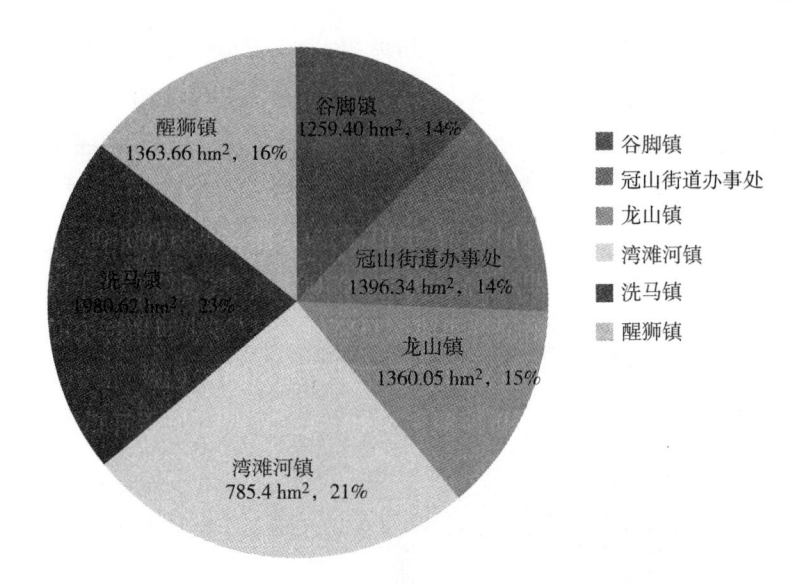

图 7-4　龙里县辣椒高度适宜区各镇(街道)分布及所占比例饼状图

龙里县辣椒种植高度适宜区土壤以黄壤、水稻土为主,以斑潮砂泥田、大眼泥田、小黄泥田和砂大眼泥田最适宜。质地以粘壤土、壤质粘土、壤土为主,土层厚度范围集中在 40.00 ~ 100.00 cm 之间,平均土层厚度为 70.00 cm,土层深厚。

龙里县辣椒种植高度适宜区地形部位以中丘坡脚和盆地为主,面积分别为 2635.15 hm² 和 2565.83 hm²,占高度适宜耕地面积的 25.34% 和 24.67%。抗旱能力集中在 13 ~ 30 天,平均抗旱能力为 22 天,土壤保水性能好。在整个高度适宜区,排水能力中到强,其中 64.49% 的地区排水能力强,30.37% 的地区排水能力较强。

龙里辣椒高度适宜区域的土壤 pH 值在 4.49 ~ 7.99 之间,酸性到弱酸性的高度适宜区面积为 6130.04 hm²,弱碱性的高度适宜区面积为 4270.22 hm²;有机质含量丰富,集中分布在 44.10 ~ 79.22 g/kg,平均含量为 48.77 g/kg;全氮含量为 1.10 ~ 5.50 mg/kg,集中分布在 1.78 ~ 4.42 mg/kg 之间,平均含量为 2.71 mg/kg;碱解氮含量为 96 ~ 388 mg/kg,平均含量为 210 mg/kg;有效磷含量稍偏低,为 2.30 ~ 58.60 mg/kg,平均含量为 18.49 mg/kg;速效钾含量主要集中在 32 ~ 465 mg/kg 之间,平均含量为 170 mg/kg;缓效钾含量为 43 ~ 695 mg/kg,平均含量为 229 mg/kg。

本区域海拔较低,耕地土层深厚,排水能力强,地形较为平缓,pH 大部分处于弱酸性到中性,有机质、碱解氮含量处于极丰富水平,有效磷和速效钾含量处于丰富水平,养分含量状况较好。高度适宜耕地的各个因子条件均较好,基本无限制性因子。

2. 适宜种植区

龙里县辣椒适宜种植区面积为 12 940.29 hm²,占全县耕地面积的 43.27%。按镇(街道)统计以洗马镇适宜辣椒种植的面积最大,面积为 3446.91 hm²,占本镇耕地面积的 46.49%;其次是龙山镇,面积为 2515.58 hm²,占本镇耕地面积的 45.73%;第三是谷脚镇,面积为 2121.15 hm²,占本镇耕地面积的 48.14%;依次为湾滩河镇、冠山街道办事处、醒狮镇,面积分别为 1890.51、1493.61、1472.54 hm²,分别占本镇(街道)耕地面积的 33.65%、42.63%、42.52%;按行政村来看,尤以洗马镇的平坡村、猫寨村,谷脚镇的谷脚社区占据最多,面积分别为 591.08、564.70、538.99 hm²。龙里县各镇(街道)适宜种植区分布及所占比例见图 7-5。

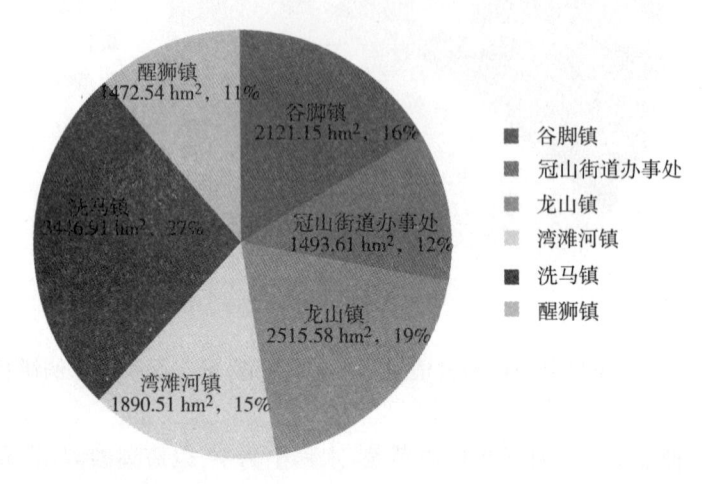

图 7-5　龙里县辣椒适宜区各镇(街道)分布及所占比例饼状图

辣椒适宜种植区海拔 855.00~1628.86 m,平均海拔为 1130.98 m;平均积温为 3875.74 ℃;平均降水量为 1128.47 mm,土壤以石灰土、水稻土、黄壤为主。地形部位以中丘坡腰和山原坡脚为主,面积分别为 2848.42 hm² 和 2397.29 hm²,占适宜种植区耕地面积的 22.01% 和 18.53%。适宜耕作区域耕地土体厚度集中于 60~80 cm,平均厚度为 65 cm。耕地抗旱能力主要集中在 13~25 天,平均为 20 天,土壤保水能力较强。排水能力相对较强,其中 70.28% 的地区排水能力强,22.71% 的地区排水能力较强。

适宜区耕地土壤 pH 值 4.41~7.70;有机质含量在 7.12~80.79 g/kg,平均含量为 42.07 g/kg;全氮含量在 0.79~5.02 g/kg,平均含量为 2.39 g/kg;碱解氮含量在 30~388 mg/kg 之间,平均含量为 189 mg/kg;有效磷含量在 2.00~58.60 mg/kg 之间,平均含量为 16.74 mg/kg,略低于高度适宜区;速效钾含量在 40~430 mg/kg 之间,平均含量为 147 mg/kg;缓效钾含量在 30~631 mg/kg 之间,平均含量为 195 mg/kg。

本区域土壤有机质、碱解氮含量较高,但有效磷含量偏低、速效钾含量中等偏低,是辣椒生长不利因素。辣椒对氮、磷、钾肥料均有较高的需求,施用磷肥能促进辣椒根系发育并提早开花,提早结果,钾能促进辣椒茎秆健壮和果实膨大。本区应以培肥地力为目的,提升辣椒产、质量。整体上,该级别耕地影响辣椒种植的限制因子较小。

3. 勉强适宜种植区

龙里辣椒勉强适宜的耕地面积为 5595.42 hm²,占全县耕地面积的 18.71%,主要分布在洗马镇和龙山镇。辣椒种植勉强适宜面积最大的是洗马镇,为1459.00 hm²,占本镇耕地面积的19.68%;龙山镇面积为1310.74 hm²,占本镇耕地面积的23.83%。按行政村来看,洗马镇的巴江村、平坡村、乐湾村占前三甲,面积分别为252.17、239.94、222.95 hm²。龙里县各镇(街道)勉强适宜种植区分布及所占比例见图7-6。

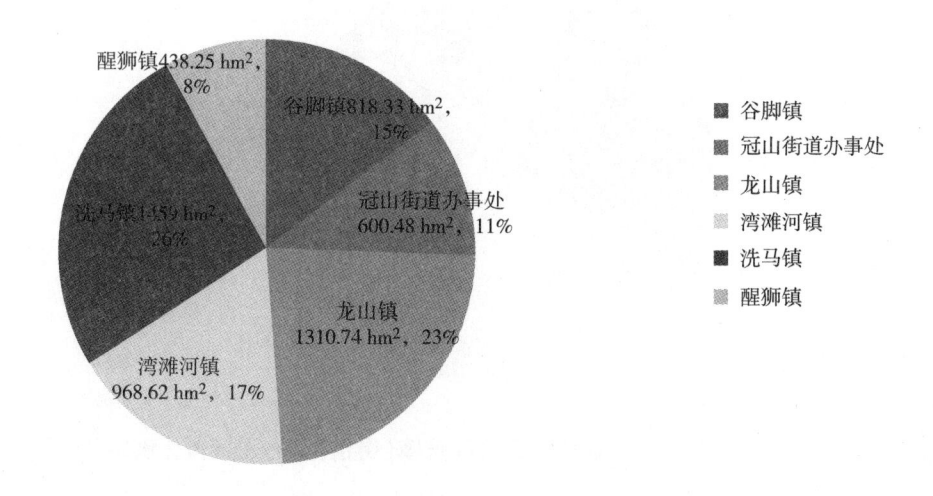

图7-6 辣椒勉强适宜区各镇(街道)分布及所占比例饼状图

本区域分布在海拔917.78~1646.71 m之间,平均海拔为1283.33 m。本区域积温集中于3400~4400 ℃,平均积温3989.19 ℃;降水量集中在1100.00~1200.00 mm,平均值1142.18 mm。土壤以石灰土和黄壤为主,土质以粘壤土、壤质粘土、砂质粘土为主,土体厚度在60~80 cm之间,地形部位以山原坡脚和坡腰、中丘坡腰为主,分别占勉强适宜耕地面积的21.38%、18.66%和16.35%。耕地抗旱能力主要为13~26天,平均为19天,土壤排水能力强,面积为4413.79 hm²。

勉强适宜耕地土壤pH值4.32~7.70;有机质含量在13.14~71.44 g/kg,平均含量为37.05 g/kg;全氮含量在0.87~3.80 g/kg,平均含量为2.10 g/kg;碱解氮含量在71~353 mg/kg之间,平均含量为174 mg/kg;有效磷含量在2.00~57.70 mg/kg之间,平均含量为12.85 mg/kg;速效钾含量在40~295 mg/kg之间,平均含量为128 mg/kg;缓效钾含量在35~628 mg/kg之间,平均含量为167 mg/kg。

勉强适宜区海拔相对较高,辣椒栽培模式可采取反季节秋延晚栽培,5月上、中旬播种育苗,6月上、中旬定植,9月上旬至11月初陆续收获。影响辣椒生长的主要因子是抗旱能力、有效磷、速效钾。

4. 不适宜种植区

龙里县辣椒不适宜种植区耕地面积为970.74 hm²,占龙里县耕地面积的3.25%。主要分布在龙山镇和洗马镇,面积分别为286.12、257.15 hm²,占本镇耕地面积的5.2%和

3.47%。按行政村来看,其中以洗马镇的哪嗙村和谷脚镇的高新村所占面积大,分别为107.49 hm² 和 93.26 hm²。各镇(街道)不适宜种植辣椒面积及所占比例如图 7-7。

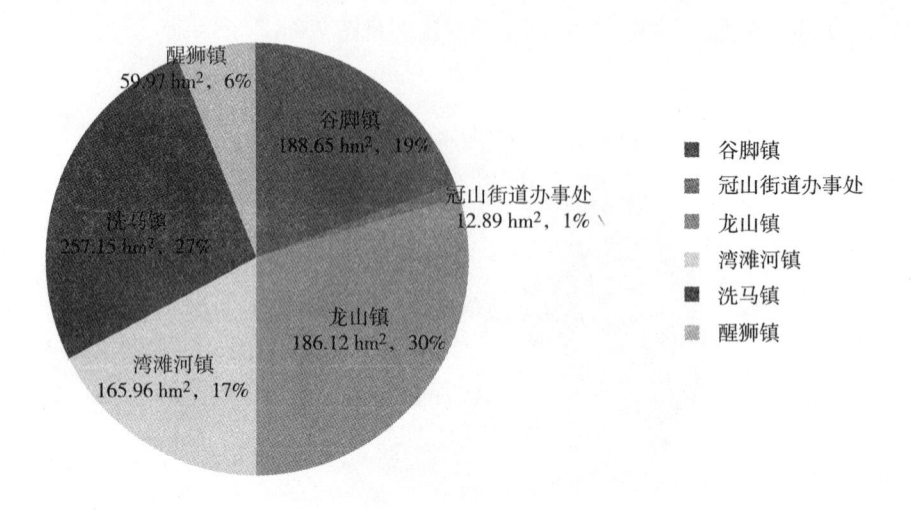

图 7-7 辣椒不适宜区各镇(街道)分布及所占比例饼状图

不适宜种植区耕地海拔在 953.74~1620.08 m 之间,平均海拔为 1359.48 m,比勉强适宜区更高,是辣椒种植的一大限制因素。积温集中于 3400~4400 ℃,平均积温 3913.36 ℃;降水量集中在 1100.00~1200.00 mm,平均值为 1129.55 mm。地形部位以山原坡腰和台地为主,占不适宜种植区耕地面积的 32.07% 和 26.53%。本区域土壤质地以砂土及壤质砂土、砂质粘土、粘壤土为主,土体厚度为 30~80 cm,平均厚度为 65 cm。耕地抗旱能力集中在 8.5~21 天,平均为 18 天。

不适宜种植区耕地土壤 pH 值 4.32~7.94,pH <7 的不适宜区面积为 650.74 hm²,pH >7 的不适宜区面积为 320.00 hm²;有机质含量 11.90~62.06 g/kg,平均含量为 32.40 g/kg;全氮含量 0.70~3.80 g/kg,平均含量为 1.86 g/kg;碱解氮含量在 75~262 mg/kg 之间,平均含量为 163 mg/kg;有效磷含量在 1.80~19.90 mg/kg 之间,平均含量为 9.04 mg/kg;速效钾含量在 38~188 mg/kg 之间,平均含量为 14 mg/kg;缓效钾含量在 40~470 mg/kg 之间,平均含量为 156 mg/kg(表 7-6)。

表 7-6 辣椒各种植区域土壤基本性状比较

适宜性	土体厚度(cm)	有机质(g/kg)	有效磷(mg/kg)	速效钾(mg/kg)	抗旱能力(天)
不适宜	65	32.40	9.04	14	18
勉强适宜	65	37.05	12.85	128	19
适 宜	65	42.07	16.74	147	20
高度适宜	70	48.77	18.49	170	22

由表7-6可以看出,不适宜区有效养分含量低,尤其是速效钾含量太低,有效磷含量次之,抗旱能力稍弱,这些因素影响辣椒的生长和发育。因此,本区域不适宜种植辣椒。

(三)产业发展对策与建议

龙里县海拔相对较平坦,地形地貌简单,地势相对高差中等,气候和雨热变化不大。从龙里县实际情况出发,龙里县在发展辣椒种植业时应该从以下几方面出发。

(1)高度适宜区要加强培肥管理,精耕细作,以保证辣椒的优质高产稳产。龙里县辣椒种植高度适宜区域比较集中,可以在洗马镇、湾滩河镇和醒狮镇发展建设高产稳产区,有利于统一管理和生产,提高辣椒的经济效益。并对于辣椒高度适宜的耕地要加强地力保护,防治污染,避免非农侵占,推广测土配方施肥技术,精耕细作,维持地力,充分发挥耕地的生产力,进一步提高经济效益;高度适宜的耕地具有广泛的适宜性,可以推广应用辣椒优良品种和其他优良作物品种,配套优良的栽培管理技术,充分发挥耕地的生产力。

(2)调整种植结构,合理利用耕地资源。由评价结果可以看出,龙里县辣椒适宜和勉强适宜区分布广泛,勉强适宜区要科学规划,控制种植范围。适宜区可以因地制宜地安排农作物布局,实现辣椒区域化种植。实现生产区域化和规模化提高了土地集约化程度,有利于集中使用资金、设备,降低生产成本;有利于推广应用新品种及先进的生产技术和经验。根据辣椒的生态适应性进行合理布局,实现适地种植,可以充分利用自然资源和社会经济条件,更大地发挥辣椒的增产潜力。

(3)不适宜辣椒种植的耕地海拔相对较高,坡度大,抗旱和排水能力较弱,自然条件较差。因此,对这部分因为海拔较高及其他限制因素而不适宜种植辣椒的耕地,应该因地制宜种植其他粮食或经济作物,以充分发挥耕地资源的生产效益。对于部分坡度大的耕地实施退耕还林还草,以防止水土流失,对生态环境较差的地区实施生态重建、土地整理等工程措施,保护土地资源与生态环境,实现农业与生态建设协调发展,共同进步的局面。

二、豌豆尖

(一)评价结果分析

1. 评价等级的划分

采用与辣椒相同的评价方法,获得了豌豆尖适宜性分布示意图(表7-7、彩插图21)。

表7-7 龙里县豌豆尖适宜性分级标准

适宜性	豌豆尖适宜性综合指数
高度适宜	≥0.66
适　宜	0.56~0.66
勉强适宜	0.46~0.56
不适宜	<0.46

2. 适宜性程度面积统计

利用 ArcGIS 9.3 软件,对龙里县豌豆尖适宜性评价结果图属性表中各适宜等级评价单元的面积进行汇总,统计得到豌豆尖各适宜性等级面积。龙里县豌豆尖适宜性评价结果见表7-8、图7-8、图7-9。

龙里县耕地面积为 29 906.71 hm²,其中高度适宜种植豌豆尖的面积为 12 507.51 hm²,占全县耕地面积的 34.78%;适宜种植豌豆尖的面积为 11 812.50 hm²,占全县耕地面积的 39.50%;勉强适宜种植豌豆尖的面积为 5154.76 hm²,占全县耕地面积的 17.24%;不适宜种植豌豆尖的面积为 431.94 hm²,占全县耕地面积的 1.44%。从表中可以看出龙里县水田和旱地绝大部分是高度适宜或适宜豌豆尖生长的,不适宜的只占全县耕地面积的 1.44%。

表7-8 龙里县豌豆尖适宜性评价结果面积统计

适宜性	面积（hm²）	占全县耕地面积比例（%）	其中:水田 面积（hm²）	占全县水田面积比例（%）	其中:旱地 面积（hm²）	占全县旱地面积比例（%）
高度适宜	12 507.51	41.82	9209.18	74.84	3298.33	18.74
适 宜	11 812.50	39.50	2704.83	21.98	9107.67	51.74
勉强适宜	5154.76	17.24	331.09	2.70	4822.96	27.40
不适宜	431.94	1.44	59.26	0.48	372.68	2.12
合 计	29 906.71	100.00	12 305.07	100.00	17 601.64	100.00

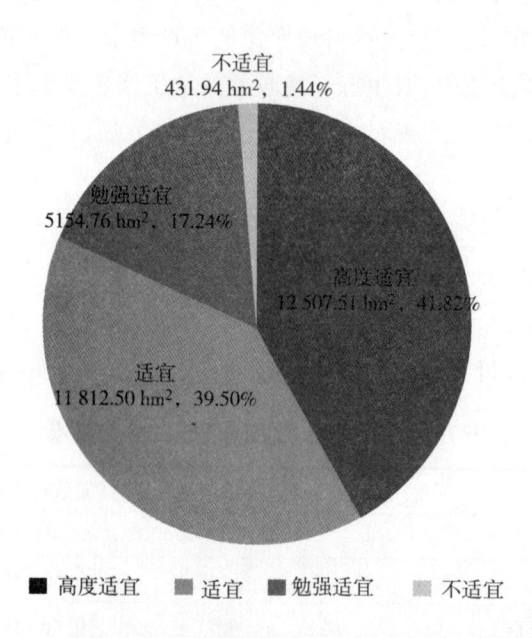

图7-8 龙里县豌豆尖适宜性评价各等级面积及所占比例饼状图

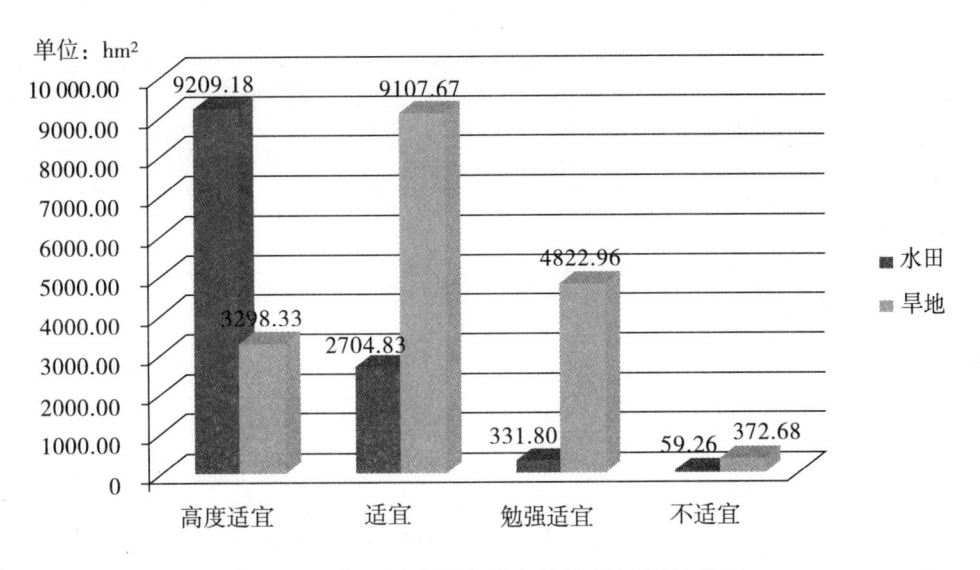

图 7-9　龙里县豌豆尖适宜性耕地面积柱状图

(二) 适宜区域分布

将龙里县豌豆尖适宜性评价图和龙里县行政区划图进行叠置分析,得到不同的豌豆尖适宜程度在行政区域中的分布状况。从分布图上看,豌豆尖高度适宜种植区集中在湾滩河镇和洗马镇,其高度适宜种植面积分别为 3026.6、2347.16 hm²,其中洗马镇的花京村分布最广,面积为 468.42 hm²。豌豆尖主要适宜种植区集中分布在洗马镇和龙山镇,其适宜种植面积分别为 3279.54、2128.42 hm²,其中洗马镇的平坡村分布最广,面积为 646.32 hm²,其次是谷脚镇的谷脚社区,分布面积为 581.73 hm²。高度适宜区和适宜区域土层厚,土壤酸碱度适宜,养分含量高,排水、灌溉条件好(表 7-9)。

表 7-9　龙里县豌豆尖适宜性评价程度的行政区域分布

镇(街道)	等级	高度适宜	适宜	勉强适宜	不适宜	合计
	综合指数	≥0.70	0.60~0.70	0.50~0.60	<0.50	
谷脚镇	面积(hm²)	1954.53	1905.51	471.72	74.6	4406.36
	占本镇耕地面积比例(%)	44.36	43.24	10.71	1.69	100.00
	占全县耕地面积比例(%)	6.54	6.37	1.58	0.25	14.73
冠山街道办事处	面积(hm²)	1947.01	1320.69	235.62		3503.32
	占本街道耕地面积比例(%)	55.58	37.70	6.73	0.00	100.00
	占全县耕地面积比例(%)	6.51	4.42	0.79	0.00	11.71
龙山镇	面积(hm²)	1712.81	2128.42	1421.43	237.69	5500.35
	占本镇耕地面积比例(%)	31.14	38.70	25.84	4.32	100.00
	占全县耕地面积比例(%)	5.73	7.12	4.75	0.79	18.39

续表 7-9

镇(街道)	等级	高度适宜	适宜	勉强适宜	不适宜	合计
	综合指数	≥0.70	0.60~0.70	0.50~0.60	<0.50	
湾滩河镇	面积(hm²)	3026.6	1857.76	701.74	32.75	5618.85
	占本镇耕地面积比例(%)	53.87	33.06	12.49	0.58	100.00
	占全县耕地面积比例(%)	10.12	6.21	2.35	0.11	18.79
洗马镇	面积(hm²)	2347.16	3279.54	1709.97	78.15	7414.82
	占本镇耕地面积比例(%)	31.65	44.23	23.06	1.05	100.00
	占全县耕地面积比例(%)	7.85	10.97	5.72	0.26	24.79
醒狮镇	面积(hm²)	1519.4	1320.57	614.29	8.75	3463.01
	占本镇耕地面积比例(%)	43.88	38.13	17.74	0.25	100.00
	占全县耕地面积比例(%)	5.08	4.42	2.05	0.03	11.58
龙里县	面积(hm²)	12507.51	11812.49	5154.77	431.94	29906.71
	占全县耕地面积比例(%)	41.82	39.50	17.24	1.44	100.00

1. 高度适宜种植区

龙里县豌豆尖种植高度适宜区耕地面积为 12 507.51 hm²，占全县耕地面积的 41.82%，高度适宜种植区集中在湾滩河镇和洗马镇，依次为谷脚镇、冠山街道办事处、龙山镇、醒狮镇，其高度适宜种植面积分别为 3026.6、2347.16、1954.53、1947.01、1712.81、1519.4 hm²，占全县耕地面积的 10.12%、7.85%、6.54%、6.51%、5.73% 和 5.08%。根据分布所属行政村来看，分布面积较多的是洗马镇的花京村、冠山街道办事处的大新村、醒狮镇的元宝村、湾滩河镇的羊场村。该分布区域海拔 902.13~1604.68 m，集中于海拔 1000.00~1500.00 m，平均海拔为 1235.21 m。≥10 ℃ 积温 3400~4400 ℃，平均积温 4066.77 ℃；降水量 1100.00~1200.00 mm，平均为 1134.77 mm。各镇(街道)高度适宜种植豌豆尖面积及所占比例见图 7-10。

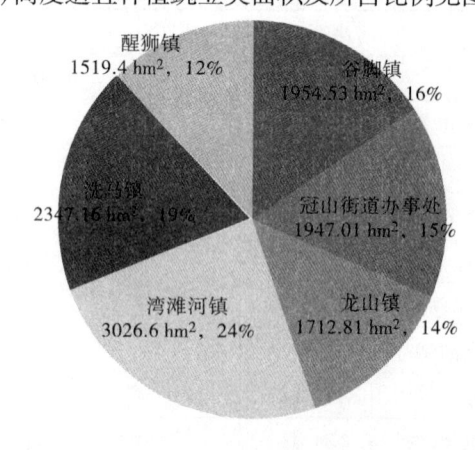

图 7-10 豌豆尖高度适宜区各镇(街道)分布及所占比例饼状图

龙里县豌豆尖种植高度适宜区土壤以水稻土、黄壤、石灰土为主，以斑潮砂泥田、小黄泥田、砂大眼泥田、大眼泥田和斑黄泥田最适宜。质地以粘壤土、壤质粘土、壤土为主，土体厚度集中在 30~100 cm 之间，平均为 65 cm，土层深厚。

龙里县豌豆尖种植高度适宜区地形部位以中丘坡脚、盆地、中丘坡腰、山原坡脚为主，面积分别为 3144.98、2714.60、1982.87、1773.29 hm²，占高度适宜耕地面积的 25.14%、21.70%、15.85% 和 14.18%。抗旱能力集中在 13~30 天，平均抗旱能力为 19.9 天，土壤保水性能好。在整个高度适宜区，排水能力中到强，其中 64.86% 的地区排水能力强，30.32% 的地区排水能力为较强。

龙里豌豆尖高度适宜区域的土壤 pH 值 4.49~8.00，pH 值 <7 的高度适宜区面积为 7941.83 hm²，pH 值 >7 的高度适宜区面积为 4565.68 hm²；有机质含量为 19.37~80.91 g/kg，集中分布在 27.36~75.30 g/kg，平均含量为 41.83 g/kg；全氮含量为 1.10~5.50 mg/kg，集中分布在 1.23~4.55 mg/kg 之间，平均含量为 2.62 mg/kg；碱解氮含量为 72~388 mg/kg，平均含量为 205 mg/kg；有效磷含量为 2.00~58.60 mg/kg，平均含量为 18.40 mg/kg；速效钾含量在 32~465 mg/kg 之间，平均含量为 167 mg/kg；缓效钾含量为 40~695 mg/kg，平均含量为 231 mg/kg。

本区域海拔稍低、耕地土层深厚、排水能力强、地形较为平缓，pH 大部分处于弱酸性到中性，有效磷和速效钾含量处于丰富水平，有机质、碱解氮含量处于极丰富水平，养分含量状况较好。高度适宜耕地的各个因子条件均较好，基本无限制性因子。

2. 适宜种植区

龙里县豌豆尖适宜种植区面积为 11 812.49 hm²，占全县耕地面积的 39.50%。按镇（街道）统计，以洗马镇适宜豌豆尖种植的面积最大，为 3279.54 hm²，占适宜种植区面积的 27.76%，占洗马镇耕地面积的 44.23%。其他镇（街道）豌豆尖适宜种植区面积分布依次为龙山镇、谷脚镇、湾滩河镇、冠山街道办事处、醒狮镇，面积分别为 2128.42、1905.51、1857.76、1320.69、1320.57 hm²，占本镇（街道）耕地面积的 38.70%、43.24%、33.06%、37.70% 和 38.13%。按行政村来看，尤以洗马镇的平坡村、谷脚镇的谷脚社区占据最多，面积分别为 646.32、581.73 hm²。各镇（街道）适宜种植豌豆尖面积及所占比例如图 7-11。

豌豆尖适宜种植区海拔集中于 855.62~1628.86 m，平均海拔为 1264.56 m；平均积温为 4042.78 ℃；平均降水量为 1140.22 mm，土壤以石灰土、黄壤、水稻土、粗骨土为主。地形部位以中丘坡腰和山原坡脚为主，面积分别为 2472.88 hm² 和 2316.06 hm²，占适宜耕地面积的 20.93% 和 19.61%。适宜耕作区域耕地土体厚度集中于 30~100 cm 之间，平均厚度为 65 cm，土层较深厚。耕地抗旱能力主要集中在 13~23 天，平均为 19.8 天，土壤保水能力较强。排水能力相对较强，其中，71.00% 的地区排水能力强，21.60% 的地区排水能力较强。

醒狮镇
1320.57 hm², 11%

谷脚镇
1905.51 hm², 16%

洗马镇
3279.54 hm², 28%

冠山街道办事处
1320.69 hm², 11%

龙山镇
2128.42 hm², 18%

湾滩河镇
1857.76 hm², 16%

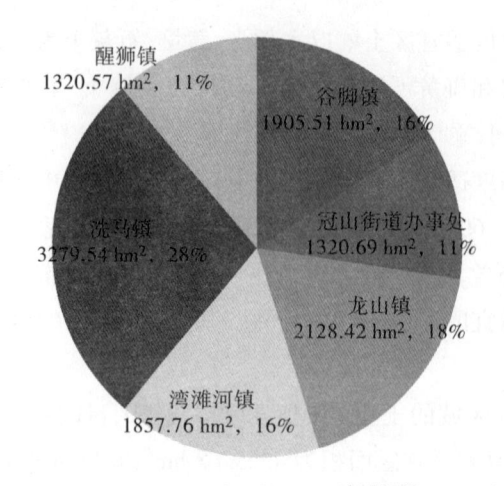

■ 谷脚镇　■ 冠山街道办事处　■ 龙山镇　■ 湾滩河镇　■ 洗马镇　■ 醒狮镇

图 7-11　豌豆尖适宜区各镇(街道)分布及所占比例饼状图

适宜种植区耕地土壤 pH 值 4.47~7.99，pH 值 <7 的适宜区面积为 5732.34 hm²，pH 值 >7 的适宜区面积为 6080.16 hm²；有机质含量在 7.12~86.50 g/kg，平均含量为 42.75 g/kg；全氮含量在 0.79~5.02 g/kg，平均含量为 2.40 g/kg；碱解氮含量在 30~388 mg/kg 之间，平均含量为 190 mg/kg；有效磷含量在 2.00~58.60 mg/kg 之间，平均含量为 16.11 mg/kg；速效钾含量在 40~375 mg/kg 之间，平均含量为 142 mg/kg；缓效钾含量在 30~670 mg/kg 之间，平均含量为 187 mg/kg。

本区域土壤有机质、碱解氮含量较高，但有效磷含量偏低，速效钾含量中等偏低，是豌豆尖生长不利因素。豌豆尖对氮、磷、钾肥料均有较高的需求，施用磷肥能促进豌豆尖根系发育。本区应以培肥地力为目的，提升豌豆尖生产质量。从整体上看，该级别耕地影响豌豆尖种植的限制因子较小。

3. 勉强适宜种植区

龙里豌豆尖勉强适宜的耕地面积为 5154.76 hm²，占全县耕地面积的 17.24%，主要分布在洗马镇和龙山镇，面积分别为 1709.97、2128.42 hm²，占本镇耕地面积的 23.06% 和 25.84%，占全县豌豆尖勉强适宜的耕地面积的 33.17%、27.58%。其他镇(街道)豌豆尖勉强适宜种植区面积分布依次为湾滩河镇、醒狮镇、谷脚镇、冠山街道办事处，面积分别为 701.74、614.29、471.72 和 235.62 hm²，占本镇(街道)耕地面积的 12.49%、17.74%、10.71% 和 6.73%。按行政村来看，尤以洗马镇的乐湾村、田箐村、哪嗙村、猫寨村、平坡村和龙山镇的金星村、草原村、比孟村、中排村、水苔村分布面积较大，其中乐湾村、田箐村、哪嗙村占前三甲，面积分别为 308.29、274.76 和 253.37 hm²。各镇(街道)勉强适宜种植豌豆尖面积及所占比例如图 7-12。

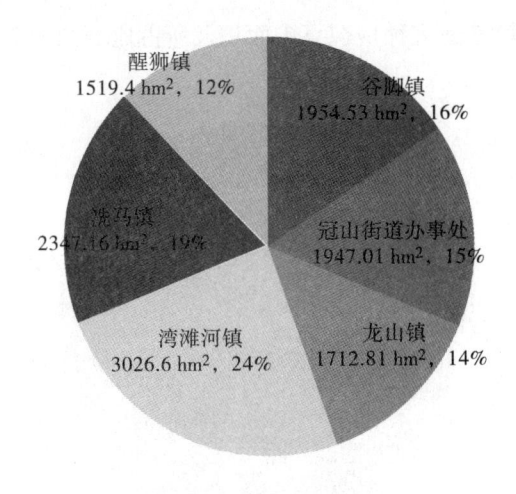

图 7-12　豌豆尖勉强适宜区各镇(街道)分布及所占比例饼状图

本区域海拔分布在 900.01~1646.71 m 之间,平均海拔为 1226.52 m。本区域积温集中于 3400~4400 ℃,平均积温为 3942.51 ℃;降水量集中在 1100~1200 mm,平均值为 1138.46 mm。土壤以石灰土和黄壤为主,土质以壤质粘土、砂质壤土、粘壤土为主,土体厚度在 30~100 cm 之间,平均厚度为 62 cm,地形部位以山原坡脚和坡腰、中丘坡腰和台地为主,面积分别为 1264.19、997.09、692.39 和 691.90 hm^2,占勉强适宜耕地面积的 24.52%、19.34%、13.43% 和 13.42%。耕地抗旱能力主要为 13~24 天,平均为 19.2 天,土壤排水能力强,面积为 4219.95 hm^2,占勉强适宜耕地面积的 81.87%。

勉强适宜种植区耕地土壤 pH 值 4.32~8.09,pH 值 <7 的勉强适宜区面积为 2428.95 hm^2,pH 值 >7 的勉强适宜区面积为 2725.81 hm^2;有机质含量在 11.90~73.75 g/kg,平均含量为 37.97 g/kg;全氮含量在 0.70~4.10 g/kg,平均含量为 2.13 g/kg;碱解氮含量在 71~3531 mg/kg 之间,平均含量为 176 mg/kg;有效磷含量在 1.80~57.70 mg/kg 之间,平均含量为 13.16 mg/kg;速效钾含量在 38~295 mg/kg 之间,平均含量为 129 mg/kg;缓效钾含量在 40~610 mg/kg 之间,平均含量为 158 mg/kg。

勉强适宜区土体厚度中等,对豌豆尖根系的生长稍有影响。抗旱能力、有效磷、速效钾均低于适宜区,限制了该区域豌豆尖的生长。

4. 不适宜种植区

龙里县豌豆尖不适宜耕地面积为 431.94 hm^2,占龙里县耕地面积的 1.44%。不适宜种植区域集中分布在龙山镇,面积为 237.69 hm^2,占本镇耕地面积的 4.32%,不适宜种植面积大小依次为洗马镇、谷脚镇、湾滩河镇和醒狮镇,面积分别为 78.15、74.60、32.75 和 8.75 hm^2,占本镇耕地面积的 1.05%、1.69%、0.58% 和 0.25%,冠山街道办事处无不适宜种植面积分布。按行政村来看,龙山镇的水场社区、水苔村、中排村、金星村,谷脚镇的高新村所占面积大。各镇(街道)不适宜种植豌豆尖面积及所占比例如图7-13。

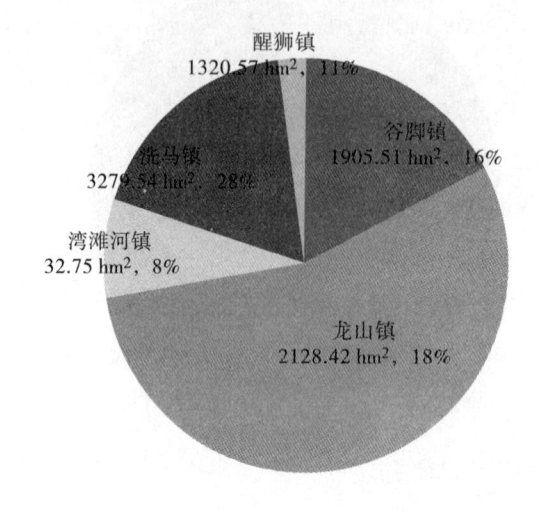

图7-13 豌豆尖不适宜区各镇分布及所占比例饼状图

不适宜种植区耕地海拔在1037.90~1620.08 m之间,平均海拔为1415.12 m。积温集中于3400~4400 ℃,平均积温为3763.11 ℃;降水量集中在1100~1200 mm,平均值为1130.63 mm。地形部位以山原坡腰和台地为主,占不适宜耕地面积的36.06%和36.56%。本区域土壤质地以砂土及壤质砂土和砂质粘壤土为主,土体厚度为30~100 cm,平均厚度为61 cm。耕地抗旱能力集中在8.5~22天,平均为17.90天。

不适宜种植区耕地土壤pH值4.32~7.94,pH值<7的不适宜区面积为266.72 hm²,pH值>7的不适宜区面积为165.22 hm²;有机质含量在13.14~49.15 g/kg,平均含量为32.95 g/kg;全氮含量在0.87~2.58 g/kg,平均含量为1.84 g/kg;碱解氮含量在75~218 mg/kg之间,平均含量为157 mg/kg;有效磷含量在2.70~16.10 mg/kg之间,平均含量为6.57 mg/kg;速效钾含量在60~152 mg/kg之间,平均含量为108 mg/kg;缓效钾含量在40~355 mg/kg之间,平均含量为156 mg/kg(表7-10)。

表7-10 豌豆尖各种植区土壤基本性状比较

适宜性	土体厚度 (cm)	全氮 (g/kg)	有效积温 (℃)	有机质 (g/kg)	有效磷 (mg/kg)	速效钾 (mg/kg)	抗旱能力 (天)
不适宜	61	1.84	3763.11	32.95	6.57	108	17.9
勉强适宜	62	2.13	3942.51	37.97	13.16	129	19.2
适 宜	65	2.4	4042.78	42.75	16.11	142	19.8
高度适宜	65	2.62	4066.77	41.83	18.4	167	19.9

由表7-10可以看出,不适宜区有效养分含量低,积温和日照数少,尤其是有效磷含量太低,有机质、速效钾和全氮含量次之,抗旱能力稍弱,土体厚度相差不大,因此不利于豌豆尖的生长。

(三)产业发展对策与建议

龙里县海拔相对较平坦,地形地貌简单,地势相对高差中等,气候和雨热变化不大。从龙里县实际情况出发,龙里县在发展豌豆尖种植业时应该从以下几方面出发。

(1)高度适宜区和适宜区种植豌豆尖的面积占全县耕地面积的81.32%。因此,要加强适宜区和高度适宜区的耕地地力保护并维持地力,注意保持耕地土壤湿润并加强耕地培肥管理,推广测土配方施肥及水肥一体化节水灌溉技术,精耕细作,以保证豌豆尖的优质高产稳产。龙里县豌豆尖种植高度适宜区域比较集中,可以在湾滩河镇、洗马镇、醒狮镇、龙山镇和谷脚镇发展建设高产稳产和标准化示范生产区,建立豌豆尖种植专业合作社,有利于统一管理和生产,提高豌豆尖的经济效益。

(2)调整种植结构,合理利用耕地资源。龙里县豌豆尖勉强适宜区分布广泛,勉强适宜区要科学规划,控制种植范围,可以采用轮作或套种的方式进行种植。

(3)不适宜豌豆尖种植的耕地养分含量低,许多区域坡度大,抗旱及排水能力较差,自然条件也较差,光照和有效积温低。因此,对这部分因为海拔较高及其他限制因素而不适宜种植豌豆尖的耕地,应该因地制宜种植其他粮食或经济作物,以充分发挥耕地资源的生产效益。对于部分坡度大的耕地实施退耕还林还草,以防止水土流失,实现农业与生态建设协调发展、共同进步的局面。

第八章　龙里耕地施肥

发展高产、高效农业,生产优质农产品,必须根据作物生长发育所需要的养分数量及土壤所能提供的养分量,科学合理施用肥料,以补充作物生长发育不足的营养元素,实行科学施肥,合理调整化肥配比,减少不合理的过量施肥,提高肥料利用率,增加农产品产量,改善农产品品质,改善环境。

第一节　耕地施肥现状

龙里县是以种植业为主的农业县,在 20 世纪 80 年代以前肥料使用以有机肥为主,进入 20 世纪 90 年代后有机肥使用减少,化肥使用量逐渐增加,肥料使用以化肥为主。

一、耕地施肥种类与数量

(一)有机肥

龙里县使用的有机肥种类较多,包括人粪尿、猪圈粪、牛圈粪、马圈粪、羊粪、厩肥、绿肥、商品有机肥等,施用量约 13 000 kg/hm^2,施用方法以基肥为主,随着农户养畜,特别是牛、马养殖数量骤减以及农村劳动力的减少,有机肥使用量逐年减少。

(二)化　肥

龙里县施用的化肥主要有氮肥、磷肥、钾肥、复合(混)肥。其中:单质氮肥品种主要有尿素、碳酸氢铵;单质磷肥品种主要有钙镁磷肥、普通过磷酸钙等;单质钾肥品种主要有硫酸钾、氯化钾等;复合(混)肥品种主要为氮磷钾三元复合(混)肥。由表 8-1 看出,龙里县化肥施用量自 2009 年来呈逐年上升趋势。

表 8-1　龙里县 2009—2013 年化肥用量统计表

化肥施用量(折纯,t)	2013 年	2012 年	2011 年	2010 年	2009 年
氮　肥	9520	8713	9050	8539	5625
磷　肥	1160	1131	1026	1008	899
钾　肥	832	211	130	119	90

续表 8-1

化肥施用量(折纯,t)	2013 年	2012 年	2011 年	2010 年	2009 年
复合(混)肥	1823	1611	1460	1419	594
合　计	13 335	11 666	11 666	11 085	7208

二、主要作物施肥情况

(一)水　稻

通过对种植农户施肥情况调查,水稻常年施肥量氮、磷、钾(折纯)分别为 8.56 kg/667 m²、4.20 kg/667 m²、3.52 kg/667 m²,比例为 1∶0.49∶0.41。

1. 有机肥

有 98.14% 的农户施用有机肥作基肥,平均施用量 904 kg/667 m²,幅度 400~1800 kg/667 m²,品种主要为牛、马圈肥。

2. 复合肥

有 81.99% 的农户施用复合肥作基肥,平均施用量为 40 kg/667 m²,幅度为 20~60 kg/667 m²;品种为三元复合肥(N∶P_2O_5∶K_2O 以 15∶15∶15、13∶7∶5、8∶10∶7、10∶8∶7 为主)。

3. 氮　肥

100% 的农户施用单质氮肥,平均施氮量 4.93 kg/667 m²,幅度 2.30~14.02 kg/667 m²;品种以尿素为主,部分农户施用碳酸氢铵。其中:基肥(16.8% 的农户)平均用量 6.57 kg/667 m²、幅度 4.25~9.20 kg/667 m²;分蘖肥(100% 的农户)平均用量 3.67 kg/667 m²、幅度 2.30~7.82 kg/667 m²;穗肥(8.1% 的农户)平均用量 1.98 kg/667 m²、幅度 1.38~2.76 kg/667 m²。

4. 磷　肥

有 15.53% 的农户施用过单质磷肥作基肥,平均施磷量为 6.02 kg/667 m²,幅度为 3.50~7.50 kg/667 m²,品种为过磷酸钙(P_2O_5 含量 12% 或 14%)、钙镁磷肥(P_2O_5 含量 15%)。

5. 钾　肥

有 11.8% 的农户施用氯化钾,平均施钾量 5.18 kg/667 m²,幅度 1.80~9.00 kg/667 m²。其中:基肥(11.8% 的农户)平均用量 4.89 kg/667 m²、幅度 1.80~6.00 kg/667 m²,孕穗肥(1.9% 的农户)平均用量 1.80 kg/667 m²、幅度 1.20~3.00 kg/667 m²。

(二)玉　米

通过对种植农户施肥情况调查,玉米常年施肥量氮、磷、钾(折纯)为 21.25、4.14、3.76 kg,比例 1∶0.19∶0.18。

1. 有机肥

有 98.14% 的农户施用有机肥,平均施用量 828 kg/667 m²,幅度 500~1400 kg/667 m²;

品种为人粪尿、牛马圈粪、沼液、厩肥。其中：基肥(98.14%的农户)平均用量791 kg/667 m²、幅度 500～1300 kg/667 m²，苗期追肥(6.5%的农户)平均用量560 kg/667 m²、幅度500～600 kg/667 m²。

2. 复合肥

有96.1%的农户施用复合肥作基肥，平均施用量39 kg/667 m²，幅度25～55 kg/667 m²。品种为三元复合肥（N∶P$_2$O$_5$∶K$_2$O 以 15∶15∶15、13∶7∶5、8∶10∶7、10∶8∶7 为主）。

3. 氮 肥

100%的农户施用氮肥，平均施氮量16.99 kg/667 m²，幅度9.20～22.54 kg/667 m²，品种以尿素为主。其中：基肥(2.6%的农户)施用量均为6.90 kg/667 m²；苗期追肥(100%的农户)平均用量5.78 kg/667 m²、幅度2.30～9.20 kg/667 m²；小喇叭口期追肥(100%的农户)平均用量8.39 kg/667 m²、幅度4.60～12.88 kg/667 m²；大喇叭口期追肥(29.9%的农户)均用量8.84 kg/667 m²、幅度6.90～10.58 kg/667 m²。

4. 磷 肥

3.9%的农户施用过磷酸钙或钙镁磷肥作基肥，平均施磷量5.23 kg/667 m²，幅度4.20～7.00 kg/667 m²。

5. 钾 肥

仅有1.3%的农户施氯化钾作基肥，施钾量6.00 kg/667 m²。

(三) 油 菜

通过对种植农户施肥情况调查，油菜常年施肥量氮、磷、钾（折纯）为 11.25、4.77、1.36 kg，比例 1∶0.42∶0.12。

1. 有机肥

有84.55%的农户施用有机肥，平均施用量677 kg/667 m²，幅度150～1600 kg/667 m²；品种为人粪尿、牛圈粪、沼液、厩肥。其中：基肥(84.5%的农户)平均施用量为586 kg/667 m²，幅度为150～1050 kg/667 m²；追肥(20.9%的农户)平均施用量为365 kg/667 m²，幅度为200～800 kg/667 m²。

2. 复合肥

有54.55%的农户施用复合肥作基肥，平均施用量35 kg/667 m²，幅度10～50 kg/667 m²。品种为三元复合肥（N∶P$_2$O$_5$∶K$_2$O 以 15∶15∶15、13∶7∶5、8∶10∶7、10∶8∶7 为主）。

3. 氮 肥

所调查户均施用氮肥，占油菜调查户的100%，平均施氮量9.19 kg/667 m²，幅度2.3～16.1 kg/667 m²，品种以尿素为主。其中：苗期第一次追肥(100%的农户)平均用量5.178 kg/667 m²、幅度2.30～9.20 kg/667 m²；第二次追肥(58.2%的农户)平均用量6.79 kg/667 m²、幅度2.3～11.5 kg/667 m²。

4. 磷 肥

有48.18%的农户施用过磷肥作基肥，平均施磷量6.48 kg/667 m²，幅度3.00～

11.20 kg/667 m², 品种为过磷酸钙或钙镁磷肥。

5. 钾　肥

受调查的种植农户中仅有0.9%的农户施氯化钾作基肥,施钾量2.4 kg/667 m²。

(四)小　麦

通过对种植农户施肥情况调查,小麦常年施肥量氮、磷、钾(折纯)为13.91、4.12、2.10 kg,比例1∶0.30∶0.15。

1. 有机肥

有93.75%的农户施用有机肥,且均作基肥,平均施用量为687 kg/667 m²,幅度为450～800 kg/667 m²,品种为牛圈粪、灰粪肥。

2. 复合肥

有81.25%的农户施用复合肥作基肥,平均施用量为34 kg/667 m²,幅度为20～40 kg/667 m²,品种为三元复合肥(N∶P$_2$O$_5$∶K$_2$O 以 15∶15∶15、13∶7∶5、8∶10∶7、10∶8∶7为主)。

3. 氮　肥

100%的农户施用氮肥,平均施氮量为11.16 kg/667 m²,幅度为7.82～16.1 kg/667 m²,品种以尿素为主。其中:苗期第一次追肥平均用量为4.2 kg/667 m²,幅度为3.22～6.90 kg/667 m²;第二次追肥平均用量为6.96 kg/667 m²,幅度为4.6～9.2 kg/667 m²。

4. 磷　肥

有25%的农户施用过磷酸钙作基肥,平均施磷量为6.75 kg/667 m²,幅度为6.00～7.00 kg/667 m²。

5. 钾　肥

受调查种植农户中仅有6.25%的农户施氯化钾作基肥,施钾量2.4 kg/667 m²。

三、耕地施肥存在的主要问题

(1)有机肥投入不足,不能满足土壤改良和农业生产需要;由于有机肥施用减少,化肥施用增加,农产品品质和安全系数下降,部分耕地土壤结构变差。

(2)化肥施用比例不合理。重氮肥施用,磷肥施用次之,轻钾肥施用,氮、磷、钾养分比例失调。水稻对氮、磷、钾的适宜吸收比例为1∶0.5∶1.3,但是受调查农户中钾素施用比例明显偏低,龙里县中部和南部大部分地区土壤速效钾较低,80.13%的耕地有效磷总体含量偏低,钾、磷素的不足影响了作物的产量和品质。

(3)中、微肥没有得到重视。所调查的水稻种植户中没有施用硅肥,油菜种植户中没有施用硼肥,玉米种植户中没有施用锌肥,制约了作物的高产优质。硅是水稻健康生长的必需元素;硼是油菜生长发育过程中不可缺少的微量元素,缺硼轻者减产几成,重者失收;锌元素能明显地促进玉米的生长发育,提高光合作用效率,有利于促进植株生长,增加穗粒数,提高千粒重,降低空秆率,可起到小肥大作用。根据作物营养元素的"同等重要律",在土壤缺乏某项或者某几项中、微量元素的情况下,即使氮、磷、钾的施入比例合理也会影响作物的产量。

(4)盲目选择肥料品种。市场上肥料品种繁多。如何选择适合的肥料品种,有的是凭经验,有的是凭主观意愿,基本不考虑土壤条件和作物的需肥特性,久而久之,造成土壤养分比例失调。

(5)施肥时期不合理。农户重基肥施入,轻追肥施用。在实际生产中,水稻不注重看苗补施穗肥、油菜不注重追施蕾薹肥、玉米不注重大喇叭口追肥等,降低了肥料利用率,作物在生长后期容易出现脱肥现象,影响作物产量。

第二节　田间肥效试验及施肥指标体系

一、肥料效应的函数模型

按照全省统一制定的试验方案,全县实施了水稻、玉米、油菜"3414"肥料田间试验共20个。采用三元二次和一元二次肥料效应函数对试验结果进行拟合,经统计检验选模后建立了主要作物的施肥模型,计算其相应的最高产量施肥量和最佳经济施肥量。

采用不同施肥模型获得的作物最佳产量的施肥量存在较大差异。采用一元二次肥料效应模型计算"3414"试验推荐施肥量时,拟合成功率高,可以开发三元二次模型不能利用的信息资源,结果更为全面合理。在"3414"试验结果的计算过程中,一元二次肥料效应模型的拟合是对三元二次肥料模型拟合的补充和优化。在试验中,发现有些试验模型计算出的推荐施肥量高于试验最高施肥量,这有可能模型模拟不完全所致。此时将对由模型计算出的推荐施肥量高于试验最高施肥量的点,设定试验最高施肥量为最佳施肥量,对于拟合不成功且增产效果不明显的点,设定最佳施肥量为零或根据实际生产情况施肥。

运用"3414"完全实施方案的14个处理,建立N、P、K三个因素与作物产量的三元二次效应方程。三元二次肥料效应函数方程为:

$$y = b_0 + b_1x_1 + b_2x_2 + b_3x_3 + b_4x_1^2 + b_5x_2^2 + b_6x_3^2 + b_7x_1x_2 + b_8x_1x_3 + b_9x_2x_3$$

其中:y代表目标产量;x_1代表氮元素的需求量;x_2代表磷元素的需求量;x_3代表钾元素的需求量;b_0、b_1、b_2、b_3、b_4、b_5、b_6、b_7、b_8、b_9代表肥料田间试验的回归方程系数,随作物种类和土壤状况变化而变化。

采用测土配方施肥数据管理系统中的"3414数据分析"功能对全县20个"3414"试验数据进行统计分析,经统计检验(用方差分析对模型的拟合性作F检验)选模后,建立了全县主要作物的三元二次施肥函数效应模型,并按三元二次效应函数计算最高产量施肥量与最佳经济效益施肥量,结果见表8-2。

表8-2 龙里县主要作物三元二次施肥函数效应模型

作物	三元二次施肥函数模型	R	最佳施肥量（kg/667m²） 氮(N)	磷(P_2O_5)	钾(K_2O)	最佳产量(kg/667m²)
水稻	$Y = 274.99 + 18.79N - 1.63N^2 + 15.82P - 4.57P^2 + 13.33K - 2.49K^2 + 1.28NP + 0.58NK + 3.95PK$	0.919	9.33	6.87	9.80	495.93
	$Y = 251.23 + 14.79N - 1.25N^2 + 17.79P - 1.40P^2 + 13.24K - 1.50K^2 - 0.20NP + 1.10NK + 0.34PK$	0.919	7.73	5.40	7.53	421.93
	$Y = 401.04 + 17.83N - 1.26N^2 + 21.49P - 1.93P^2 - 2.60K - 0.41K^2 - 0.42NP + 0.78NK + 0.41PK$	0.919	6.47	4.40	3.93	526.40
	$Y = 374.48 + 19.71N - 1.11N^2 + 27.64P - 0.77P^2 + 3.64K - 0.02K^2 - 0.40NP + 0.52NK - 1.04PK$	0.919	10.20	3.80	14.47	607.60
	$Y = 266.18 + 25.66N - 1.07N^2 + 3.33P - 0.47P^2 + 4.02K - 0.25K^2 - 0.62NP - 0.92NK + 1.26PK$	0.966	5.20	7.07	7.87	396.40
	$Y = 381.76 + 15.75N - 0.50N^2 + 5.36P + 0.54P^2 + 2.19K + 0.10K^2 - 0.33NP + 0.12NK - 0.58PK$	0.973	12.33	2.67	3.27	513.47
	$Y = 231.83 + 12.26N - 1.31N^2 + 7.83P - 1.17P^2 + 27.25K - 1.00K^2 + 3.53NP - 0.59NK - 1.97PK$	0.919	12.13	8.93	11.80	473.13
	$Y = 404.258 + 17.23N - 1.71N^2 + 14.17P - 1.23P^2 - 0.12K - 0.21K^2 + 0.84NP + 0.8NK - 0.05PK$	0.965	7.20	6.53	6.07	550.27
	$Y = 348.45 + 9.069N - 0.59N^2 - 5.24P - 0.02P^2 + 12.10K - 0.2K^2 + 1.22NP - 0.52NK - 0.37PK$	0.972	10.60	13.80	14.53	483.53
	$Y = 374.03 + 27.64N - 1.49N^2 - 4.32P + 0.41P^2 + 3.43K - 0.62K^2 - 0.29NP - 0.01NK + 0.95PK$	0.984	7.60	6.07	4.40	503.40
玉米	$Y = 353.04 + 5.43N - 0.75N^2 + 6.13P - 0.92P^2 + 13.99K - 0.62K^2 + 1.06NP + 0.45NK - 0.14PK$	0.918	10.47	7.87	8.87	490.60
	$Y = 372.41 + 13.88N - 0.91N^2 + 0.23P - 0.42P^2 + 9.44K - 0.18K^2 + 4.42NP - 0.31NK - 0.47K$	0.919	5.93	1.20	10.33	471.07
	$Y = 233.2 + 4.76N - 0.52N^2 + 46.24 - 1.98P^2 - 6.03K - 0.391K^2 - 0.81NP + 1.57NK + 0.12PK$	0.995	8.67	8.93	8.27	491.00
	$Y = 441.9 + 14.08N - 0.81N^2 + 19.85P - 0.88P^2 - 1.60K - 0.31K^2 - 0.05NP + 0.05NK + 0.056PK$	0.990	8.93	8.93	5.20	622.33
	$Y = 158.19 + 22.80N - 0.73N^2 + 20.38P - 0.49P^2 - 0.88K - 0.14K^2 - 0.57NP + 0.66NK - 0.32PK$	0.992	14.67	7.53	8.67	451.40
	$Y = 245.81 + 22.13N - 1.43N^2 + 3.54P - 1.26P^2 + 7.90K - 1.26K^2 - 0.06NP + 1.45NK + 1.61PK$	0.918	19.67	16.73	26.73	666.07
	$Y = 319.36 + 0.23N - 0.03N^2 - 11.98P + 0.60P^2 + 16.95K - 0.04K^2 + 1.37NP - 0.46NK - 0.87PK$	0.979	18.27	3.80	11.13	413.00

二、100 kg 产量养分吸收量

通过化验"3414"试验中的处理 6 籽粒和茎叶的全氮、全磷、全钾的含量(表 8-3),按照下列公式计算作物 100 kg 经济产量养分吸收量:

每形成 100 kg 产量养分吸收量(kg) = (籽粒产量×籽粒养分含量 + 茎叶产量×茎叶养分含量)/籽粒产量×100%

表 8-3 龙里县主要作物 100 kg 产量养分吸收量

作物	样本数	项目	单位产量养分吸收量(kg)		
			N	P_2O_5	K_2O
水稻	10	变幅	1.54~2.23	0.32~0.54	1.51~2.53
		平均	1.69	0.39	2.00
玉米	7	变幅	2.14~3.03	0.33~0.44	1.3~3.8
		平均	2.34	0.34	2.13

三、肥料利用率

肥料利用率测算利用施肥区农作物吸收的养分量减去不施肥区农作物吸收的养分量,其差值视为肥料供应的养分量,再除以所用肥料养分量而得。"3414"试验方案中的处理 6 为全肥区(NPK),处理 2、4、8 为缺素区(即 PK、NK 和 NP)。即"3414"试验中的处理 6 与处理 2 的比较,获得氮肥利用率,处理 6 与处理 4 的比较,获得磷肥利用率,处理 6 与处理 8 的比较,获得钾肥利用率。其公式为:

肥料利用率(%) = (全肥区单位产量养分吸收量 - 缺素区单位产量养分吸收量)/施肥纯量×100%

剔除报废的试验、植株测试值明显超差的试验和化肥利用率结果异常的试验,按照不同作物、不同产量水平的氮、磷、钾化肥利用率汇总结果见表 8-4。

表 8-4 龙里县主要作物的氮、磷、钾化肥利用率

作物	项目	化肥利用率(%)		
		N	P_2O_5	K_2O
水稻	变幅	18.12~41.81	3.04~14.44	16.11~64.59
	平均	31.60	5.91	31.09
玉米	变幅	11.18~48.71	3.04~6.65	21.22~49.03
	平均	31.93	4.44	36.12

四、土壤养分校正系数

土壤养分校正系数是指将土壤养分测定值乘以一个校正系数,以表达土壤"真实"供肥量,计算公式如下:

土壤养分校正系数(%)=缺素区作物地上部分吸收该元素量/(该元素土壤测定值×0.15)×100%

根据全县作物"3414"田间试验,利用不同作物地上部分养分吸收量以及土壤养分测定值可计算出土壤养分校正系数,汇总结果见表8-5。

表8-5 龙里县主要作物的土壤养分校正系数

作物	项目	全氮(%)	有效磷(%)	速效钾(%)
水稻	变幅	9.91~21.49	36.21~224.49	23.2~57.54
	平均	16.31	93.89	37.44
玉米	变幅	9.08~39.43	25.80~60.75	13.03~38.24
	平均	25.87	48.28	25.28

五、土壤养分丰缺指标

土壤养分丰缺指标通过"3414"方案结果计算获取。收获后计算产量,用缺素区产量占全肥区产量百分数即相对产量的高低来表达土壤养分的丰缺情况,从而确定适用于某一区域、某种作物的土壤养分丰缺指标及对应的肥料施用数量。对该区域其他田块,通过土壤养分测试,就可以了解土壤养分的丰缺状况,提出相应的推荐施肥量。从所筛选的"3414"试验中分析氮、磷、钾相对产量,按照相对产量低于60%为偏低、60%~75%为低、75%~90%为中、90%以上为高的标准,得出龙里县土壤速效氮、磷、钾的丰缺指标(表8-6)。

表8-6 龙里县主要作物的土壤养分丰缺指标

作物	丰缺等级	相对产量(%)	碱解氮(mg/kg)	有效磷(mg/kg)	速效钾(mg/kg)
水稻	高	≥90	≥290	≥13	≥140
	中	75~90	180~290	4~13	50~140
	低	75~60	140~180	3~4	35~50
	偏低	<60	<140	<3	<35
玉米	高	≥90	≥220	≥22	≥150
	中	75~90	200~220	12~22	110~150
	低	75~60	150~200	5~12	60~110
	偏低	<60	<150	<5	<60

第三节　耕地施肥分区方案

根据全县不同区域地貌类型、土壤类型、养分状况、作物布局、当前化肥施用水平和历年化肥实验结果进行统计分析和综合研究,按照全县不同区域化肥肥效规律分区划片,提出不同区域氮、磷、钾适宜的数量、比例以及合理施肥的方法,为全县今后一段时间合理安排化肥生产、分配和施用,特别是为改善农产品品质,因地制宜调整农业种植布局,发展特色农业,保护生态环境,促进农业可持续发展提供科学依据,进一步提高化肥的增产、增效作用。

一、分区原则与依据

(一)命名原则

施肥分区反映不同地区化肥施用的现状和肥效特点,根据农业生产现状和今后农业发展方向,提出对化肥合理施用的要求。按地域+化肥需求特点的命名方法而得名。

(二)分区依据

耕地地力评价结果是划分施肥分区的重要依据,地力等级的不同直接影响作物产量水平以及作物对肥料的需求量。因此,从耕地地力等级情况出发,遵循土壤与环境相统一、土壤类型和地貌类型为基础、当前耕作制度和生产水平为表征、土壤利用改良、提高土壤肥力为重点的原则,求大同、存小异,尽量不打破行政村界线进行合理施肥分区。

二、施肥分区方案

根据农业生产指标及对氮、磷、钾肥的需求量,分为增量区(需较大幅度增加用量,增加量大于20%)、补量区(需少量增加用量,增加量小于20%)、稳量区(基本保持现有用量)。龙里县耕地全氮和碱解氮含量偏高,有效磷含量又普遍偏低,中部和南部速效钾含量普遍偏低,仅西北部和北部速效钾含量较高。根据施肥分区标准和命名,将龙里县耕地划分为4个施肥分区,即:北部、东北部增氮增磷稳钾施肥区,西北部稳氮增磷稳钾施肥区,北部、中北部稳氮补磷稳钾施肥区,中部、南部稳氮增磷增钾施肥区(彩插图22)。

(一)北部、东北部增氮增磷稳钾施肥区

本区位于龙里县北部和东北部,为山地和中丘地貌,包含洗马镇的巴江村、平坡村、乐湾村和猫寨村。有机质含量13.68~77.45 g/kg,平均含量34.08 g/kg。全氮含量0.79~4.28 g/kg,平均含量1.88 g/kg。有效磷含量4.60~56.60 mg/kg,平均含量16.83 mg/kg。速效钾含量98~360 mg/kg,平均含量187 mg/kg。

(二)西北部稳氮增磷稳钾施肥区

本区位于龙里县西北部,有盆地、山地、山原、台地和中丘地貌,包含醒狮镇、谷脚镇(不含高新村、谷冰村)以及洗马镇的龙场村。有机质含量较高,为13.14~86.50 g/kg,平均含量 41.89 g/kg。全氮含量 0.98~5.02 g/kg,平均含量 2.38 g/kg。有效磷含量 1.80~58.60 mg/kg,平均含量 15.47 mg/kg。速效钾含量 60~428 mg/kg,平均含量 181 mg/kg。

(三)北部、中北部稳氮补磷稳钾施肥区

本区位于龙里县北部中北部,以山原和中丘地貌为主,主要有洗马镇的羊昌村、洗马河村、花京村、台上村、落掌村。有机质含量 7.12~75.30 g/kg,平均含量 43.86 g/kg。全氮含量 1.40~5.55 g/kg,平均含量 2.29 g/kg。有效磷含量 4.40~55.60 mg/kg,平均含量 21.51 mg/kg。速效钾含量 88~465 mg/kg,平均含量 238 mg/kg。

(四)中部、南部稳氮增磷增钾施肥区

本区位于龙里县南部,以盆地、山地、山原、台地和中丘地貌为主,包含冠山街道办事处、龙山镇、湾滩河镇以及洗马镇的哪嗙村、金溪村、田箐村、乐宝村谷脚镇的高新村、谷冰村。有机质含量 11.90~78.98 g/kg,平均含量 44.49 g/kg。全氮含量 0.70~5.47 g/kg,平均含量 2.49 g/kg。有效磷含量 2.00~57.70 mg/kg,平均含量 12.83 mg/kg。速效钾含量 32~340 mg/kg,平均含量 117 mg/kg。

三、主要作物分区推荐施肥

根据田块的土壤养分状况和单产情况,将全县的水稻、玉米、油菜种植区域划分为低产区、中产区、高产区 3 个推荐施肥分区。

(一)水稻分区推荐施肥

低产区:含湾滩河镇的摆主村、新龙村、果里村、摆省村、金星村、渔洞村,龙山镇的草原村、金星村、团结村、中排村、水苔村、比孟村,冠山街道办事处的大新村,洗马镇的哪嗙村、金溪村、田箐村,谷脚镇高堡村、高新村、谷冰村。推荐配方为 N:8~9 kg/667 m^2,P$_2$O$_5$:6~7 kg/667 m^2,K$_2$O:8~9 kg/5667 m^2。

中产区:含洗马镇(除哪嗙村、金溪村、田箐村),醒狮镇,谷脚镇(除高堡村、高新村、谷冰村),冠山街道办事处的鸿运村、五新村、凤凰村、高坪村、平西村,湾滩河镇的岱林村、云雾村、营盘村、六广村、桂花村、石头村,龙山镇的平山村。推荐配方为 N:9~11 kg/667 m^2,P$_2$O$_5$:7~8 kg/667 m^2,K$_2$O:9~10 kg/667 m^2。

高产区:含湾滩河镇的湾寨村、园区村、羊场村、走马村、翠微村、金批村,冠山街道办事处的三合村、光明社区、龙坪社区、西城社区、大冲社区、水桥社区、播箕村、冠山社区,以及龙山镇的莲花村、余下村和龙山社区。推荐配方为 N:11~12 kg/667 m^2,P$_2$O$_5$:8~10 kg/667 m^2,K$_2$O:11~12 kg/667 m^2。

(二)玉米分区推荐施肥

低产区:含龙山镇的草原村、金星村、团结村、中排村、水苔村,湾滩河镇的摆主村、新龙村、果里村、摆省村、金星村、渔洞村,洗马镇的哪嗙村、金溪村、田箐村,谷脚镇的高新村、谷冰村,冠山街道办事处的大新村。推荐配方为 N:11~12 kg/667 m^2,P$_2$O$_5$:8~10 kg/667 m^2,K$_2$O:11~12 kg/667 m^2。

中产区:洗马镇(除哪嗙村、金溪村、田箐村),醒狮镇,谷脚镇(除高堡村、高新村、谷冰村),龙山镇的水场社区、比孟村、中坝村,冠山街道办事处的凤凰村、高坪村、平西村。推荐配方为 N:12~14 kg/667 m², P₂O₅:9~13 kg/667 m², K₂O:13~15 kg/667 m²。

高产区:含湾滩河镇(除摆主村、新龙村、果里村、摆省村、金星村、渔洞村),龙山镇的莲花村、龙山社区,冠山街道办事处的三合村、五新村、鸿运村。推荐配方为 N:12~16 kg/667 m², P₂O₅:9~13 kg/667 m², K₂O:14~17 kg/667 m²。

(三)油菜分区推荐施肥

低产区:龙山镇的草原村、金星村、团结村、中排村、水苔村、平山村,湾滩河镇的摆主村、新龙村、果里村、摆省村、金星村、渔洞村,洗马镇的哪嗙村、金溪村、田箐村,冠山街道办事处的大新村、凤凰村。推荐配方为 N:8~10 kg/667 m², P₂O₅:6~7 kg/667 m², K₂O:9~10 kg/667 m²。

中产区:含洗马镇(除哪嗙村、金溪村、田箐村),谷脚镇,龙山镇的水场社区、比孟村、中坝村,冠山街道办事处的高坪村和平西村。推荐配方为 N:9~11 kg/667 m², P₂O₅:7~8 kg/667 m², K₂O:10~12 kg/667 m²;

高产区:含湾滩河镇(摆主村、新龙村、果里村、摆省村、金星村、渔洞村),龙山镇的余下村、莲花村、龙山社区,冠山街道办事处(除大新村、凤凰村、高坪村、平西村)。推荐配方为 N:11~13 kg/667 m², P₂O₅:9~10 kg/667 m², K₂O:11~12 kg/667 m²。

四、耕地施肥建议

土壤中的有机质和氮、磷、钾等元素是作物养分的基本来源,耕地土壤养分的变化与人类生产生活活动密切相关。根据测土配方施肥数据与第二次全国土壤普查数据资料显示:龙里县整体耕地土壤有机质含量有小幅度的降低、有效磷含量有较大幅度的提高、速效钾含量大幅度增加。为维系土壤养分平衡,保障作物的协调成长和产量的稳步提高,实现降低生产成本、减少农业面源污染、农业节本增效的目的,科学施肥势在必行。

根据耕作土壤养分状况和变化情况,以及农业生产施肥习惯,龙里县耕作土壤养分改良措施及对策总体方略为:"补磷,补钾,增施有机肥"。

(一)补 磷

虽然龙里县耕作土壤有效磷含量自第二次土壤普查以来有了较显著的提高,但是全县有效磷含量 5~20 mg/kg 的耕地面积仍占较大部分,占全县耕地面积的 79.92%,因此需要补磷。合理施用磷肥,可增加作物产量,改善作物品质,加速谷类作物分蘖和促进籽粒饱满;促使瓜类、茄果类蔬菜及果树的开花结果,提高结果率;增加油菜籽的含油量。因此,补磷极为重要。要加大宣传,让农民清楚地意识到土壤缺磷这一现状,以及缺磷将对农业生产造成的不利影响,改变农民"磷肥施用不足"的施肥习惯。

(二)补 钾

虽然从耕作土壤养分统计和评价结果来看,龙里县耕作土壤速效钾含量自第二次土壤普查以来有了显著的提高,但是全县速效钾含量在 50~150 mg/kg 的耕地面积仍占相对较大部分,占全县耕地面积的56.49%,因此需要补钾。钾肥对促进作物生长发育,提高抗逆性有极显著的作用。因此,补钾势在必行,极为重要。要加大宣传,让农民清楚地意识到土壤缺钾这一现状,以及缺钾将对土壤养分平衡和农业生产造成的不利影响,改变农民"轻钾"的施肥习惯;同时政府适当干预和国家项目实施投入,加大钾肥市场投入,尤其是单质钾肥,努力提高龙里县耕作土壤钾含量。

(三)增施有机肥

有机肥是体现土壤肥力的一个重要指标,也是其他肥料元素赖以存在的基础。20世纪80年代开始,随着化学农业的发展和经营管理体制改革,以及农村产业结构的调整,龙里县的有机肥逐渐退出主导地位,这大大影响了土壤养分的平衡,进而影响农作物的产量和质量。今后要改变忽视有机肥施用的观念,适时适地增施各种各样有机肥,同时还要加大秸秆还田的力度,减少焚烧,保持和提高土壤有机质含量水平,为提高耕地地力、弥补和扭转土壤养分失衡状态发挥作用。

(四)积极推广应用测土配方施肥新技术

测土配方施肥是农作物合理施肥的一项重要技术,它是以土壤测试和肥料田间试验为基础,根据作物需肥规律、土壤供肥性能和肥料效应,在合理施用有机肥的基础上,提出氮、磷、钾及中微量元素等肥料的施用数量、施用时期和施用方法。其技术核心是调节和解决作物需肥与土壤供肥之间的矛盾。同时有针对性补充作物所需营养元素,作物缺什么元素就补充什么元素,需要多少就补多少,实现各种养分平衡供应,满足作物的需要;达到提高肥料利用率和减少用量,提高作物产量,改善农产品品质,节省劳力,节支增收的目的。龙里县通过近几年测土配方施肥项目的实施,建立了指导全县农业生产的土壤养分数据库,构建了耕地资源管理信息系统、主要作物施肥指标体系等,取得了一系列科技成果。在往后的农业生产中,充分应用上述科技成果,根据当地土壤养分测定状况适当调节养分增减,平衡土壤养分,科学制定施肥配方,实现用地养地结合,确保农业的可持续发展。

(五)合理应用配方肥

配方肥是指根据一定区域作物施肥配方,以氮、磷、钾等化肥为主要原料,通过复混(合)或掺混而成的肥料,是测土配方施肥技术成果的集中体现和物化载体。因此,龙里县应在应用测土配方施肥技术成果的基础上,对不同区域、不同作物的肥料配方进行归类合并,科学制定肥料配方,形成适应较大区域、较多作物的基肥"大配方",再结合实际种植作物,按照"大配方、小调整"的原则,根据作物基肥区域性"大配方"适当调整具体区域内作物的基肥、追肥方案,以满足农民多元化、个性化施肥需要。

(六)重视施用中、微量元素

目前,由于传统化肥的施用量急剧增加,作物从土壤中吸收带走中、微量元素的量也随着增加,导致土壤中中、微量元素的缺乏日益严重,中、微量元素因其量微至今未能引起人们的重视。实际上,施用中、微量元素不仅能提高农作物产量和经济效益,又能改善作物品质,还能减轻作物病虫害和环境污染。因此,龙里县耕地施肥的重点不应仅停留在氮、磷、钾等大量元素上,应加大对中、微量元素平衡的认识水平,尽快把农作物从土壤中取走的中、微量元素返还给土壤,以保持土壤中各种元素的平衡。

(七)合理轮作,用养结合

要使"作物—土壤—肥料"形成物质和能力的良性循环,必须坚持用养结合,投入与产出平衡,保持地力常新、提高土壤肥力。采取水旱轮作方式,科学安排作物茬口,扭转稻田稻—浸冬的传统用地习惯;因地制宜,实行稻—油、稻—菜、稻—肥,或水稻—冬翻晒垡等轮作制度,适当深耕增加有效耕层厚度,有效改善土壤供肥、保肥性能和土壤理化性质。

第四节 主要作物施肥技术

肥料是作物的"粮食"之一,是增产的重要物质基础。一般肥料在作物增产中的作用占30%~50%,每千克化肥(有效成分)增产粮食8~12 kg、油料作物4~8 kg,合理施肥能够改善作物品质,那么如何科学合理施肥就显得非常重要。测土配方施肥是以土壤测试和肥料田间试验为基础,根据作物需肥规律、土壤供肥性能和肥料效应,在合理施用有机肥料的基础上,提出氮、磷、钾及中、微量元素等肥料的施用数量、施肥时期和施用方法。实施测土配方施肥能提高作物产量,保证粮食生产安全;能降低农业生产成本,增加农民收入;能节约资源,保证农业可持续发展;同时能减少污染,保护农业生态环境。

一、水 稻

(一)需肥特性

1. 养分吸收量

水稻一生对营养元素的吸收量主要是根据收获物中的含量来计算的。据资料统计,一般每生产稻谷500 kg,吸收氮(N)7~12 kg、磷(P_2O_5)4~6.5 kg、钾(K_2O)10~18 kg,N:P_2O_5:K_2O吸收之比约为1:0.5:1.5。同一产量水平所吸收的氮、磷、钾养分差别很大,这与地区、产量水平、水稻品种、栽培水平等因素有关。通常杂交水稻对钾的需求高于常规稻约10%,粳稻较籼稻需氮多而需钾少。

2. 同生育期对养分的吸收

水稻在移栽后2~3周和7~9周形成两个吸肥高峰。水稻对各种养分的吸收速度均在抽穗前达到最大值,其后有降低的趋势。在各种养分中,以氮、磷、钾的吸收速度最快,在抽穗前约20天达到最大值,硅的吸收达到最大值较晚。对氮、磷、钾的吸收以氮素最早,到幼穗分化前已达到吸收量的80%;钾肥以稻穗分化至开花期吸收最多,约占总量的60%,抽穗开花以后停止吸收;磷的吸收较氮、钾稍晚。总之,在抽穗前吸收各种养分量占总吸收量的大部分,所以应重视各种肥料的早期供应。

水稻的吸肥规律与其整个生育期三个生长中心相适应,分蘖期植株的生长中心是大量生根、生叶、分蘖,需要较多的氮素来形成氮化物,这段时期的营养生理特点,以氮代谢为主,碳水化合物积累较少,对氮的需求量大于磷、钾的吸收量。从幼穗开始分化到抽穗期,以茎的伸长、穗的形成为生长发育中心,此阶段的营养特点是前期碳、氮代谢旺盛,后期碳的代谢逐渐占优势,吸收较多的氮肥长叶、长茎和幼穗分化,又要积累大量的碳水化合物供抽穗后向穗部转运,所以对氮、磷、钾吸收都较多。抽穗后,茎叶和根的生长基本停止,植株生长中心转向籽粒的形成,其营养特点是以碳素代谢为主,制造积累大量的碳水化合物向籽粒中转运贮藏,所以对磷、钾的吸收较多。

(二)推荐施肥量

根据田间肥效试验,得出龙里县水稻测土配方推荐施肥量(表8-7)。

表8-7 水稻测土配方施肥肥料用量推荐表

产量水平 (kg/667m²)	施肥量(纯量,kg/667m²)			施肥量(实物量,kg/667m²)		
	N	P_2O_5	K_2O	尿素	钙镁磷肥	氯化钾
≤500	6.0~6.5	5.0~5.5	7.2~8.3	13~14.1	35.3~38.2	12.0~13.8
500~600	6.5~7.5	5.5~6.0	8.1~9.0	14.1~16.3	38.2~44.1	13.8~15.0
≥600	7.5~8.5	6.0~7.5	9.0~11.5	16.3~18.5	44.1~50.0	15.0~19.2

(三)施肥技术

1. 秧田施肥

水稻秧田期通常占全生育时期的1/4~1/3,占营养生长期的1/2,因此秧苗素质是水稻高产的重要基础。秧田的主要目标是培育壮苗,这是水稻高产省肥的重要措施。秧苗需氮肥较多,钾肥次之,磷最少。但在当前氮肥施用量增加的情况下,应注意磷、钾肥的配合施用。施肥量:耙面肥,一般施尿素10~12 kg/667 m²、钙镁磷肥20~25 kg/667 m²、氯化钾10~12 kg/667 m²、农家肥2000 kg/667 m²左右。秧苗生长到3叶期时,追施8~10 kg/667 m²尿素作为"断奶肥";移栽前5~7天再追施3~5 kg/667 m²尿素作为"送嫁肥"。"断奶肥"根据秧田肥力和基肥水平而定,肥力高,基肥足,尤其是施用过耙面肥的田块,可以不施或者少施"断奶肥",而追肥可适当后移;肥力差、基肥不足的田块,可适当加大施肥量或者提前到1叶1心或2叶1心时施用。

2. 大田基肥

大田基肥以农家肥和化肥为主。农家肥以深施为好,一般施用猪牛粪800~1200 kg/667 m²,于大田最后一次犁田之前撒施,随后翻犁入土;化肥以耙面肥为好,于最后一次耙田栽秧之前撒施于田面上。根据施肥推荐量和施肥方法,在施用的化肥中,氮肥50%作基肥,不同产量水平大田基肥施肥量见表8-8。

表8-8　水稻不同产量水平大田基肥施用量

产量水平 （kg/667m²）	施肥量（实物量，kg/667m²）		
	尿 素	钙镁磷肥	氯化钾
≤500	6.5~7.1	33~36.7	7.2~8.3
500~600	7.1~8.2	36.7~40	8.3~9.0
≥600	8.2~8.59.2	40~50	9.0~11.5

在农业生产施肥中，基肥的施用一般习惯于施用复合肥。除了氮、磷、钾肥的施用外，化肥的施用还要注重施用硅肥和钙肥。

3. 大田追肥

（1）分蘖肥。水稻移栽7天左右施用。氮总量的40%作分蘖肥，产量<500 kg/667 m²的田块，施尿素5.2~5.7 kg/667 m²；产量500~600 kg/667 m²的田块，施尿素5.7~6.5 kg/667 m²；产量≥600 kg/667 m²的田块，施尿素6.5~7.4 kg/667 m²。

（2）穗肥。穗肥于水稻开始拔节至孕穗初期时施用。氮总量的10%左右作为穗肥，产量<500 kg/667 m²的田块，施尿素1.3~1.4 kg/667 m²；产量500~600 kg/667 m²的田块，施尿素1.4~1.6 kg/667 m²；产量≥600 kg/667 m²的田块，施尿素1.6~1.9 kg/667 m²。钾肥总量的40%作穗肥，产量<500 kg/667 m²的田块，施氯化钾4.8~5.5 kg/667 m²；产量500~600 kg/667 m²的田块，施氯化钾5.5~6 kg/667 m²；产量≥600 kg/667 m²的田块，施氯化钾6~7.6 kg/667 m²。除此之外，施用硅酸钠30 kg/667 m²，可起到增强水稻抗性、提高结实率的效果。

同时，于水稻抽穗后10天左右，视其叶色深浅、群体大小和叶片披重程度，喷施磷酸二氢钾（浓度为0.5%~1%）或过磷酸钙浸提液（浓度为1.5%~2%）等，以延长剑叶寿命，促进光合产物运输，提高粒重，实现高产。

二、玉 米

（一）需肥特性

1. 养分吸收量

玉米植株高大，对养分需求较多。玉米全生育期所吸收的养分，因种植方式、产量高低和土壤肥力水平而异。每生产100 kg的玉米籽粒，需从土壤中吸收氮（N）2.68 kg、磷（P_2O_5）1.13 kg、钾（K_2O）2.36 kg，N：P_2O_5：K_2O约为1：0.5：1。

2. 需肥规律

玉米对营养元素吸收的速度和数量各生育期差别很大，一般规律是随着玉米植株的生长对养分的吸收速度加快，到灌浆期、成熟期逐渐减慢。龙里县玉米栽培一般是春季播种，夏秋收割，春玉米生长期长，前期气温低，植株生长慢，需肥的高峰一般在拔节孕穗时，氮、磷的累积吸收量分别为全生育期的需肥量的34.4%和46.2%。到抽穗开花时吸收量才达到53.3%

和65%,以后逐渐减慢,但灌浆到成熟还需吸收46.7%的氮和35%的磷,所以春玉米后期还要施一定量的肥。

玉米各生育期对钾的吸收量,在拔节以后开始迅速上升,到抽穗开花期达到顶点。灌浆到成熟植株体内的钾素还有少量外渗淋溶,使植株中钾的含量下降。所以,钾肥应施在前期,后期没有施钾的必要。

(二)推荐施肥量

通过田间肥效试验,得出龙里县玉米测土配方推荐施肥量(表8-9)。

表8-9 玉米测土配方施肥肥料用量推荐表

产量水平 (kg/667m^2)	施肥量(纯量,kg/667m^2)			施肥量(实物量,kg/667m^2)		
	N	P$_2$O$_5$	K$_2$O	尿素	钙镁磷肥	氯化钾
≤400	11~12	5~6	12~13	24~26	37~40	20~22
400~500	12~13	6~7	14~15	26~28	40~47	23~25
≥500	13~14	7~8	15~16	28~30	47~53	25~27

(三)施肥技术

1. 基 肥

玉米施肥应采取基肥为主、追肥为辅的原则。基肥以化肥和有机肥为主,具有后效长、肥劲足、养分完全的特点。长期施用可以培肥土壤,增加土壤保肥、保水能力,也是保证玉米稳产高产的关键措施之一。一般施用猪牛粪800~1000 kg/667 m^2,氮总量的30%、钾总量的60%和全部磷肥用作基肥。

春玉米施用基肥以早为好,早施可以使肥料充分分解,提高土壤肥力和蓄水保墒能力。为了充分发挥基肥肥效,宜采用沟施或穴施的方法。

玉米是对锌敏感的作物,玉米施锌能取得显著的增产效果。一般情况下,施硫酸锌1~2 kg/667 m^{2}作基肥。

2. 追 肥

春玉米在施足基肥的基础上,追肥应掌握"前轻、中重、后补"的施肥方式,以保证玉米生育各个时期不缺肥。

前轻,指玉米移栽至拔节前后的施肥,拔节肥也叫攻秆肥,此时正是玉米茎叶旺盛生长、雄穗开始分化的时候。追肥可促进穗位和穗位上叶片增大,增加茎粗,促进穗分化。一般在玉米移栽10~15天和小喇叭口时期分别施用氮肥总量的15%。

中重,是指大喇叭口期重施,此期追肥能提高结实率,起到保花、保粒的作用,是争取穗大、粒多的重要时期。氮肥总量的40%和钾肥总量的40%用作此时期施用。

后补,是指开花授粉期追肥。春玉米后期需肥较多,为了防止脱肥,后期施攻粒肥能充实籽粒,减少秃尖,补肥可以用0.1%~0.3%硫酸锌或者0.1%~0.2%磷酸二氢钾进行根外喷施。

旱地玉米追肥效果受降水和土壤湿度影响较大,追肥宜选择下雨天或者中耕除草时施用,可减少肥料挥发,及时发挥肥料效果。

三、油　菜

(一)需肥特性

1.养分吸收量

油菜是需肥较多的作物,而且对磷、硼敏感,对硫的吸收量也较高。油菜对肥料三要素氮、磷、钾的吸收数量和比例因品种类型和栽培水平等因素而异,一般每生产100 kg的油菜籽,需从土壤中吸收氮(N)8.8～11.6 kg、磷(P_2O_5)3.0～3.9 kg、钾(K_2O)8.5～10.1 kg,N∶P_2O_5∶K_2O约为1∶0.35∶0.95。

2.需肥规律

油菜整个生育过程中吸收养分的数量,氮多于钾,钾多于磷,对硼敏感。苗期对氮、磷敏感,多施氮、磷肥有利于基部叶片和根系生长。中期施肥,氮、磷、钾并重,以促进生殖器发育。后期多施磷肥有利于籽粒充实和油分积累,多施钾肥能提高油菜抗逆能力,提早成熟。油菜不同生育期吸收氮肥趋势是抽薹前约占45%,抽薹开花期约占45%,角果发育期约占10%,以抽薹至初花是需氮临界期。吸收磷的比例为苗期20%～30%,蕾薹期50%～65%,开花结果期15%～20%。吸收钾的比例大致为苗期25%,蕾薹期60%,开花结果期15%。

3.对微量元素的需求

除氮、磷、钾三要素外,油菜还需要一些微量元素,尤其对硼比较敏感。油菜缺硼,苗期就可观察到一些表现症状,特别是开花后期到结果期出现"花而不实"现象。

(二)推荐施肥量

通过田间肥效试验,得出龙里县油菜测土配方推荐施肥量(表8-10)。

表8-10　油菜测土配方施肥肥料用量推荐表

产量水平 (kg/667m^2)	施肥量(纯量,kg/667m^2)			施肥量(实物量,kg/667m^2)		
	N	P_2O_5	K_2O	尿素	钙镁磷肥	氯化钾
≤100	6.8～7.8	6～6.5	6.2～7.2	15～17	40～43	10～12
100～150	7.2～8.5	6.4～7	8～9.3	16～19	43～47	13～16
≥150	9.6～11	7.5～8.5	11～11.8	21～24	50～57	18～20

(三)施肥技术

1.施肥原则

以增施有机肥料(优质农家肥1000～1500 kg/667 m^2)保持地力为基础,有机肥与无机肥配合、氮磷钾配合、大中微量元素配合、土壤施肥与根外追肥配合,大力推广油菜补硼技术。

2.施肥技术

(1)施足底肥。施足底肥既能保证油菜苗期生长对养分的需要,促使油菜秋冬早发,达到壮苗越冬;又能使油菜中后期稳长,促进分枝及增角增粒,防止后期早衰。有机肥、磷肥和钾肥总用量的全部和氮肥总用量的60%及硼肥的50%在移栽前施入,磷、钾肥可条施或穴施,以及施硼砂 0.5~1 kg/667 m²。

(2)早施苗肥。油菜移栽后,用 800~1000 kg/667 m² 稀人畜粪水或者沼液水加少量尿素(约 1.5 kg/667 m²)浇定根水,促进秧苗定根转青。油菜在苗期吸肥量大,还须重视苗肥的施用,促进早发壮苗,一般于11月中旬至12月上旬追施,施用氮肥总用量的15%。

(3)重施蕾薹肥。施用蕾薹肥可实现春发稳长,争取薹壮枝多,角果多。薹肥的施用一般施用氮肥总量的30%。

(4)补施花肥。花角期养分供应充分,有利于增角、增粒和增重。花肥应根据油菜生长状况合理施用。初花期用 1.0% 尿素,0.3%~0.5% 磷酸二氢钾溶液叶面喷施,每 667 m² 施用肥液 50 kg。

(5)重视施用硼肥。油菜是一种对硼反应较为敏感而又需硼较多的作物,尤其是优质甘蓝型杂交油菜,植株含硼量通常是稻麦等禾本科作物的 3~4 倍,要求土壤有效硼含量在 0.75 mg/kg 以上。推广油菜补硼技术对于促进油菜增产有着十分重要的意义。除了基施之外,还要进行叶面喷施。在油菜花芽分化前后和抽薹期(以薹高 15~30 cm 为最佳)以及初花前,结合病虫防治,于晴天傍晚或阴天进行叶面喷施,用 0.2% 硼砂水溶液 50~100 kg/667 m²。

四、马铃薯

(一)需肥特性

1. 养分吸收量

马铃薯的整个生育期间,因生育阶段不同,其所需营养物质的种类和数量不同,幼苗期吸肥很少,发棵期吸肥量迅速增加,到结薯初期达到最高峰,而后吸肥量急剧下降。各生育期吸收氮(N)、磷(P_2O_5)、钾(K_2O)三要素,按总吸肥量的百分数计,发芽到出苗期分别为 6%、3%、9%,发棵期为 38%、34%、36%,结薯期为 56%、58%、55%。三要素中,马铃薯对钾的吸收量最多,其次是氮,磷最少。据试验,每生产 1000 kg 马铃薯块茎,需吸收氮(N)5~6 kg、磷(P_2O_5)1~3 kg、钾(K_2O)12~13 kg。N:P_2O_5:K_2O 约为 1:0.36:2.27。

2. 营养元素在马铃薯生长中的作用

(1)氮素。作物产量来源于光合作用,施用氮素能促进植株生长,增大叶面积,提高叶绿素含量,增强光合作用强度,提高马铃薯产量。

(2)磷素。磷可加强块茎中干物质和淀粉积累,提高块茎中淀粉含量,增施磷肥,可增强氮的增产效应,促进根系生长,提高抗寒、抗旱能力。

(3)钾素。钾可加强植株体内代谢过程,增强光合作用强度,延缓叶片衰老。施钾肥可促进植株体内蛋白质、淀粉、纤维素及糖类的合成,可使茎秆增粗、抗倒,并能增强植株抗寒性。

(二)推荐施肥量

通过田间肥效试验,得出龙里县马铃薯测土配方推荐施肥量(表 8-11)。

表 8-11　马铃薯测土配方施肥肥料用量推荐表

产量水平 (kg/667m²)	施肥量(纯量,kg/667m²) N	P₂O₅	K₂O	施肥量(实物量,kg/667m²) 尿素	钙镁磷肥	氯化钾
≤1300	9.8~11	5.3~6	11.5~14	21~24	35~40	23~28
1300~1800	10.8~12	6.4~7	14.6~17	24~26	43~47	29~34
≥1800	11.7~12.8	8~9	18.5~21	25~28	53~60	37~42

(三)施肥技术

结合马铃薯地上部、地下部生长特点和需肥特性,应遵循以施农家肥与基肥为主、化肥为辅、适当追肥的原则。

1. 基　肥

马铃薯所吸收养分有 80% 来自基肥供应。基肥包括有机肥与氮肥、磷肥、钾肥。基肥用量一般占总施肥量的 2/3 以上,基肥以腐熟农家肥为主,增施一定量化肥,即氮肥总量的 60%、磷肥总量的 90%、钾肥总量的 90% 以及全部有机肥作基肥。有机肥施 1200~1800 kg/667 m²。氮肥、磷肥和钾肥可于离薯块 2~3 cm 处开沟条施,避免与种薯直接接触,施肥后覆土,也可与有机肥混合于秋冬耕种时施入,可提高化肥利用率。

2. 追　肥

(1)苗肥。由于早春温度较低,幼苗生长慢,土壤中养分转化慢,养分供应不足。为促进幼苗迅速生长,促根壮棵,为结薯打好基础,应早施苗肥,尤其是对于基肥不足或苗弱苗小的地块,应尽早追施氮肥,以促进植株营养体的生长,为新器官的发生分化和生长提供丰富的有机营养。氮肥总量的 20% 以及磷肥和钾肥总量的 10% 作苗肥,于雨天或者结合中耕除草追施。

(2)促薯肥。冬播马铃薯,次年 3 月份气温升高后,马铃薯茎开始急剧拔高,主茎及主茎叶全部生成,分枝及分枝叶扩展,根系扩大,块茎逐渐膨大,生长中心转向块茎的生长,此时,马铃薯对氮、磷、钾吸收加强。基肥和苗肥为植株和块茎的生产提供了较为丰富的磷、钾养分,而氮素略显不足,此时应适当施用氮肥,施用量为总氮的 20%。马铃薯开花后,一般不进行根际追肥,特别是不能在根际追施氮肥,否则施肥不当易造成茎叶徒长,阻碍块茎的形成、延迟发育,产生小薯和畸形薯,干物质含量降低,同时易感晚疫病和疮痂病。此外,为补充养分不足,后期(马铃薯开花后)可叶面喷施 0.25% 的尿素溶液或 0.10% 的磷酸二氢钾溶液,可明显提高块茎的产量,增进块茎的品质和耐贮性。

五、辣椒

(一)需肥特性

1. 养分吸收量

辣椒属无限生长型作物,边现蕾,边开花,边结果,是需肥量较多的蔬菜,每生产 1000 kg

鲜辣椒约需氮(N)5.5 kg、磷(P_2O_5)2 kg、钾(K_2O)6.5 kg。氮、磷、钾的比例为1∶0.4∶1.2。

2. 需肥规律

从生育初期到果实采收期,辣椒在各个不同生育期所吸收的氮、磷、钾等营养物质的数量也有所不同:从出苗到现蕾,植株根少、叶小,需要的养分也少,约占吸收总量的5%;从现蕾到初花植株生长加快,植株迅速扩大,对养分的吸收量增多,约占吸收总量的11%;从初花至盛花结果是辣椒营养生长和生殖生长旺盛时期,对养分的吸收量约占吸收总量的34%,是吸收氮素最多的时期;盛花至成熟期,植株的营养生长较弱,养分吸收量约占吸收总量的50%,这时对磷、钾的需要量最多;在成熟果采收后为了及时促进枝叶生长发育,这时又需要大量的氮肥。

(二)推荐施肥量

通过田间肥效试验,得出龙里县辣椒测土配方推荐施肥量(表8-12)。

表8-12 辣椒测土配方施肥肥料用量推荐表

产量水平 (kg/667m²)	施肥量(纯量,kg/667m²)			施肥量(实物量,kg/667m²)		
	N	P_2O_5	K_2O	尿素	钙镁磷肥	氯化钾
≤1000	8~10	5~6	9.5~12	17~22	35~40	19~24
1000~2000	10~12	6~7	12~15	23~26	40~58	24~30
≥2000	12~13	7~8	15~17	25~28	58~66	30~34

(三)施肥技术

(1)基肥。辣椒要求土壤肥沃,疏松,通气良好,因此,必须施足有机肥,改良土壤结构,满足辣椒生长需要。移栽前施优质农家肥2000 kg/667 m²、尿素15 kg/667 m²、普钙50 kg/667 m²、硫酸钾20 kg/667 m²,或45%复合肥(15-15-15)30~40 kg/667 m²,整地前撒施60%,定植时沟施40%,以保证辣椒较长时间对肥料的需要。

(2)追肥。辣椒陆续开花结果,收获期较长,追肥是取得高产的关键。轻施提苗肥,提苗肥宜选用速效性高氮肥料,一般用尿素5~10 kg/667 m²。稳施花蕾肥,在"门椒"坐果后收获前进行追施,用45%复合肥(15-15-15)20 kg/667 m²。重施花果肥,当辣椒植株大量开花坐果时,因果实膨大及植株继续分枝均需较多养分,所以此期需重施花果肥,一般施45%复合肥(15-15-15)20~30 kg/667 m²、硫酸钾8~10 kg/667 m²。花果肥施用后,每隔10~15天或每次采收后,可适量追施复合肥,具体次数应根据植株长势灵活掌握。

(3)叶面喷施。在整个生长期可多次喷施0.2%~0.3%磷酸二氢钾和各种微肥,全生育期共追肥7~10次。通过叶面追肥,快速补充植物苗期阶段所需的硼肥和锌肥,促进花芽分化和新叶生长,提高授粉受精质量,防治辣椒常见的落花、落果。

第九章 测土配方施肥信息服务系统

测土配方施肥信息服务系统可对龙里县不同的生态条件下水稻、玉米、油菜、马铃薯、蔬菜等作物的施肥提供决策咨询,咨询分为面上服务的单元配方和根据采样点进行的采样配方,配方的推荐达到个性化服务,能实现氮、磷、钾肥的施用量推荐,施用时期分配,不同肥料品种的组合决策、产量预测、效益估算等功能。该系统简洁明快,既能满足政府农业主管部门的决策需求,又能满足推广单位的指导需要。

根据龙里县的立体生态特点,以触摸屏为载体,采用专家系统技术结合 GIS 技术,以 Microsoft. NET Framework 为平台,Microsoft Visual Studio C# 2008 为工具,Arc GIS Engine 和 Access 为数据库集成开发出信息丰富、功能实用的测土配方施肥信息服务系统,成功安装投入使用。

触摸屏是目前最简单、方便且适用于农户使用的信息查询输入设备,采用施肥分区将各镇(街道)进行划分,系统安装在触摸屏一体机上,能够安放在公众场合使用,使农民及时方便地浏览、查看、打印所需的信息。

下面对"龙里县测土配方施肥信息服务系统"的功能进行介绍,系统主界面包括 6 个按钮,表示组成系统的 6 大模块,分别是"本县概况""地图推荐施肥""样点推荐施肥""测土配方施肥知识""作物栽培管理知识""农业技术影像课件"(图 9-1、图 9-2)。

图 9-1 服务系统欢迎界面

第九章　测土配方施肥信息服务系统

图 9-2　服务系统主界面

一、地图推荐施肥

地图推荐施肥是以土壤测试和肥料田间试验为基础，根据作物需肥规律、土壤供肥性能和肥料效应，在合理施用有机肥料的基础上，对具体田块的目标产量施肥量和最佳经济效益施肥量进行计算，提出氮、磷、钾及中微量元素等肥料的施用数量、施肥时期和施肥办法。地图推荐施肥技术的核心是调节和解决作物需肥与土壤供肥之间的矛盾。

在系统主界面点击"地图推荐施肥"按钮打开地图推荐施肥界面，如图 9-3 所示。界面下方的一排按钮提供了基本的地图导航功能（包括放大、缩小、全图和漫游等）。界面左侧是图层树状表，包括县界、镇（街道）界、村界、公路、水库（河流）、城镇、居民地、施肥单元等图层，用户可以通过勾选图层名选择需要加载的图层，界面右侧是图层显示窗口。

在进行"推荐施肥"计算之前，首先要加载施肥单元图层，用户可以在界面左侧的图层树状表中勾选施肥单元图层，实现施肥单元图层的加载。施肥单元包括水田、旱地，分别用浅绿色、浅红色表示。用户可通过"放大"、"漫游"来寻找地块，再对耕地单元进行"推荐施肥"计算。

系统在进行施肥决策时，所有"条件"在一个界面完成选择输入（图 9-4），在"条件"方面系统调用前期采集的信息数据库中的数据（如土种类型、质地、土壤养分测试值等），以简化咨询流程。农户根据所在区域的特点及自身经验对界面中参数进行一定程度的调整，调整后点击"计算施肥量"按钮进行施肥量计算，系统自动打印施肥推荐卡（图 9-5）。施肥推荐卡上包括该单元地理位置、土种名称、土壤养分测试值、施肥纯量、总肥料用量、各期追肥用量等内容，更加直观地为农民提供土壤资源情况和安全施肥信息。

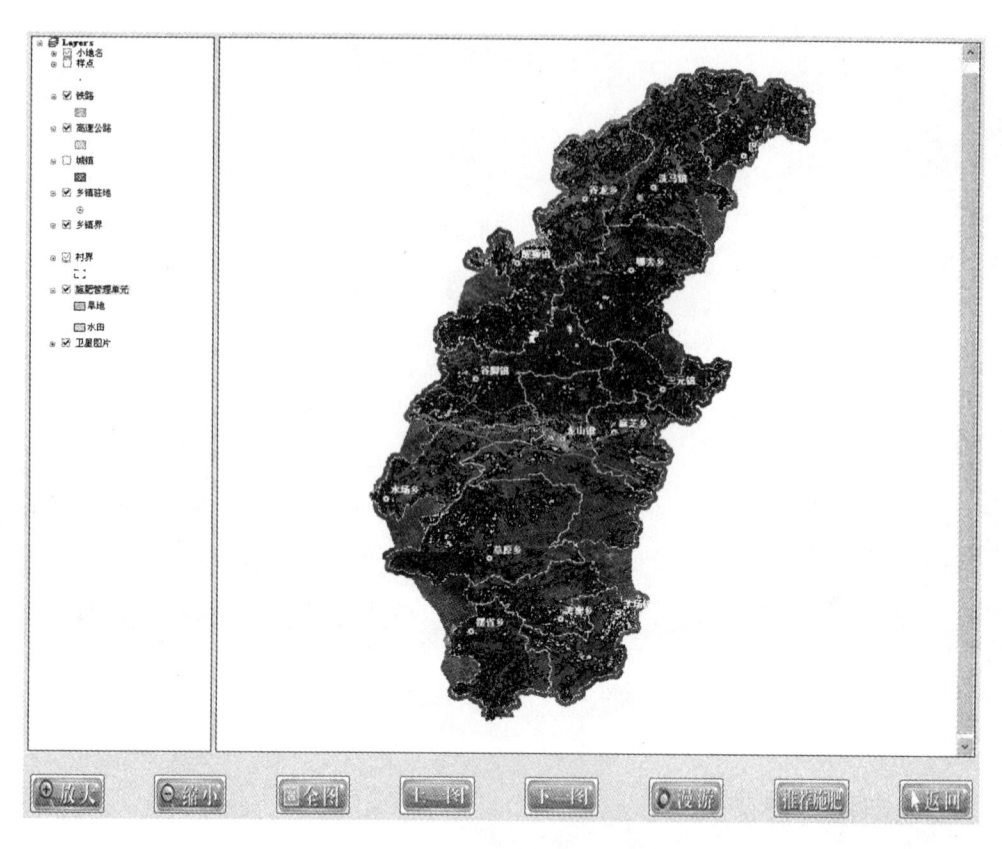

图9-3　地图推荐施肥界面

图9-4　地图推荐施肥计算施肥量界面

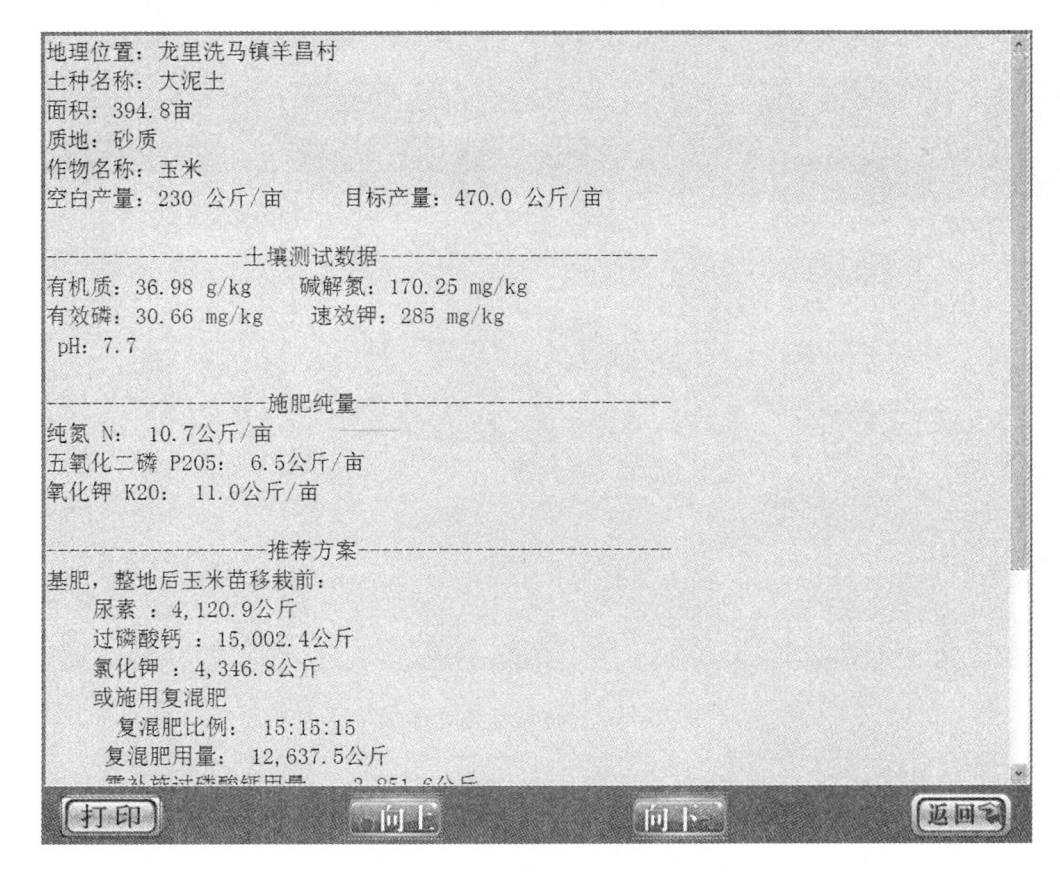

```
地理位置：龙里洗马镇羊昌村
土种名称：大泥土
面积：394.8亩
质地：砂质
作物名称：玉米
空白产量：230 公斤/亩        目标产量：470.0 公斤/亩

-----------------土壤测试数据-----------------
有机质：36.98 g/kg    碱解氮：170.25 mg/kg
有效磷：30.66 mg/kg   速效钾：285 mg/kg
pH：7.7

-----------------施肥纯量-----------------
纯氮 N： 10.7公斤/亩
五氧化二磷 P2O5： 6.5公斤/亩
氧化钾 K2O： 11.0公斤/亩

-----------------推荐方案-----------------
基肥，整地后玉米苗移栽前：
   尿素：4,120.9公斤
   过磷酸钙：15,002.4公斤
   氯化钾：4,346.8公斤
   或施用复混肥
       复混肥比例：15:15:15
       复混肥用量：12,637.5公斤
```

图9-5 地图推荐施肥结果界面

二、样点推荐施肥

样点推荐施肥与地图推荐施肥不同的是可以通过村名、农户、地块名称的选择确定需要查看的地块，为不熟悉地图方位的用户提供了便利。对采样地块的科学推荐施肥是本模块的核心功能。在获得采样地块的详细信息的基础上，选择现有的模型，根据所在区域的土壤条件推理出推荐施肥结果，用户根据所在区域的特点及自身经验进行一定程度的调整，最终形成推荐施肥结果——系统推荐施肥建议卡。

打开样点推荐施肥界面(图9-6)，用户可以通过下拉框选择镇(街道)名称、村名称、农户名称、地块名称及统一编号等指定具体的地块。系统自动导入该田块面积、土种名称、土壤采样时间及养分测试值等，然后点击左下方的"计算施肥量"按钮进行施肥量的推荐。

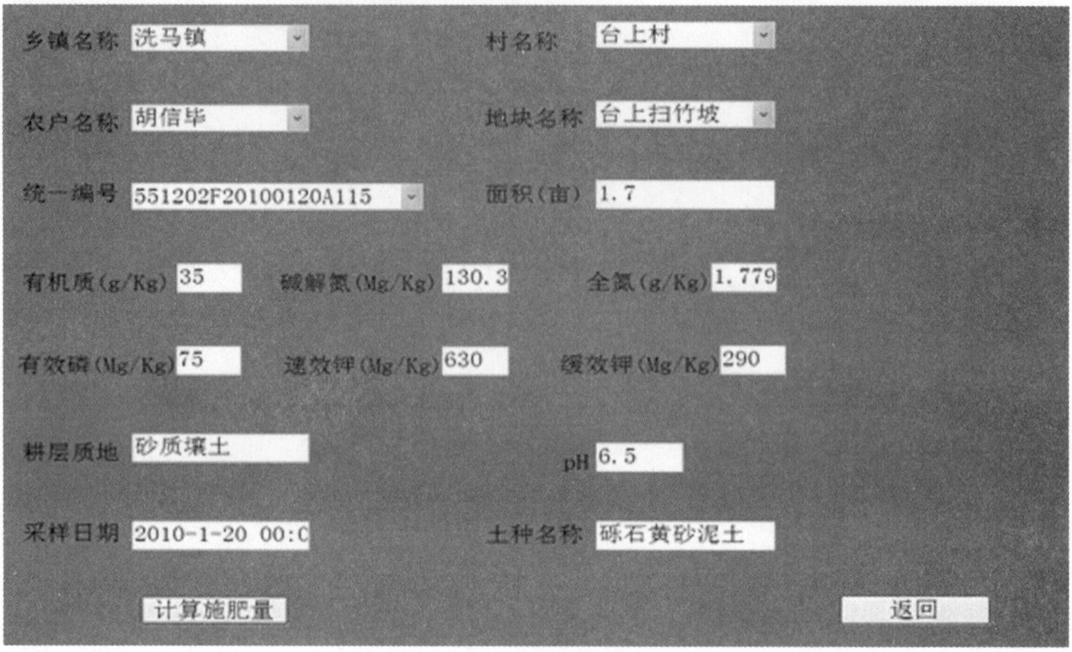

图 9-6　样点推荐施肥界面

三、测土配方施肥知识

测土配方施肥知识模块由缺素症状、测土配方施肥知识和肥料知识 3 部分内容组成，主要介绍常见作物缺素症状以及肥料施用常识等。

作物在生长过程中常由于缺乏氮、磷、钾或微量元素发生生长异常，"缺素症状"收集了水稻、玉米、油菜和马铃薯等常见作物的缺素症状，辅以大量田间照片，图文并茂，形象生动。"测土配方施肥知识"部分主要介绍测土配方施肥的相关知识，指导用户科学施用配方肥。肥料知识部分主要介绍常见肥料的品种特性、施用方法及注意事项等。

四、作物栽培管理知识

作物栽培管理知识模块主要介绍了水稻、玉米、油菜、马铃薯、烤烟、蔬菜、柑橘等常见作物的优良品种、栽培技术、管理技术以及病虫害防治技术等，为用户掌握先进的作物栽培管理技术提供了参考。

五、农业技术影像课件

农业技术影像课件模块主要播放主要作物的栽培、病虫防治等与农业生产密切相关的视频，形象直观地展示农业常识和农业技术。播放窗口有视频播放控制控件，可以播放、暂停和停止视频播放，拖动声音控制滑块调节声音的大小，拖动播放进度块可以实现视频任意点播放。通过界面下方的"上一个"和"下一个"的按钮，实现视频的顺序播放。

六、后台管理

后台管理主要用于维护和更新技术资料数据库。后台管理分为栏目管理、内容管理、视频管理和施肥参数4部分组成,管理员可以在后台对数据进行增加、更改或删除操作。

"栏目管理""内容管理""视频管理"允许用户对各级标题及内容进行增加、修改和删除操作。系统还提供了数据查询和数据导出功能。

"施肥参数"模块提供了查询、修改和导出现有配方施肥参数的功能。施肥参数较多,包括作物百公斤产量吸收量、常年目标产量、肥料当季利用率、农作物空白产量与目标产量对应函数、农作物肥料分配运筹、农作物前三年平均产量与目标产量增产率、土壤养分丰缺调整系数、土壤养分丰缺指标、土壤有效养分校正系数、效应函数法推荐施肥等。用户可以根据施肥试验结果对施肥参数进行修改调整。

参考文献

李莉婕,童倩倩,孙长青,等,2013.GIS 支持下的贵州省赫章县耕地地力评价[J].湖北农业科学,4(52):789-802.

黄守营,2008.耕地地力建设与土壤改良利用对策与建议[J].中国农村小康科技,9:12-14.

黄伟娇,2011.基于 GIS 的杭州市特色经济作物土地适宜性评价[D].福州:福建农林大学.

顾平,杨德智,文武,等,2012.凯里市耕地地力评价与种植业布局研究[J].农技服务,29(1):112-113.

孔源,2011.GIS 在耕地地力评价中的应用研究[D].昆明:云南大学.

冯耀祖,耿庆龙,陈署晃,等,2011.基于 GIS 的县级耕地地力评价及土壤障碍因素分析[J].新疆农业科学 48(12):2281-2288.

秦明周,赵杰,2000.城乡接合部土壤质量变化与可持续利用对策:以开封市为例[J].地理学报,55(5):545-554.

刘永文,樊燕,刘洪斌,2009.丘陵山地耕地地力评价研究[J].中国农学通报,25(18):420-425.

鲁明星,贺立源,吴礼树,2006.我国耕地地力评价研究进展[J].生态环境,15(4)866-869.

贵州省土壤普查办公室,1994.贵州省土壤[M].贵阳:贵州科技出版社.

高雪,龙胜碧,2013.锦屏耕地[M].贵阳:贵州科技出版社.

高雪,赵恩学,赵伦学,2014.黔西耕地[M].贵阳:贵州科技出版社.

贵州省龙里县地方志编纂委员会,1995.龙里县志[M].贵阳:贵州人民出版社.

图1 龙里县行政区划示意图

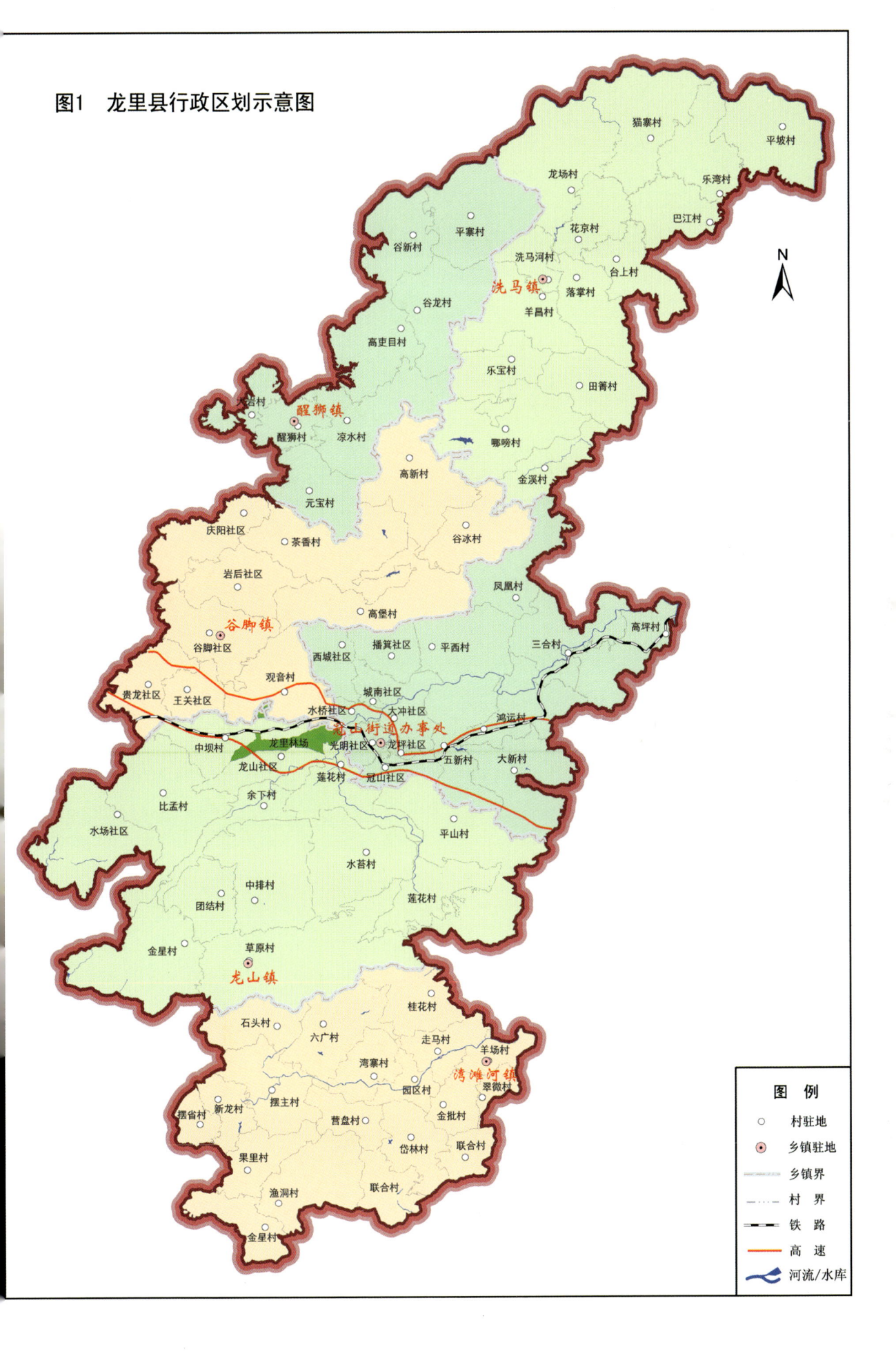

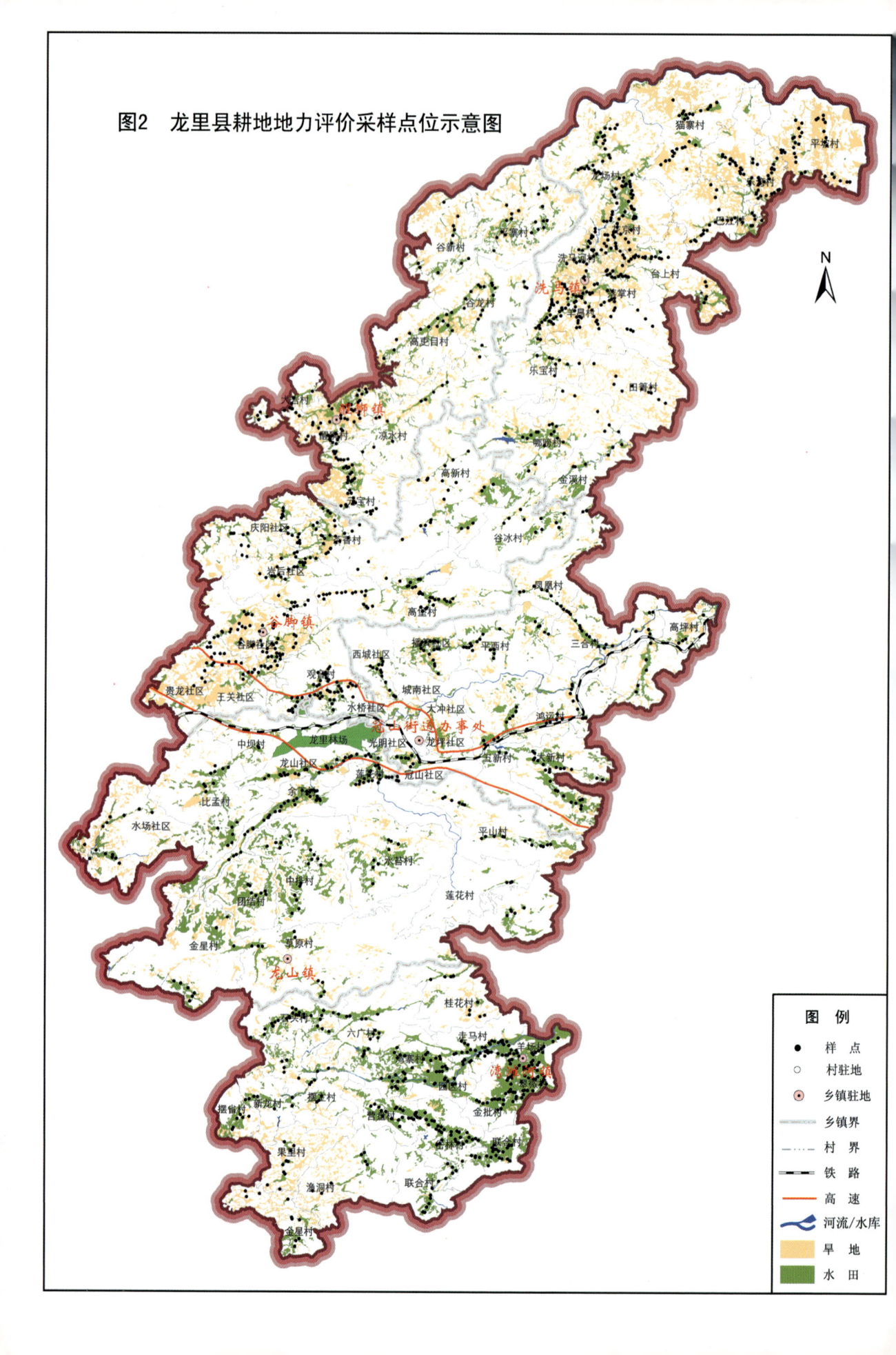

图2 龙里县耕地地力评价采样点位示意图

图3 龙里县耕地土壤类型示意图

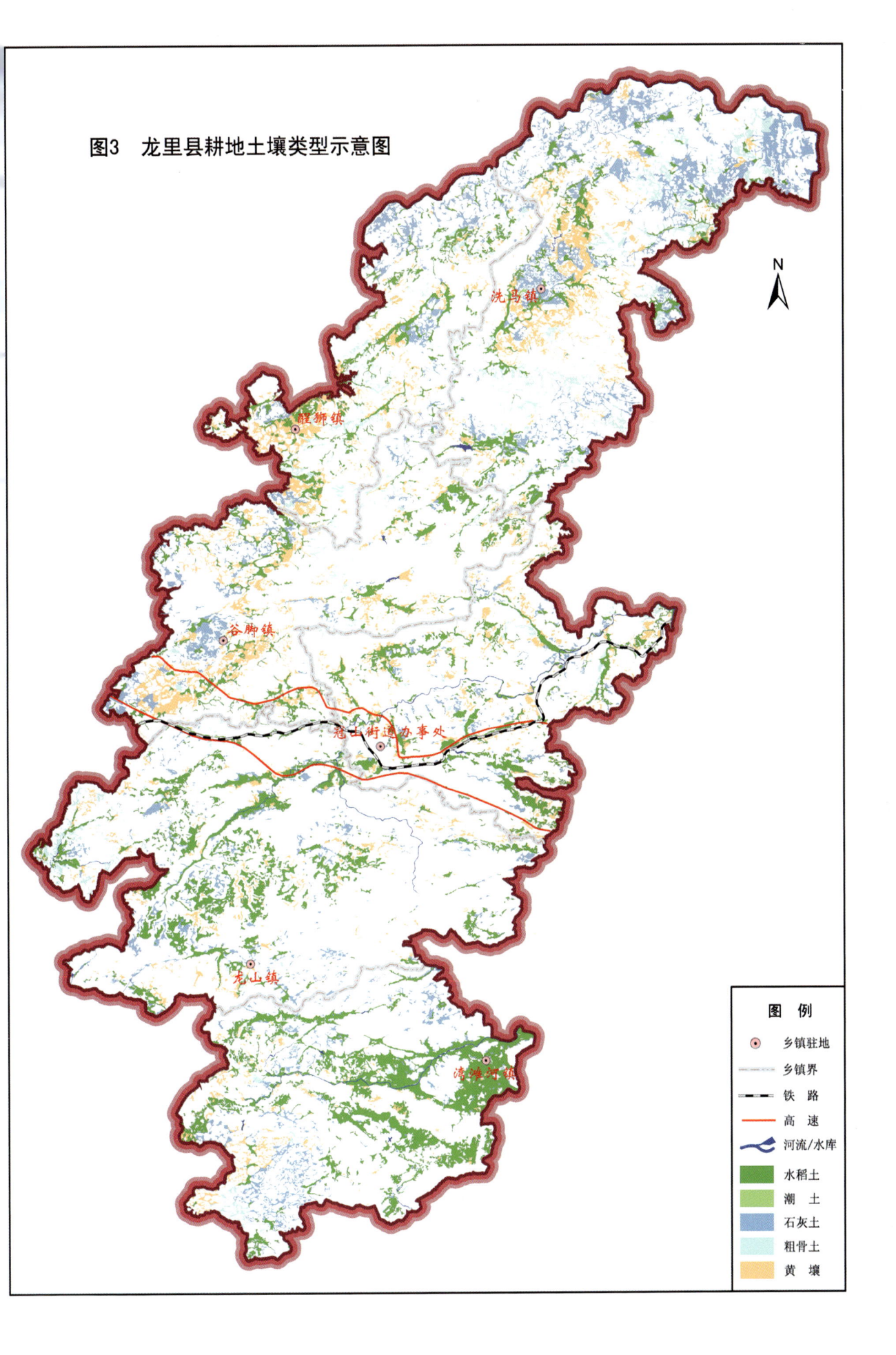

图4 龙里县土地利用现状示意图

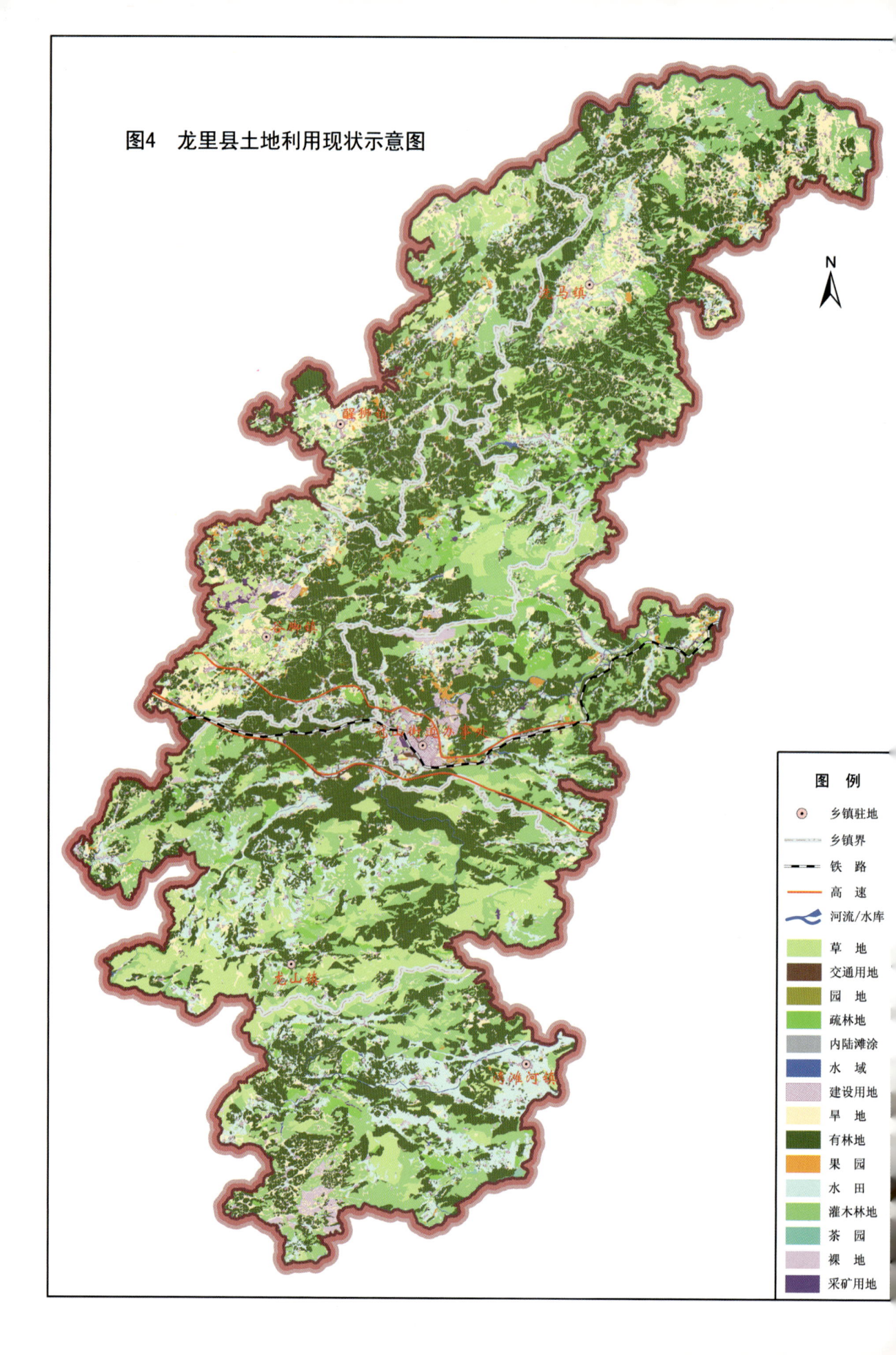

图5 龙里县耕地海拔高程示意图

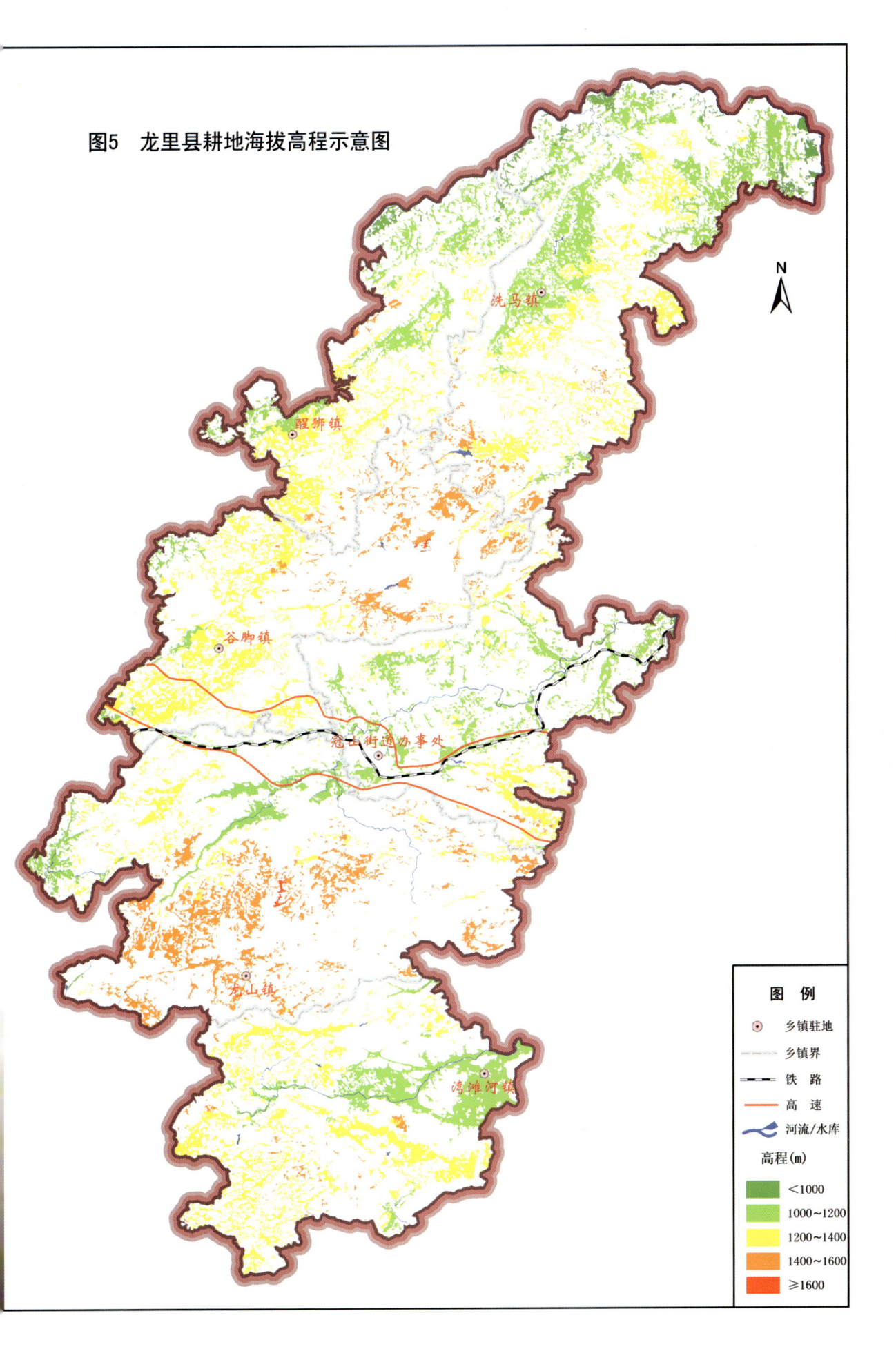

图6 龙里县耕地坡度等级示意图

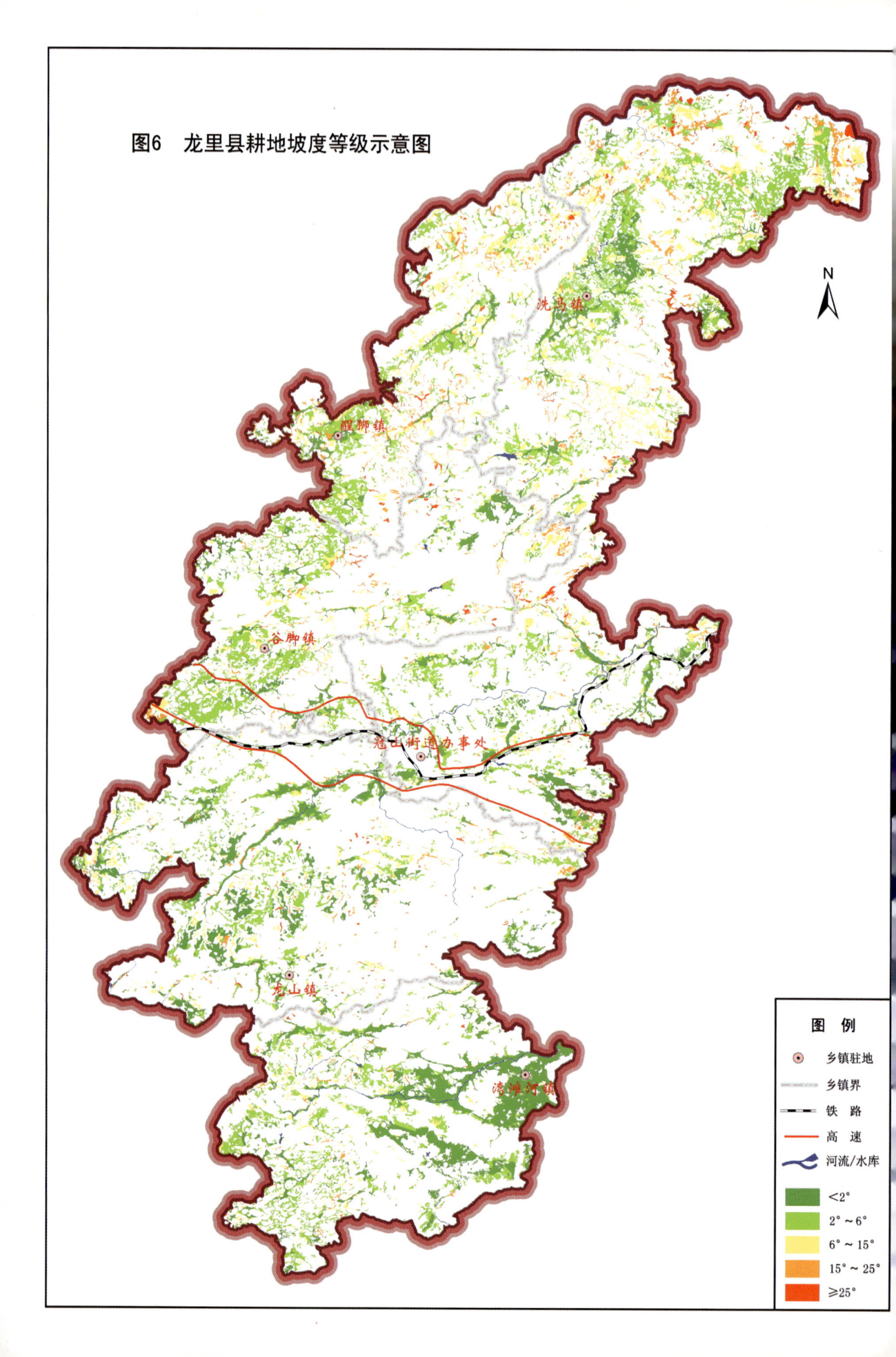

图7 龙里县耕地地貌类型示意图

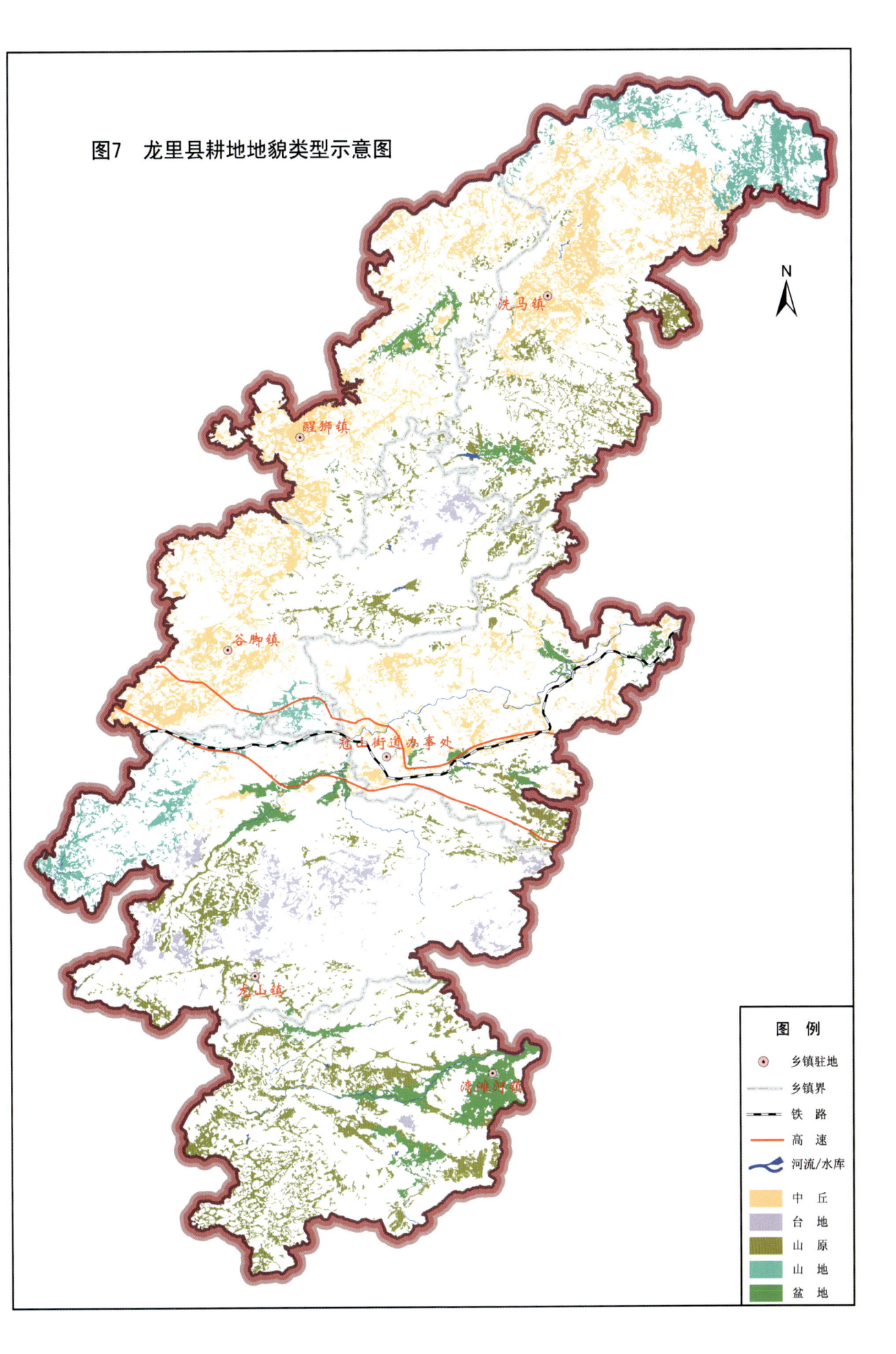

图8 龙里县耕地耕层厚度示意图

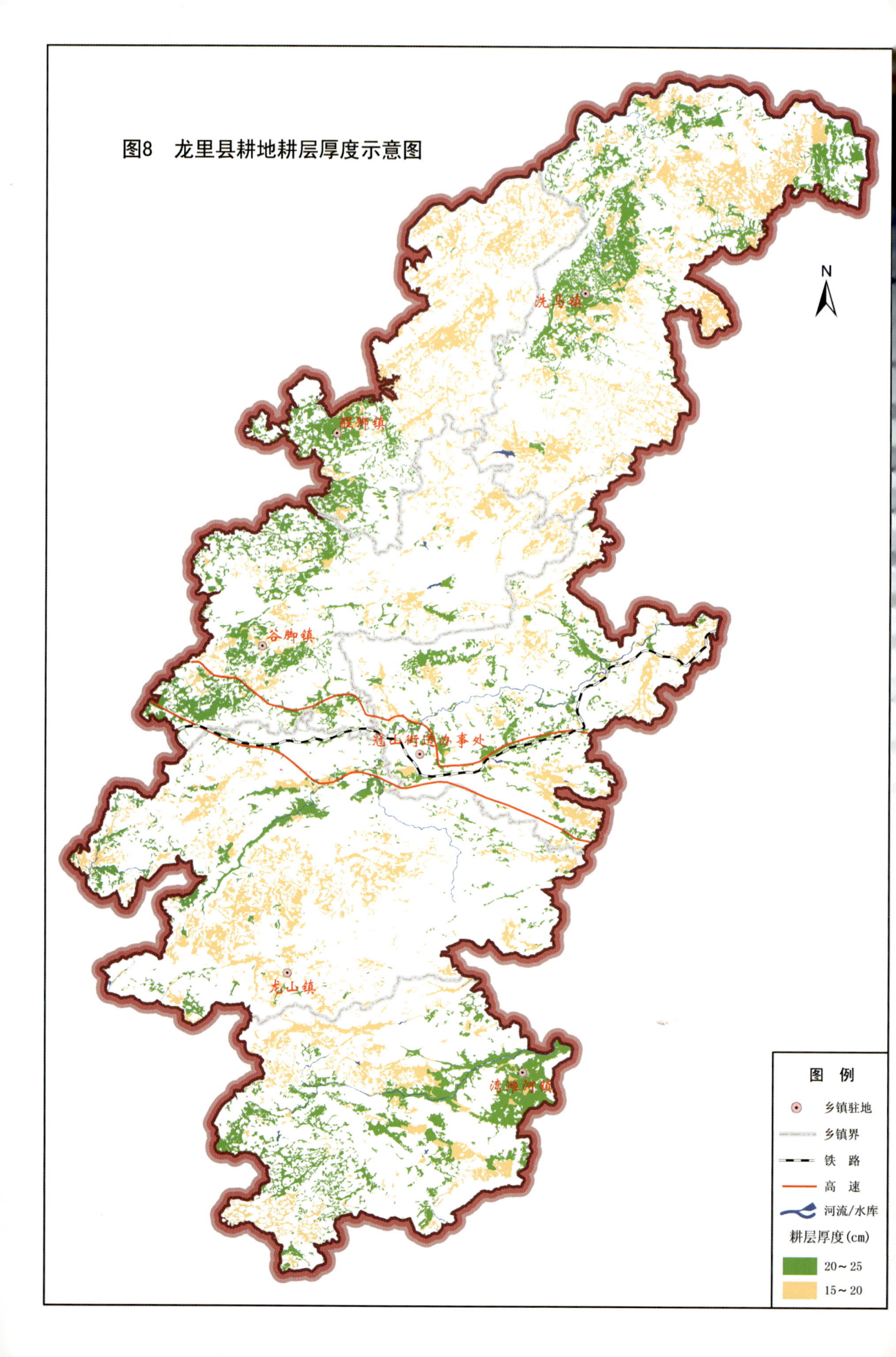

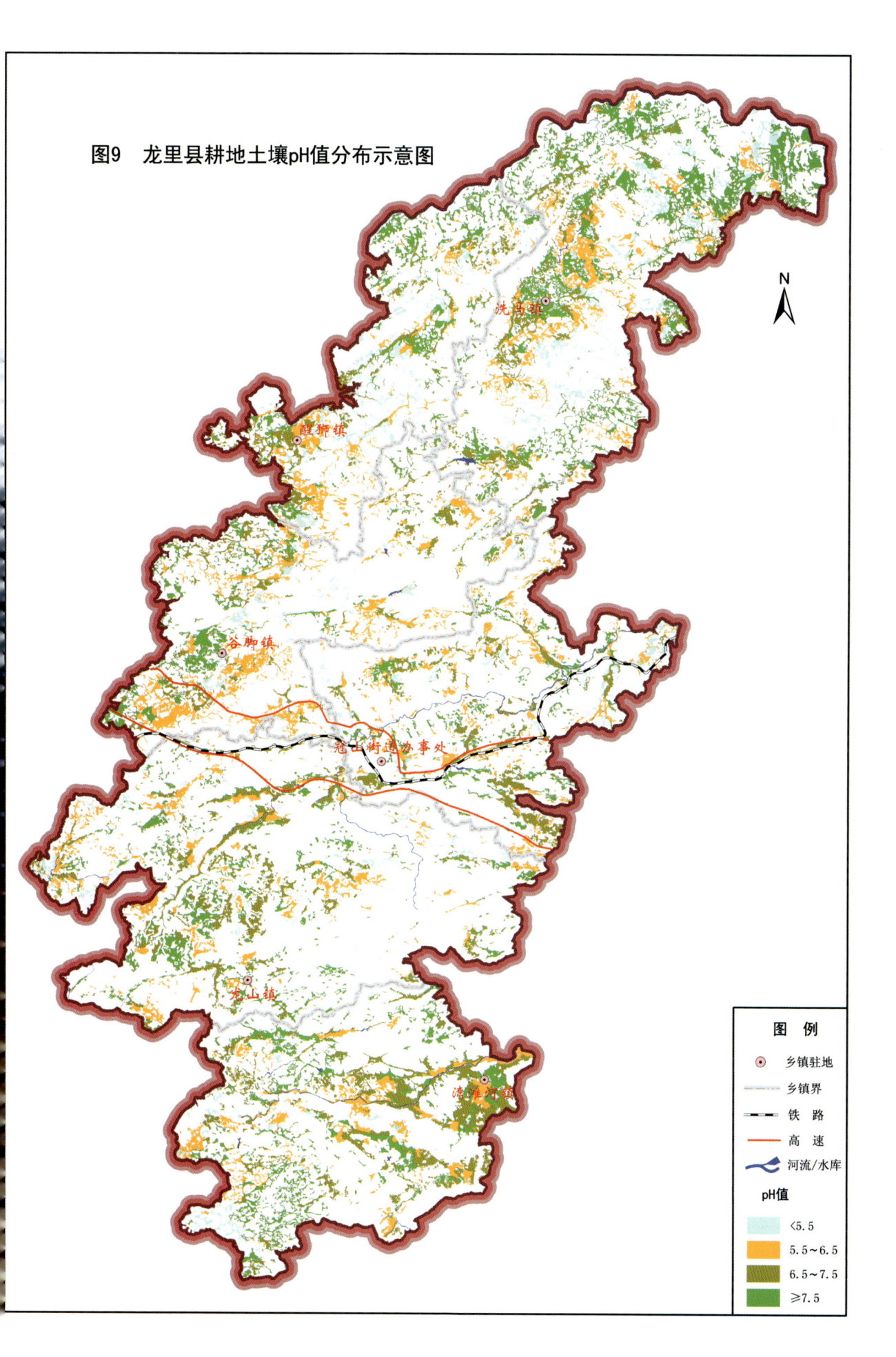

图9　龙里县耕地土壤pH值分布示意图

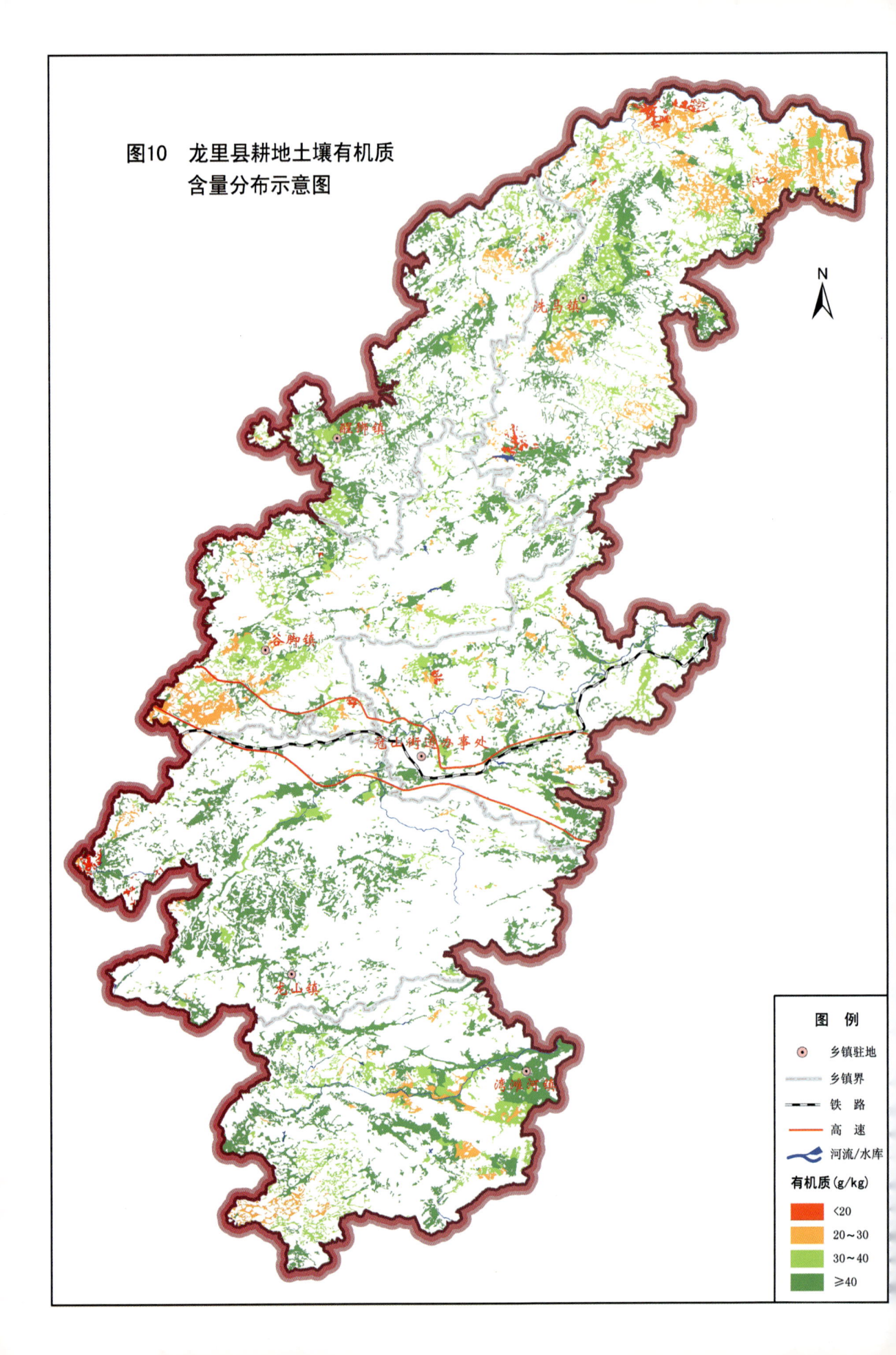

图10 龙里县耕地土壤有机质含量分布示意图

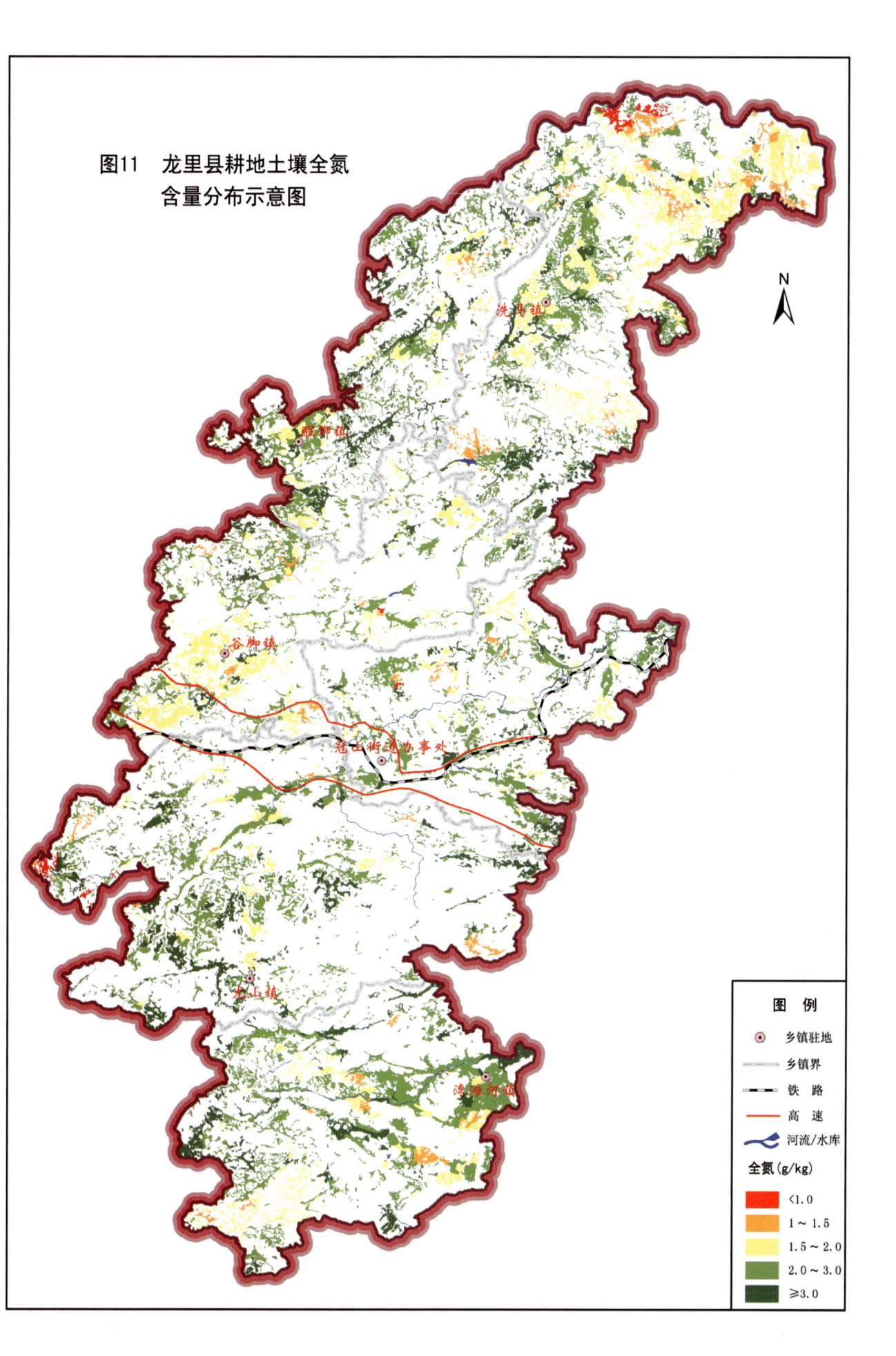

图11 龙里县耕地土壤全氮含量分布示意图

图 例
- 乡镇驻地
- 乡镇界
- 铁 路
- 高 速
- 河流/水库

全氮(g/kg)
- <1.0
- 1~1.5
- 1.5~2.0
- 2.0~3.0
- ≥3.0

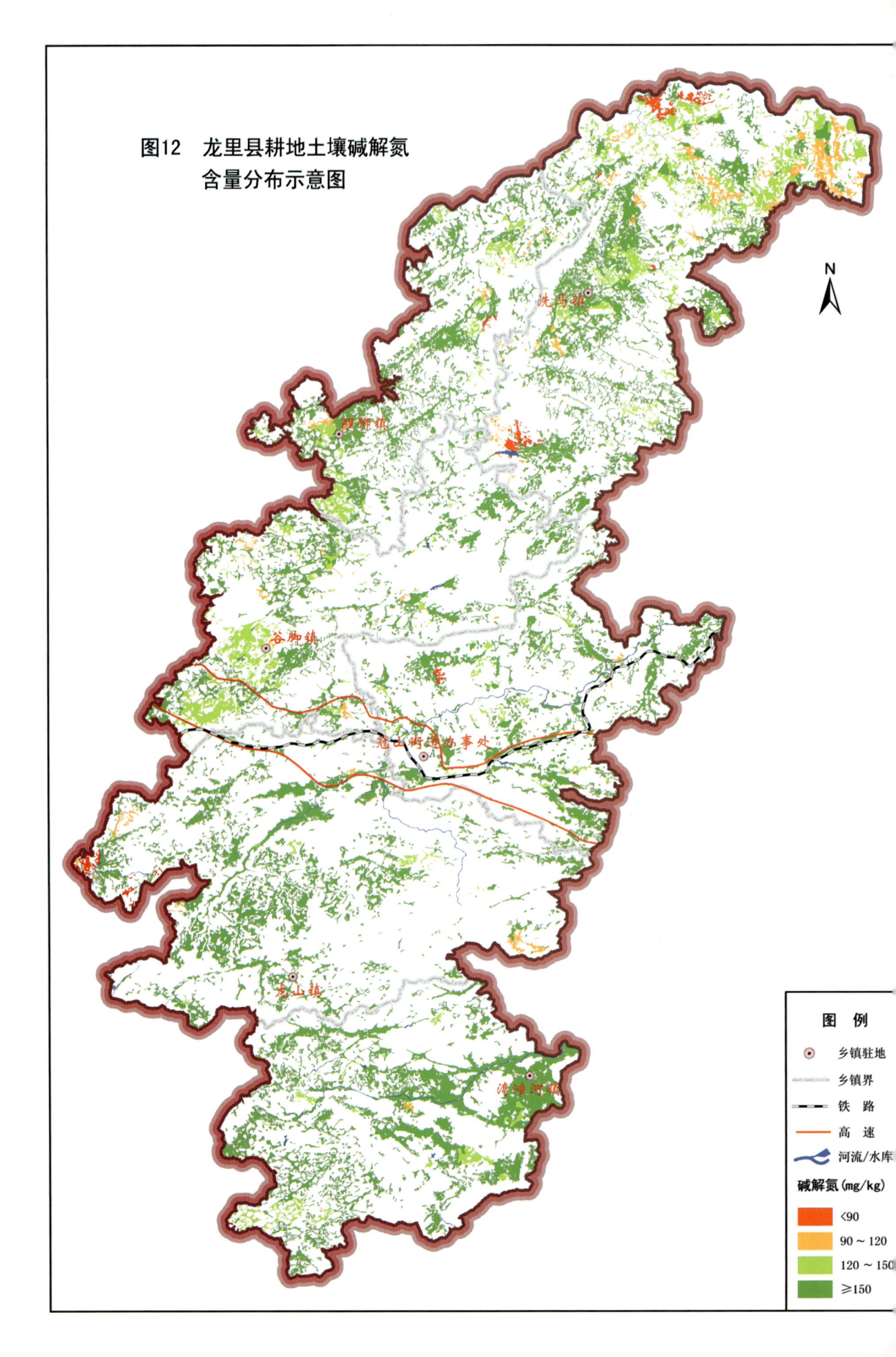

图12 龙里县耕地土壤碱解氮含量分布示意图

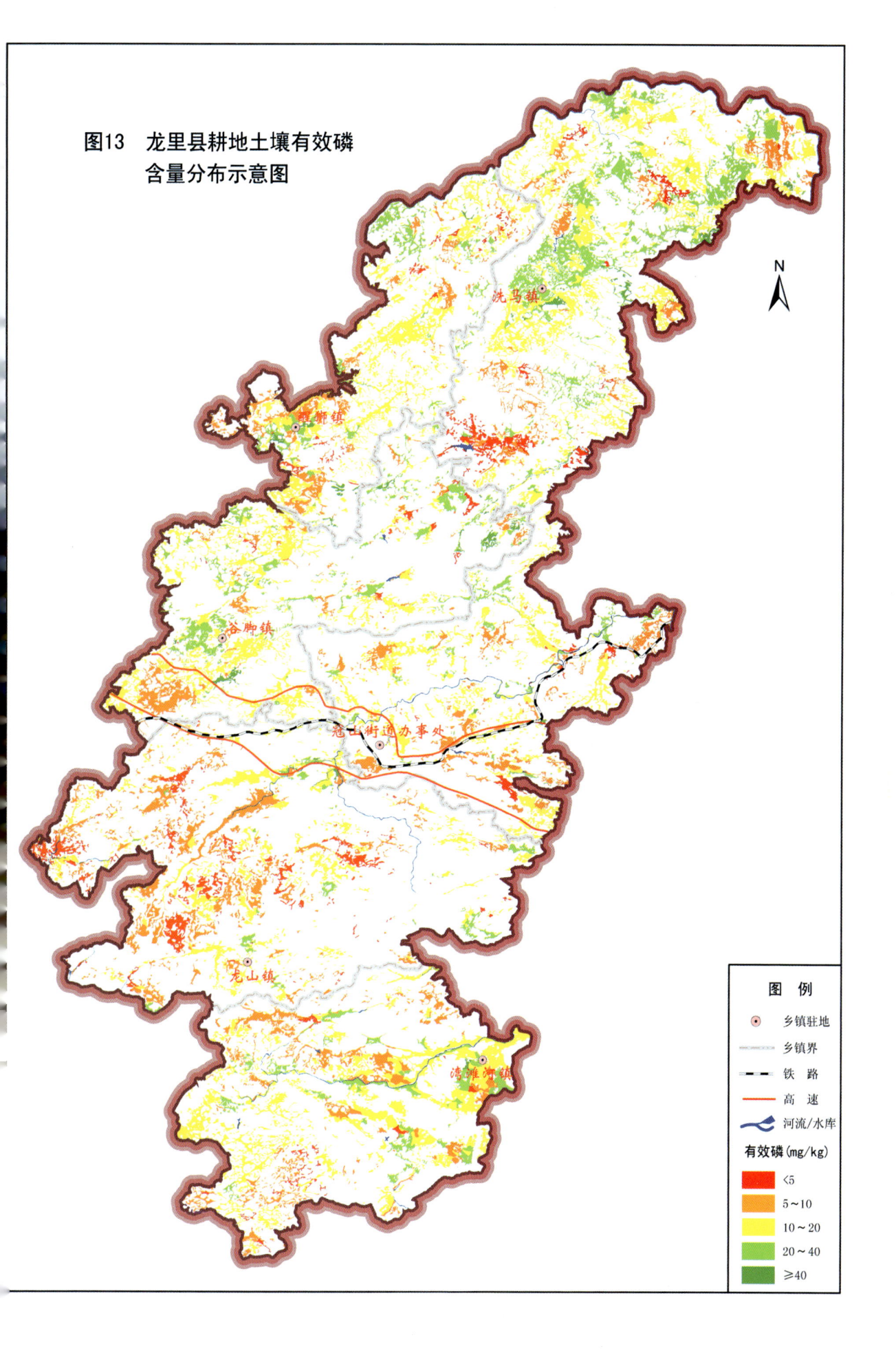

图13 龙里县耕地土壤有效磷含量分布示意图

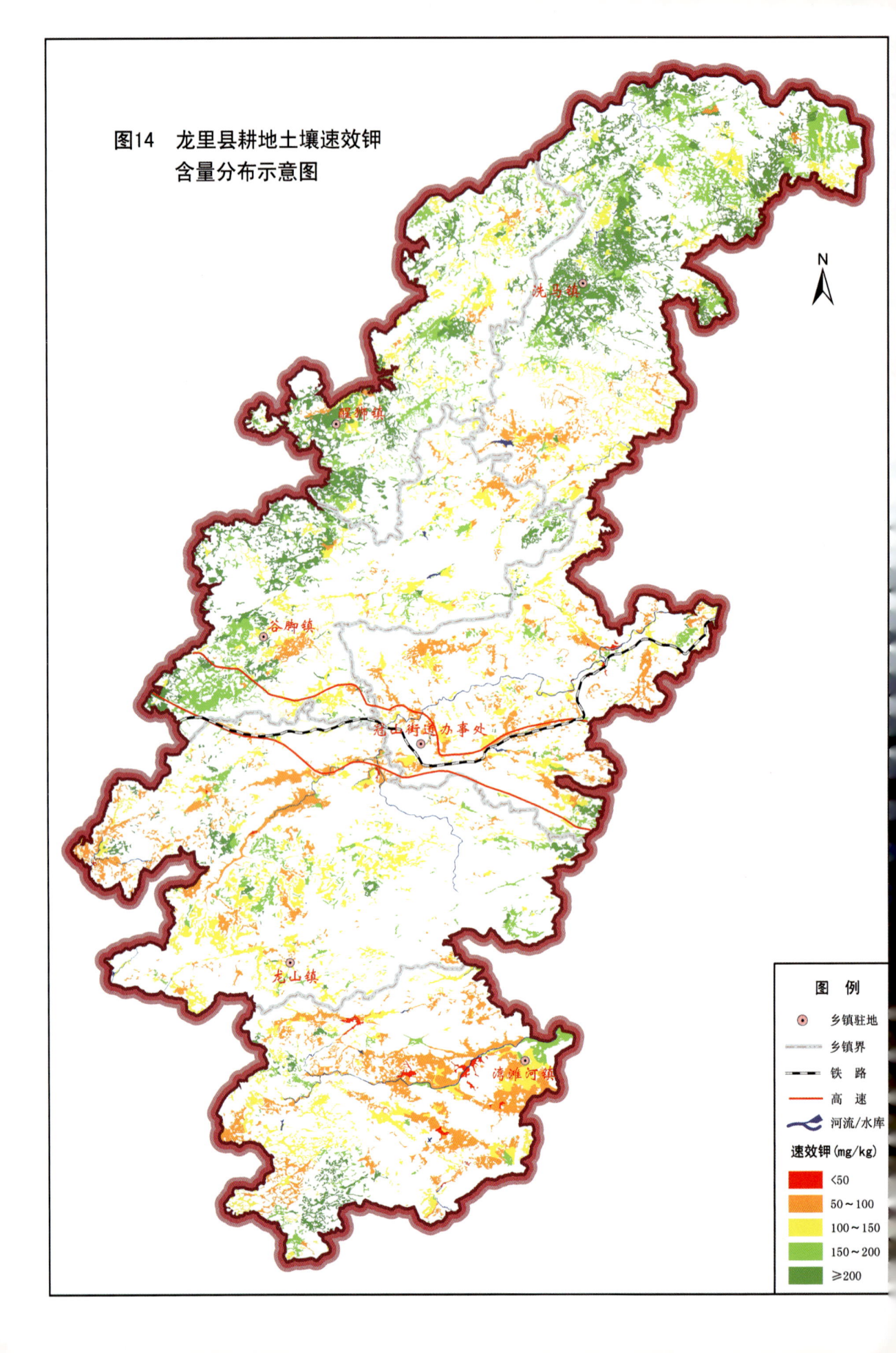

图14 龙里县耕地土壤速效钾含量分布示意图

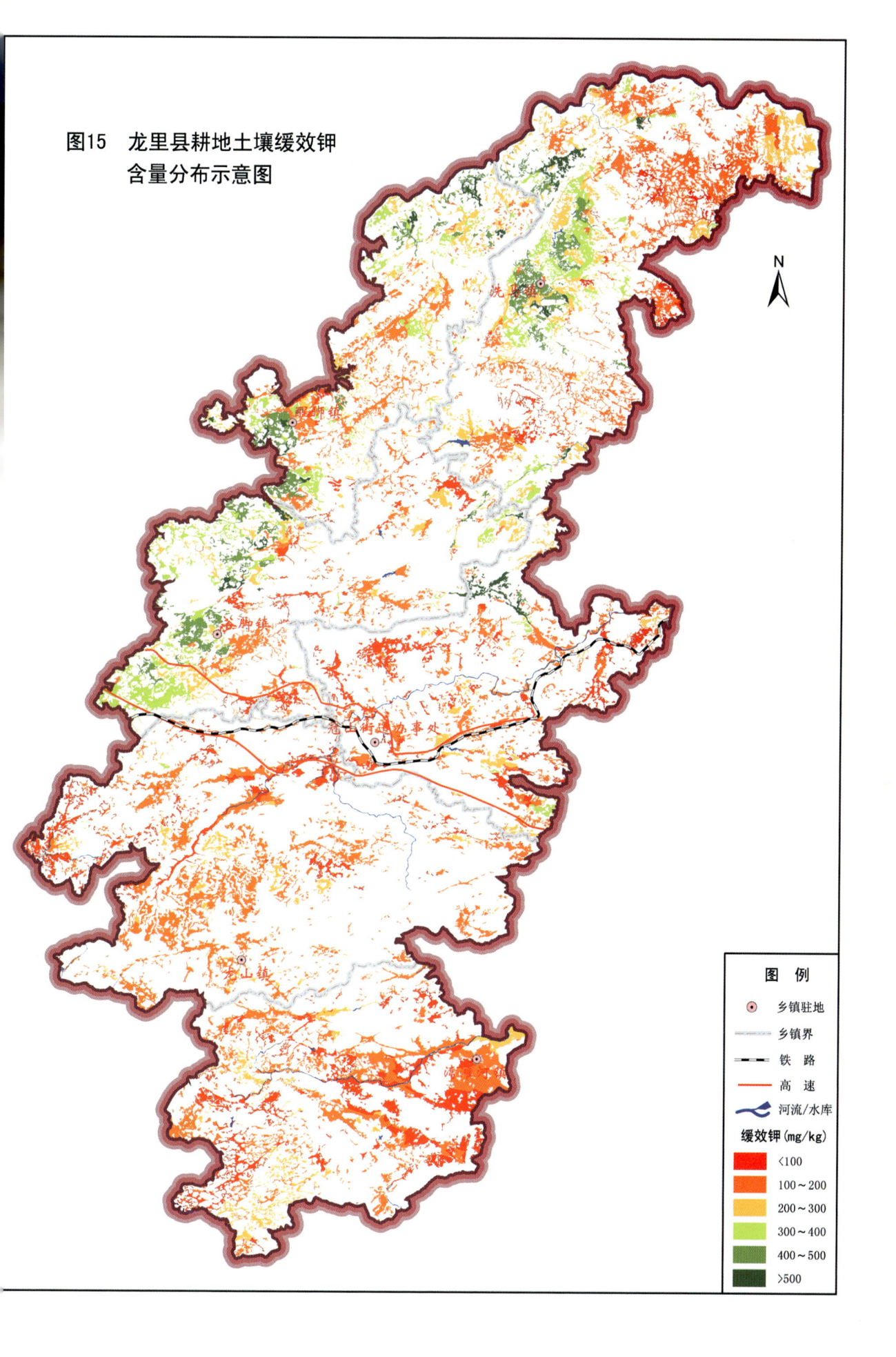

图15 龙里县耕地土壤缓效钾含量分布示意图

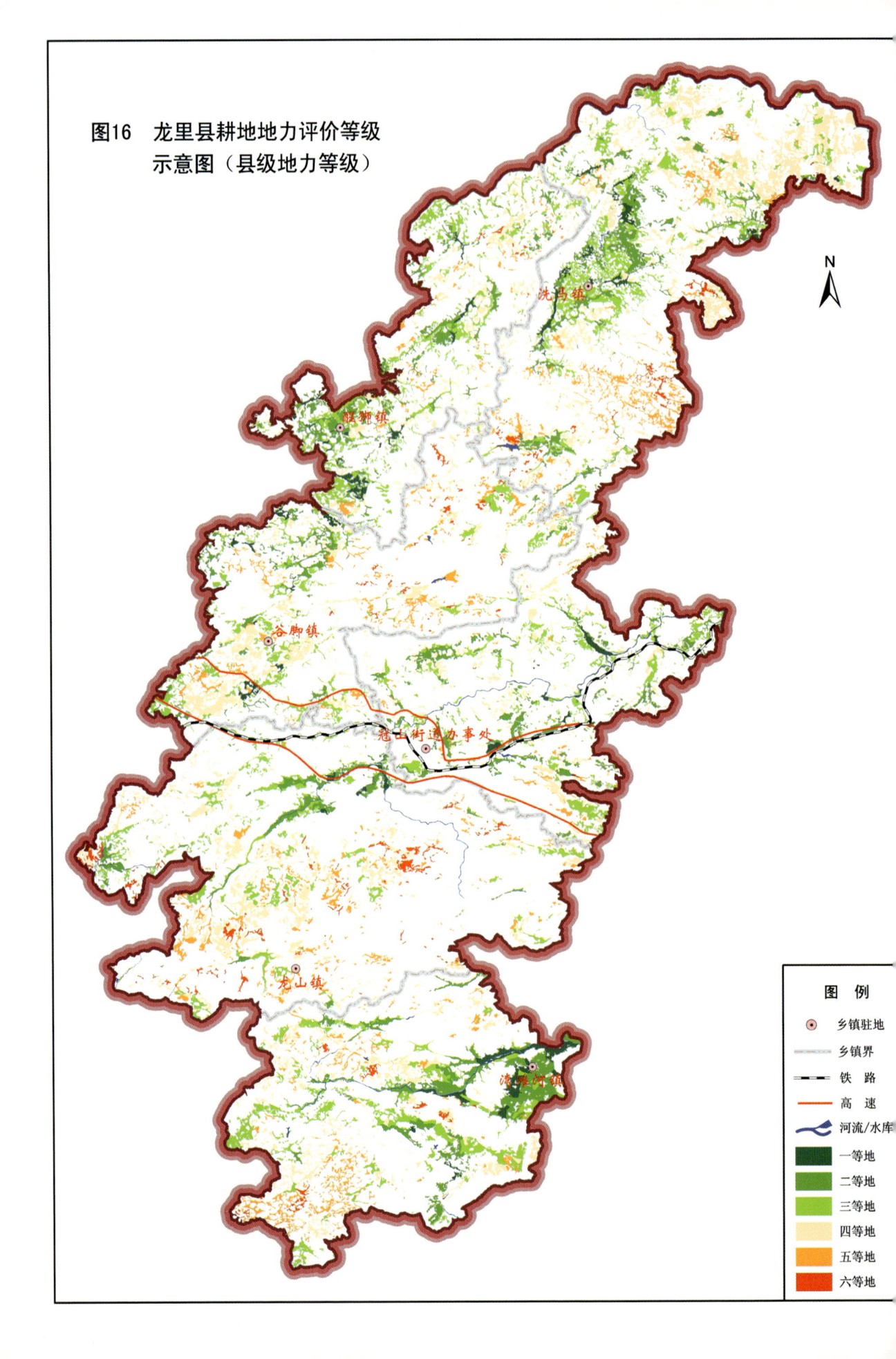

图16 龙里县耕地地力评价等级示意图（县级地力等级）

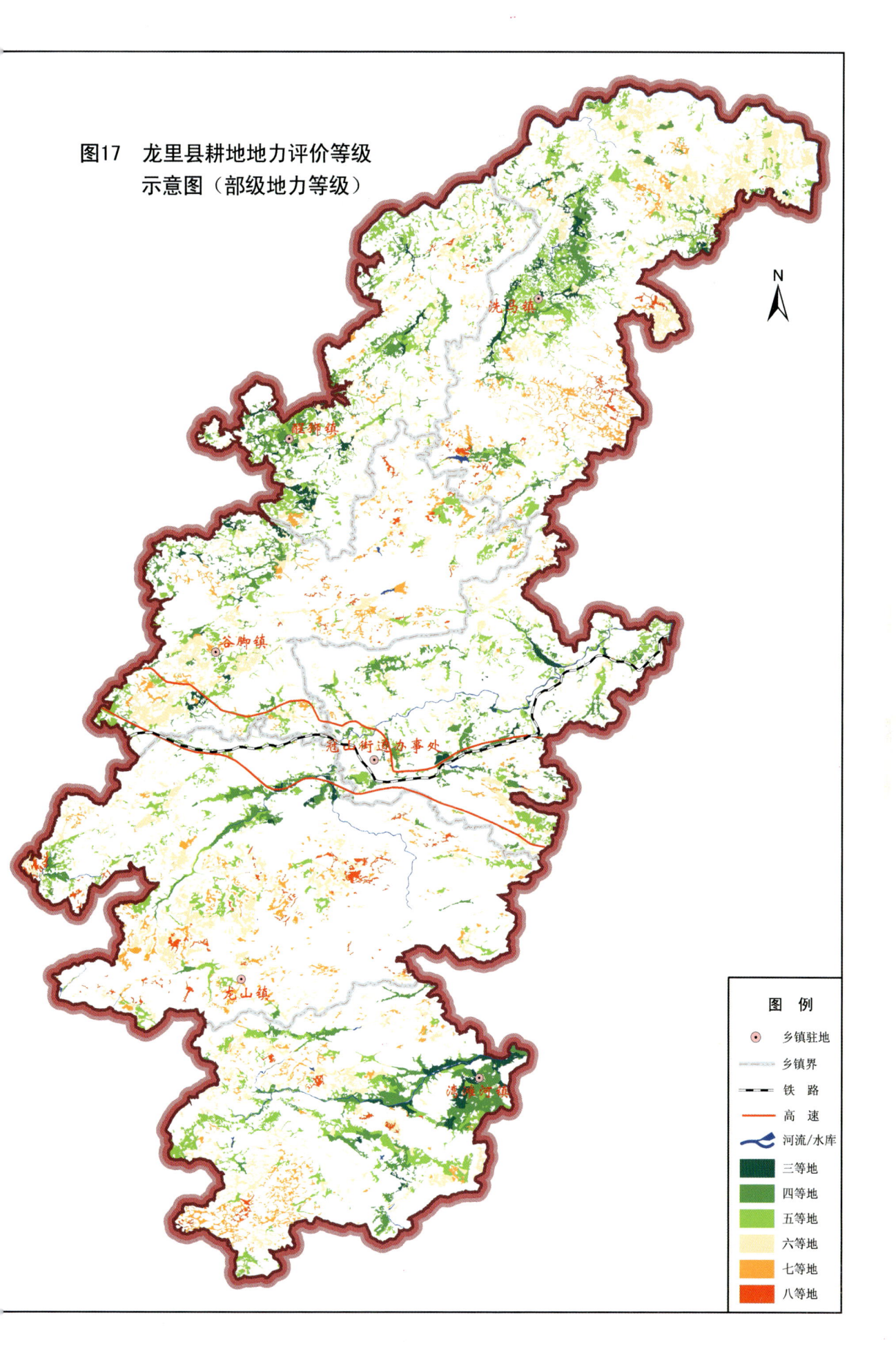

图17 龙里县耕地地力评价等级示意图（部级地力等级）

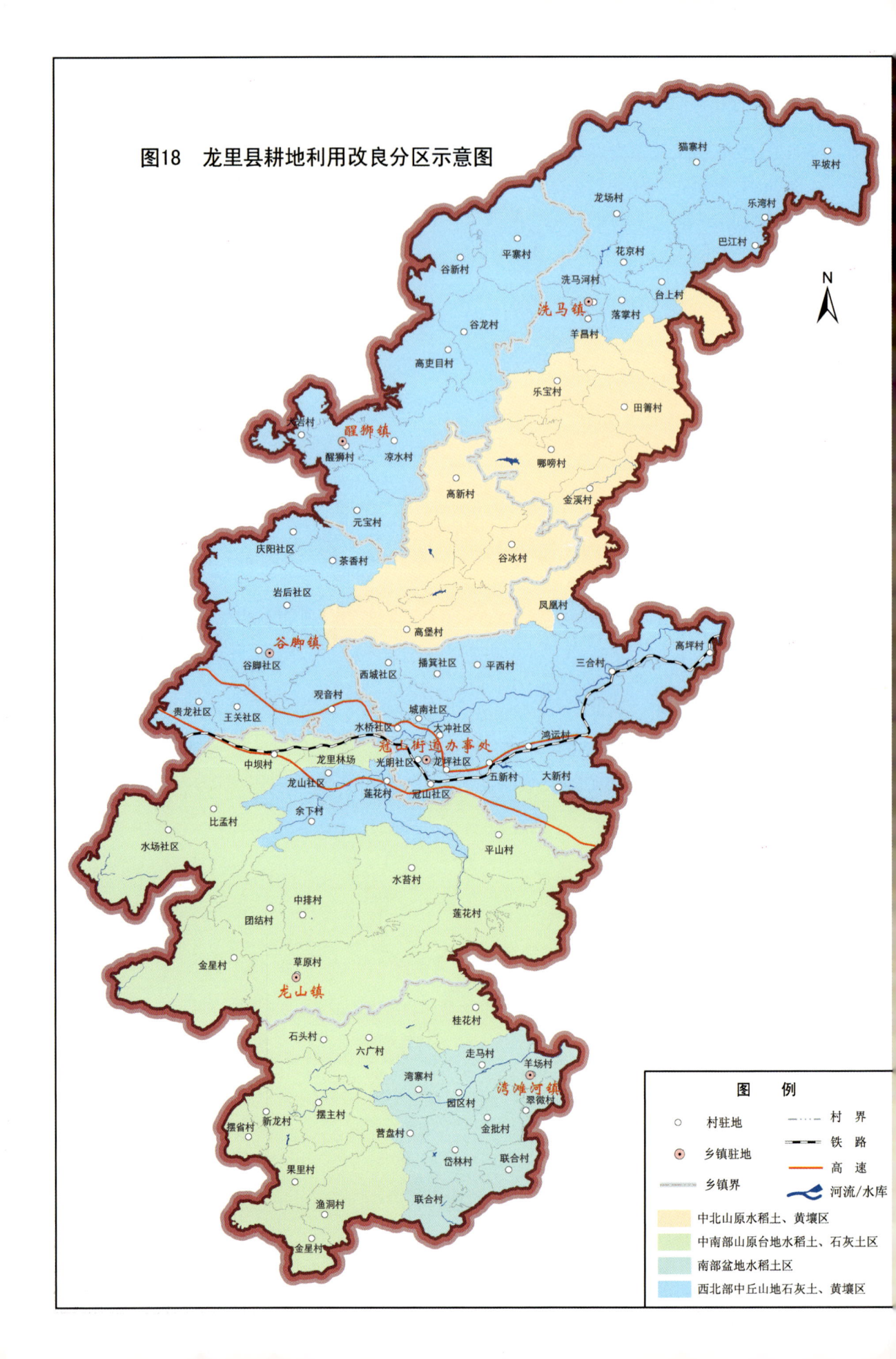

图18 龙里县耕地利用改良分区示意图

图19 龙里县耕地种植业分区示意图

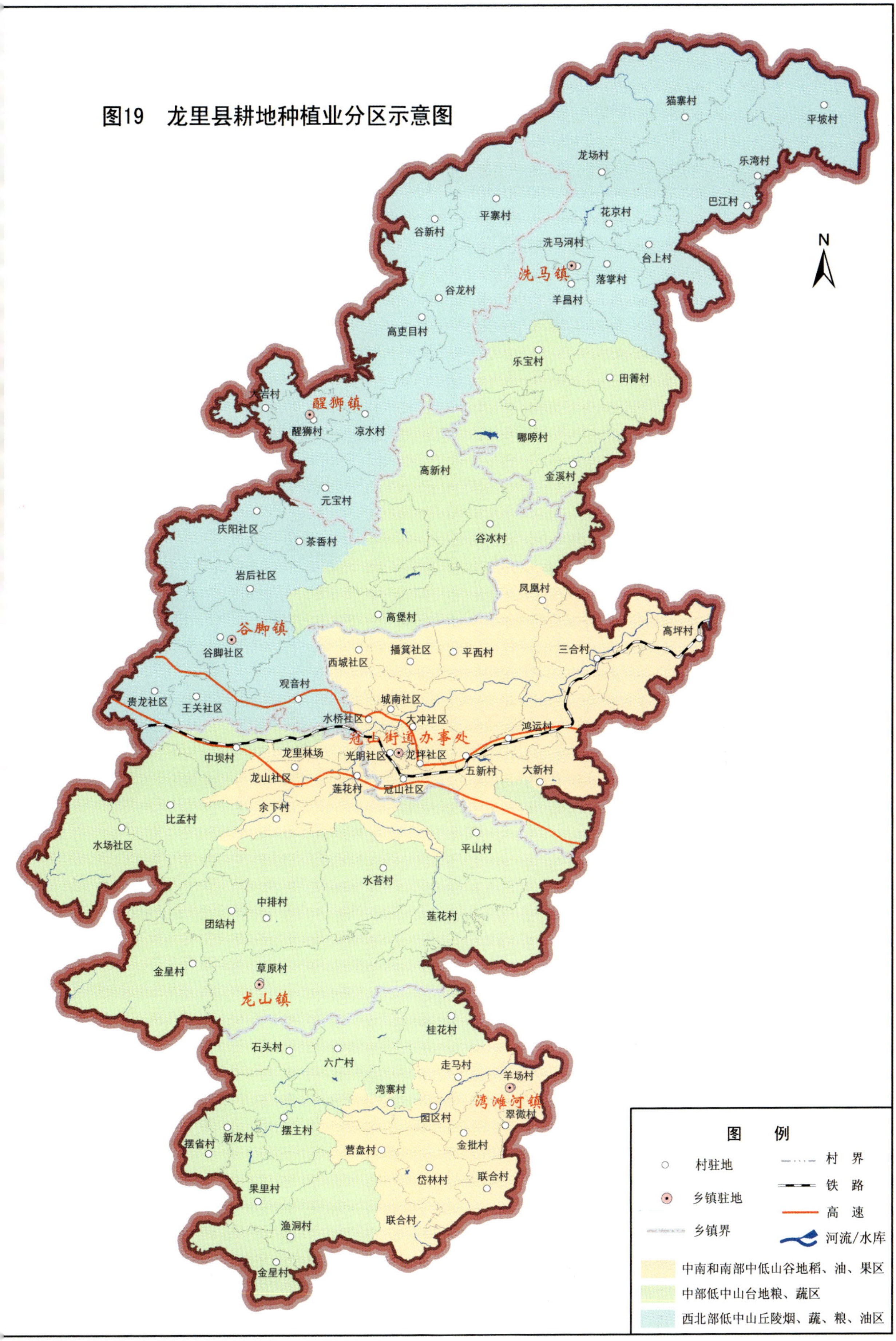

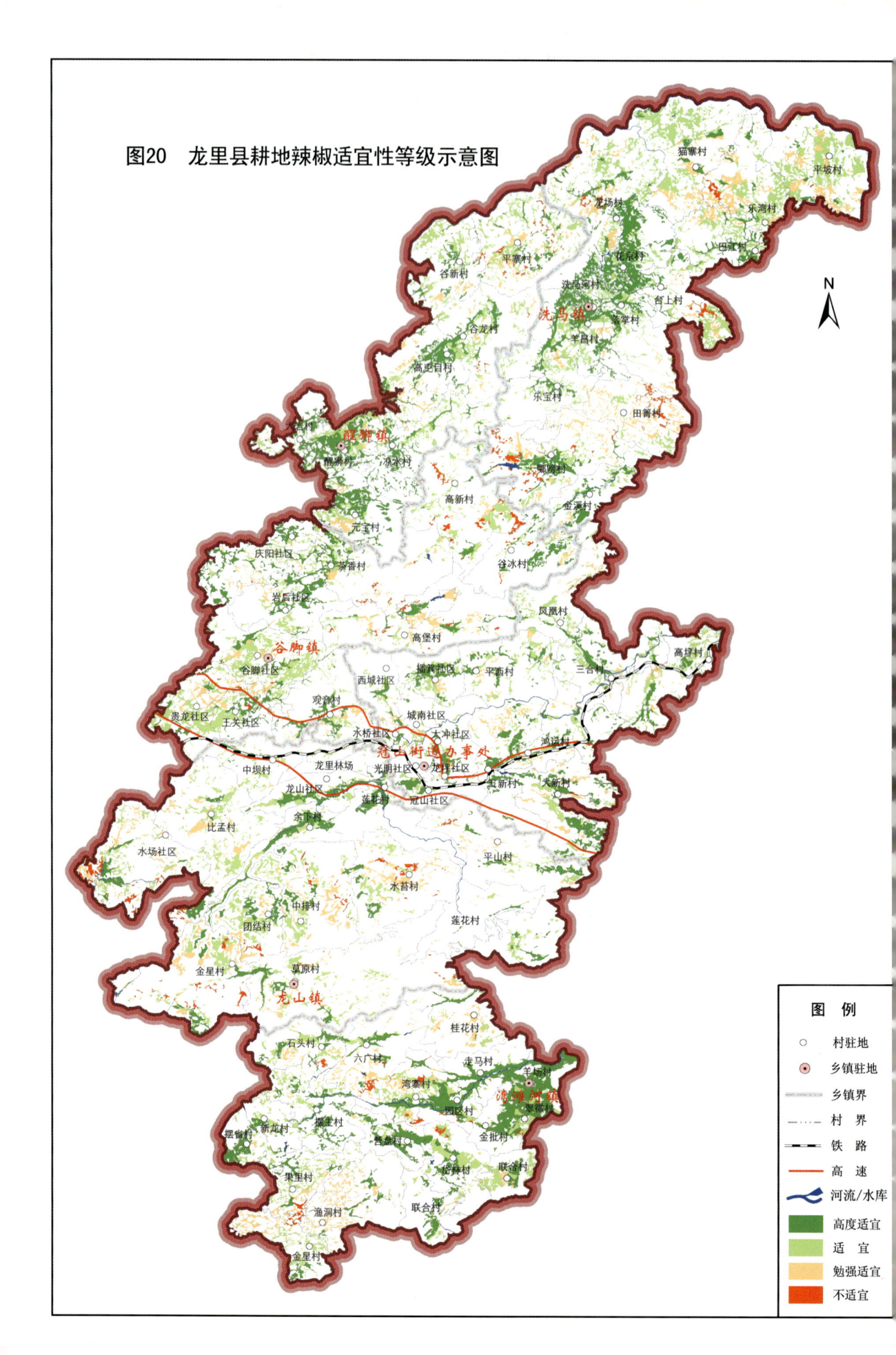

图20　龙里县耕地辣椒适宜性等级示意图

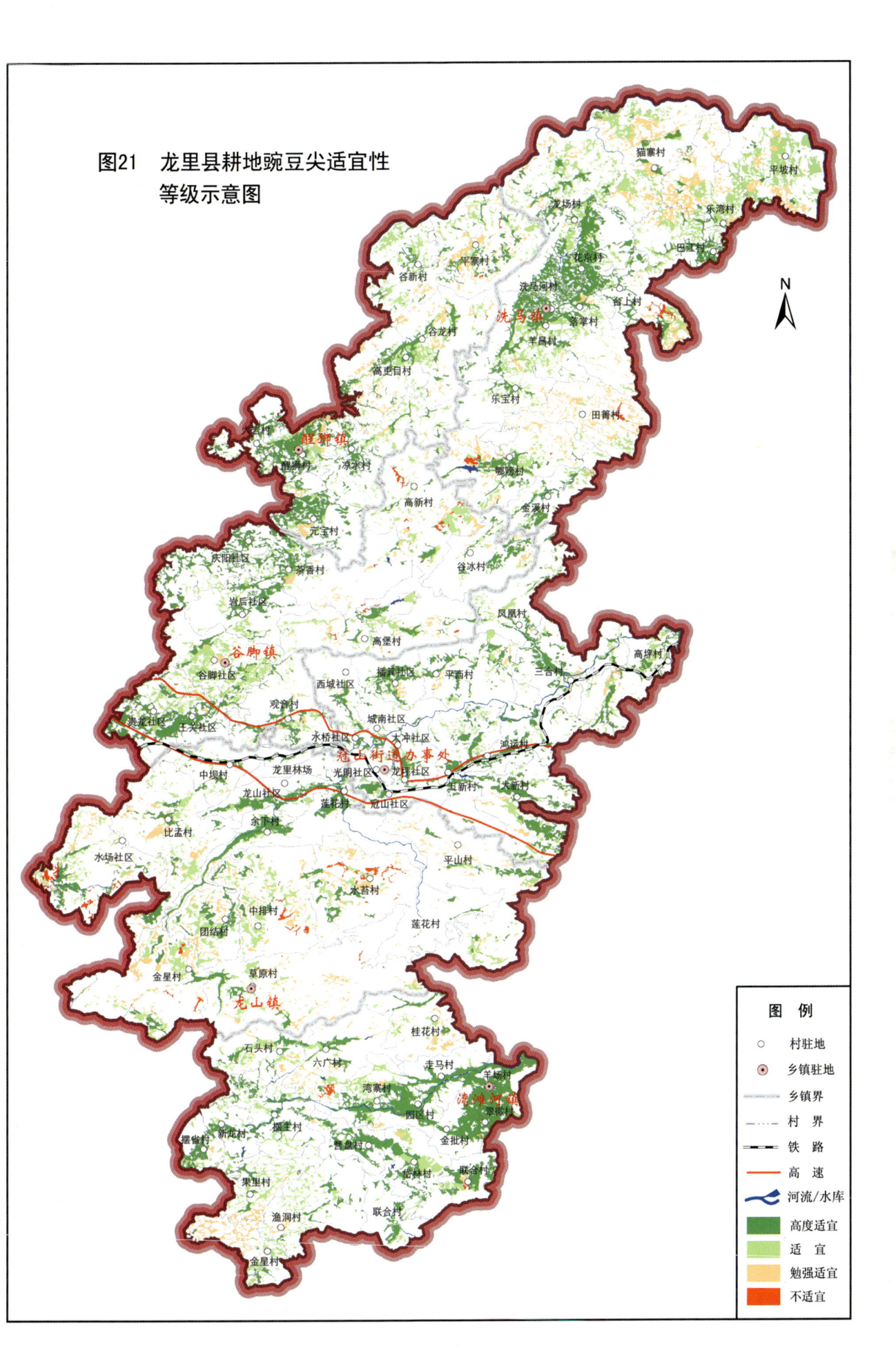

图21 龙里县耕地豌豆尖适宜性等级示意图

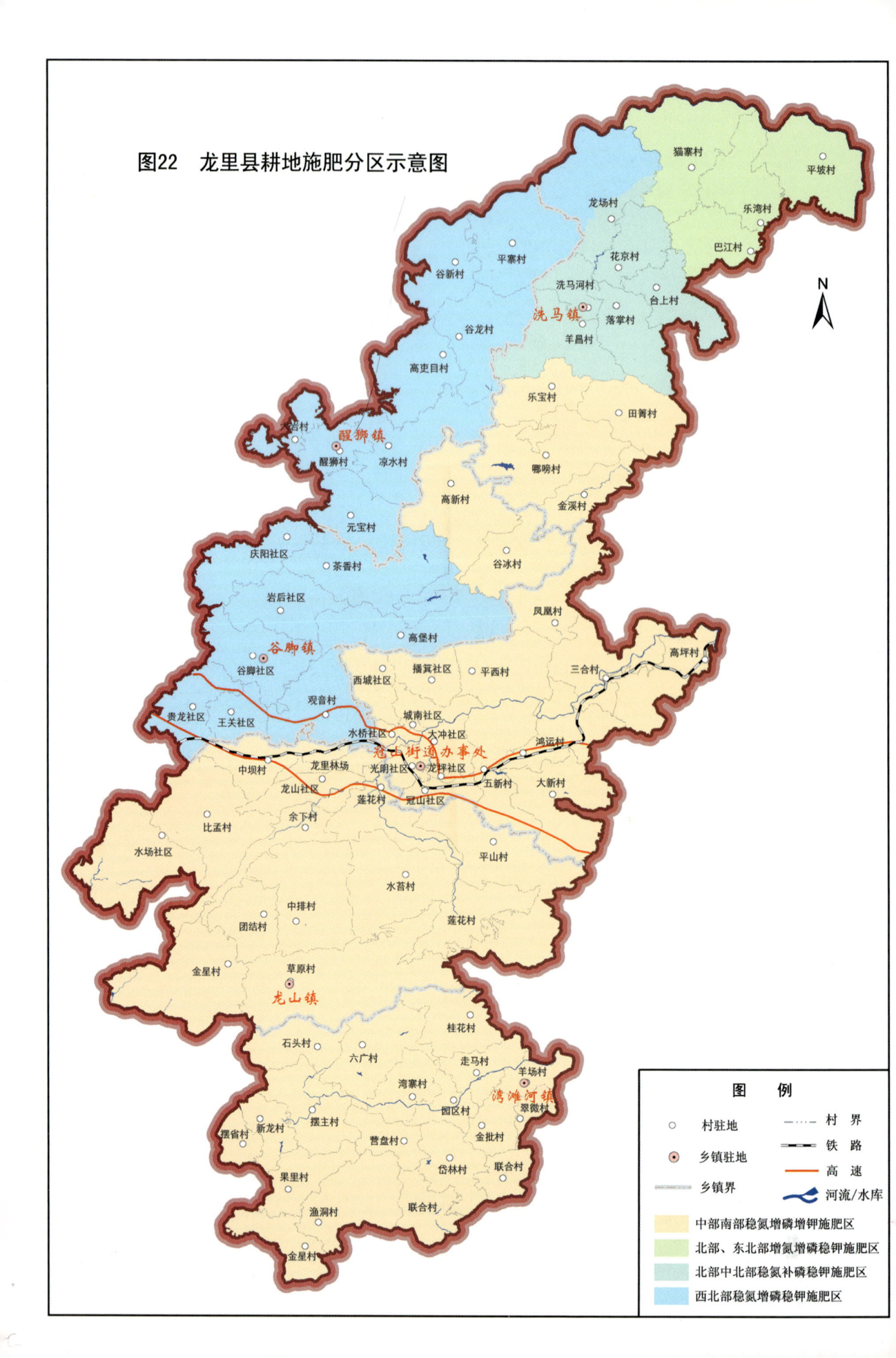

图22 龙里县耕地施肥分区示意图

(图片提供：陆裕珍)

(图片提供：罗士朝）